EUL VERLAG

TECHNOLOGIEMANAGEMENT, INNOVATION UND BERATUNG

Herausgegeben von Prof. Dr. Dr. h. c. Norbert Szyperski, Köln, vBP StB Prof. Dr. Johannes Georg Bischoff, Wuppertal, und Prof. Dr. Heinz Klandt, Oestrich-Winkel

Band 28
Friedrich Kugler/Kathi Zickert
Innovationsaktivitäten kleiner und mittlerer Unternehmen – Eine empirische Analyse in Südthüringen
Lohmar – Köln 2005 • 202 S. • € 44,- (D) • ISBN 3-89936-370-1

Band 29
Felix Lowinski
Consulting for Equity – Analysis of an Innovative Compensation Scheme in the Consulting Industry
Lohmar – Köln 2006 • 220 S. • € 45,- (D) • ISBN 3-89936-450-3

Band 30
Tizian Bonus
Führung, Wandel und Innovationsbarrieren – Entwurf und empirische Untersuchung einer ökonomisch basierten Führungstheorie
Lohmar – Köln 2009 • 220 S. • € 55,- (D) • ISBN 978-3-89936-840-6

Band 31
Simon Alig
Wettbewerbsvorteile durch Innovationskooperationen – Eine ressourcen- und beziehungsorientierte Untersuchung in der deutschen Metall- und Elektroindustrie
Lohmar – Köln 2013 • 328 S. • € 62,- (D) • ISBN 978-3-8441-0246-8

Band 32
Silvia Adelhelm
Geschäftsmodellinnovationen – Eine Analyse am Beispiel der mittelständischen Pharmaindustrie
Lohmar – Köln 2013 • 304 S. • € 59,- (D) • ISBN 978-3-8441-0292-5

JOSEF EUL VERLAG

Reihe: Technologiemanagement, Innovation und Beratung · Band 32

Herausgegeben von Prof. Dr. Dr. h. c. Norbert Szyperski, Köln, vBP StB Prof. Dr. Johannes Georg Bischoff, Wuppertal, und Prof. Dr. Heinz Klandt, Oestrich-Winkel

Dr. Silvia Adelhelm

Geschäftsmodellinnovationen

Eine Analyse am Beispiel der mittelständischen Pharmaindustrie

Mit einem Geleitwort von Prof. Dr. Dr. h. c. (NAcG) Dieter Wagner, Universität Potsdam

EUL VERLAG

Bibliografische Information der Deutschen Nationalbibliothek

Die Deutsche Nationalbibliothek verzeichnet diese Publikation in der Deutschen Nationalbibliografie; detaillierte bibliografische Daten sind im Internet über <http://dnb.d-nb.de> abrufbar.

Dissertation, Universität Potsdam, 2013

ISBN 978-3-8441-0292-5
1. Auflage Dezember 2013

JOSEF EUL VERLAG GmbH
Brandsberg 6
53797 Lohmar
Tel.: 0 22 05 / 90 10 6-6
Fax: 0 22 05 / 90 10 6-88
E-Mail: info@eul-verlag.de
http://www.eul-verlag.de

Bei der Herstellung unserer Bücher möchten wir die Umwelt schonen. Dieses Buch ist daher auf säurefreiem, 100% chlorfrei gebleichtem, alterungsbeständigem Papier nach DIN 6738 gedruckt.

Geleitwort

Mit der vorliegenden Arbeit setzt sich Silvia Adelhelm mit den Interdependenzen von Open Innovation und daraus folgenden Geschäftsmodellen auseinander. Letztlich handelt es sich dabei wiederum angesichts der relevanten Marktbedingungen um die dynamischen Aspekte solcher „innovativen" Geschäftsmodelle. Silvia Adelhelm stellt zu Recht fest, dass die „Weiterentwicklung eines Geschäftsmodells oder die Generierung völlig neuer Geschäftsmodelle" in diesem Zusammenhang noch relativ unerforscht ist. Demzufolge „befindet sich die wissenschaftliche Untersuchung von Geschäftsmodellinnovationen bis dato in einer „embryonalen Phase".

Insofern ist es verdienstvoll, dass in diesem Zusammenhang anhand von drei Forschungsfragen untersucht werden soll, wie Geschäftsmodelle beschrieben und klassifiziert sowie Geschäftsmodellinnovationen realisiert werden können, aber auch, welche Unterstützer (Treiber) und Hemmnisse (Opponenten) bei der Durchführung von Geschäftsmodellinnovationen zu berücksichtigen sind.

In diesem Zusammenhang stellen der äußere und der innere Kontext aber auch der Inhalt und der Prozess von Geschäftsmodellinnovationen die interdependenten Seiten eines „magischen Dreiecks" dar. Dabei stehen in methodischer Hinsicht literarisch fundierte theoretisch-konzeptionelle Überlegungen ebenso im Fokus wie zwei Fallstudien und eine damit zusammenhängende Vorstudie, was die Empirie betrifft. Die praktisch-operative Ebene bildet wiederum den Hintergrund für ein „integratives Gesamtkonzept für Geschäftsmodellinnovationen", welches sich an die vorstehenden Überlegungen anschließt.

Insgesamt liegt eine ansprechende Arbeit vor, die auf einem soliden theoretischen Hintergrund aufbaut und zugleich als methodisch sehr fleißig bzw. akribisch fundiert angesehen werden kann. Der Fortschritt der Arbeit liegt insbesondere in der differenzierten Diskussion unterschiedlicher Konzepte des Innovationsmanagements, unterschiedlicher Geschäftsmodelltypen, aber auch der Besonderheiten der Innovationsprozesse, vor allem bei Klein- und Mittelbetrieben in der Pharmabranche.

Deshalb ist dieser Veröffentlichung eine weite Verbreitung zu wünschen.

Potsdam, im November 2013

Prof. Dr. Dieter Wagner

Vorwort

Die Idee für die vorliegende Doktorarbeit reifte bereits vor meiner Zeit als wissenschaftliche Mitarbeiterin an der Universität Potsdam. Im Rahmen meiner mehrjährigen Berufstätigkeit im Marketing und Innovationsmanagement von Industrieunternehmen wurde für mich die - gleichsam hohe wie erst langsam ins Bewusstsein der Unternehmen rückende - Bedeutung des Themas Geschäftsmodellinnovationen sichtbar. Als ich mich in einem praxisorientierten Forschungsprojekt am Lehrstuhl für Innovationsmanagement und Entrepreneurship der Universität Potsdam vermehrt mit der wissenschaftlichen Perspektive zu Geschäftsmodellinnovationen beschäftigte, konkretisierten sich die relevanten Fragestellungen.

Die Erstellung der Arbeit war ein langwieriger Prozess, der von mehreren Personen begleitet wurde. Mein besonderer Dank gilt meinem ersten Doktorvater, dem leider viel zu früh verstorbenen Prof. Dr. Guido Reger, der mich insbesondere in der Anfangs- und Ideenphase stark motivierte und inspirierte, sowie meinem zweiten Doktorvater, Prof. Dr. Dieter Wagner, der mich in der zweiten Phase der Arbeit begleitete und unterstützte. Zugleich bedanke ich mich bei Prof. Dr. Christoph Rasche für die Übernahme des Koreferats.

Im beruflichen Umfeld waren mein Projektteam, meine Lehrstuhlkollegen und meine ehemaligen Kollegen aus der Industrie wertvolle Wegbegleiter und Diskussionspartner. Mein herzlicher Dank gilt auch meinen Freunden und meiner Familie für den notwendigen Rückhalt und die Ablenkung.

Besonders mein 2010 geborener Sohn Matteo brachte mich immer wieder dazu, bezüglich der Anfertigung meiner Doktorarbeit sowohl Distanz als auch Disziplin walten zu lassen. Ihm widme ich diese Arbeit.

Potsdam, im November 2013

Silvia Adelhelm

Inhaltsverzeichnis

ABBILDUNGSVERZEICHNIS

Tabellenverzeichnis

Abkürzungsverzeichnis

AMG	Arzneimittelgesetz
AVWG	Arzneimittelversorgungs-Wirtschaftlichkeitsgesetz
BAH	Bundesverband der Arzneimittelhersteller
BMBF	Bundesministerium für Bildung und Forschung
BPI	Bundesverband der Pharmazeutischen Industrie
bspw.	Beispielsweise
CRM	Customer Relationship Management
CRO	Contract/Clinical Research Organisation
Darst.	Darstellung
DNA	Desoxyribonukleinsäure
ECONIS	Economics Information System
et al.	et alii
etc.	et cetera
f.	folgende
FDA	Food and Drug Administration
ff.	fortfolgende
FF	Forschungsfragen
FuE	Forschung und Entwicklung
GmbH	Gesellschaft mit beschränkter Haftung
GMP	Good Manufacturing Practice
GKV	Gesetzliche Krankenversicherung
Hrsg.	Herausgeber
i.e.S.	im engeren Sinne
IP	Intellectual Property (= geistiges Eigentum)
ISO	International Organization for Standardization

i.w.S.	im weiteren Sinne
KMU	kleine und mittlere Unternehmen
NIH	Not-Invented-Here-Syndrom
o.g.	oben genannt
OIL	Forschungsprojekt ‚Open Innovation in Life Sciences'
OTC	Over-The-Counter (Produkte)
PEP	Produktentwicklungsprozess (bei Pharma B)
Pharma A	mittelständisches Pharmaunternehmen A als Teil der Fallstudie
Pharma B	mittelständisches Pharmaunternehmen B als Teil der Fallstudie
S.	Seite
u.a.	unter anderem
VHB	Verbandes der Hochschullehrer für Betriebswirtschaft e. V.
VFA	Verband der Forschenden Pharmaunternehmen
vgl.	vergleiche
vs.	versus
z.B.	zum Beispiel
ZBW	Deutsche Zentralbibliothek für Wirtschaftswissenschaften

I Einleitung

I.1 Relevanz und Problemstellung

Innovationen liefern für Unternehmen wichtige Gewinn- und Wachstumspotenziale (vgl. Brown und Eisenhardt, 1996, 343 f.; Tidd, 2001, 169). Im Fokus der Betrachtung liegen dabei zumeist Innovationen, die sich auf Technologien oder Produkte beziehen (vgl. Johnson et al., 2008, 51; Styles und Goddard, 2004, 63). Viele Industrien und Marktsegmente weisen heute jedoch einen hohen Reifegrad, lange Entwicklungszeiten und enorme Entwicklungskosten auf, weshalb einerseits Unternehmen über nur geringe Gewinnpotenziale und andererseits Kunden über nur inkrementale Nutzenpotenziale bezüglich klassischer Innovationen klagen (vgl. Bucherer et al., 2012, 183; Camuffo et al., 2008, 140; Vanhaverbeke und Peeters, 2005, 246 f.). Offenere Innovationsansätze – in der Literatur häufig mit dem Open Innovation-Ansatz (vgl. Chesbrough, 2003a) in Verbindung gebracht – und innovative Geschäftsmodelle können neue Wege aufzeigen, um bestehende Marktanteile zu sichern und neue Wettbewerbsvorteile aufzubauen (vgl. Charitou und Markides, 2003, 55; Hamel, 2000; Voelpel et al., 2004, 260). Innovativ zu sein, ist für Unternehmen somit Notwendigkeit und Trend zugleich. Die Herausforderung besteht in diesem Zusammenhang nicht nur darin, mit Innovationen Wert zu schaffen, sondern diesen Wert auch abzuschöpfen (vgl. Chesbrough, 2010, 354 f.). Je komplexer dabei das relevante Umfeld und die Innovationsaufgabe sind, desto herausfordernder ist es, den Bezugspunkt des Innovationsgeschehens auszumachen. Denn die zunehmende Dynamisierung und Vernetzung der Märkte stellen klassische Analyseeinheiten des strategischen Innovationsmanagements bzw. des strategischen Managements – Geschäftsbereiche, Branchen, Unternehmen – in Frage. Insbesondere angesichts stark interorganisational vernetzter Wertschöpfungsketten, wie sie in der Automobil- oder Pharmabranche zu finden sind, können Geschäftsmodelle einen neuen, unternehmensübergreifenden Analyserahmen und vielfältige Ansatzpunkte für Innovationen liefern. Dabei werden Geschäftsmodelle oftmals zur statischen und dynamischen Darstellung und Analyse der Geschäftstätigkeit eines Unternehmens in Interaktion mit seiner Umwelt verwendet (vgl. Afuah und Tucci, 2001, 4; Schweizer, 2005, 52 f., Willemstein et al., 2007, 222). Insbesondere der dynamische Aspekt gewinnt immer mehr an Bedeutung, da in Zeiten von Wirtschaftskrisen und gesättigten Märkten bis dato erfolgreiche Geschäftsmodelle schnell veraltet sind.

> *"No matter how successful a company's current business model seems to be, it will be imitated, diluted and commoditized by others and challenged by new business models." (Davenport et al., 2006, 174)*

Mit innovativen Geschäftsmodellen können Unternehmen also Markttrends und Veränderungen in der Wertschöpfungskette aufgreifen. Die Weiterentwicklung eines Geschäftsmodells oder die Generierung völlig neuer Geschäftsmodelle sind diesbezüglich als Forschungsthemen in der Literatur bisher nur ansatzweise anzutreffen. Ungeachtet der Entwicklungen in der Wirtschaftspraxis befindet sich die wissenschaftliche Untersuchung von Geschäftsmodellinnovationen bis dato also in einer *„embryonalen Phase“* (vgl. Sosna et al., 2010, 402).

I.2 Zielsetzung und Forschungsfragen

Zielsetzung der vorliegenden Arbeit ist es, einen Beitrag dazu zu leisten, die beschriebene Forschungslücke an der Schnittstelle von strategischem Management und Innovationsmanagement zu schließen. In diesem Zusammenhang sollen - am Beispiel der (mittelständischen) Pharmaindustrie - die folgenden Forschungsfragen (FF) beantwortet werden:

FF 1) Wie können Geschäftsmodelle beschrieben und klassifiziert werden?

FF 2) Wie können Geschäftsmodellinnovationen realisiert werden?

FF 3) Welche zentralen Treiber und Hemmnisse sollten Unternehmen bei der Durchführung von Geschäftsmodellinnovationen berücksichtigen?

Die Arbeit nimmt theoretisch-konzeptionell Bezug auf ausgewählte Ansätze des strategischen Managements und Innovationsmanagements, wobei sowohl Determinanten seitens des Unternehmens als auch seiner relevanten Umwelt berücksichtigt werden. Forschungsziel der Arbeit ist insbesondere die Exploration des Phänomens ‚Geschäftsmodellinnovationen', d.h. es sollen neue Erkenntnisse und ein besseres Verständnis bezüglich Geschäftsmodellinnovationen gewonnen werden. Dabei sollen am Beispiel der Pharmabranche nicht nur grundlegende Geschäftsmodelle klassifiziert, sondern ausgehend davon die Innovation von Geschäftsmodellen in einer dynamischen Betrachtung prozessual und kontextuell untersucht werden. Geleitet von den drei Variablengruppen aus der Strategic Change-Forschung (vgl. Abb. I-1) wird in der vorliegenden Arbeit ein konzeptioneller Bezugsrahmen für die Untersuchung von Geschäftsmodellinnovationen entwickelt.

> *„The management of strategic change involves consideration of not only the content of a chosen strategy, or even of the analytical process which reveals various content alternatives, but also the management of the process of change, and the context in which it occurs" (Pettigrew, 1987, 5).*

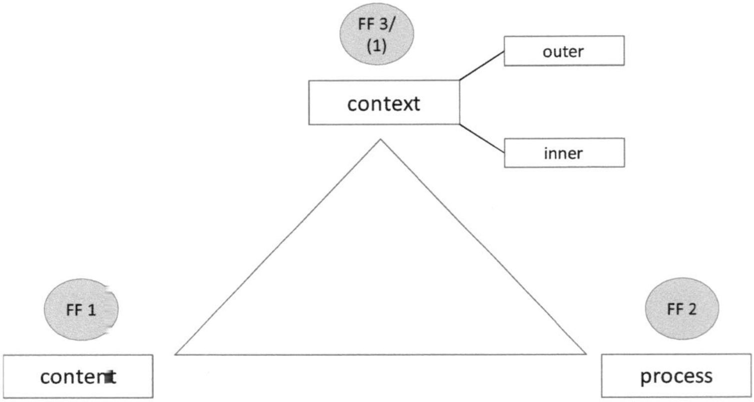

[Quelle: eigene Darstellung in Anlehnung an Pettigrew, 1987, 5; Welge und Al-Laham, 2008, 161]

Abb. I-1: Konzeptioneller Bezugsrahmen der Arbeit und Einordnung der Forschungsfragen

Der interne Kontext (‚inner context') wird nach PETTIGREW (1987) überwiegend durch ‚weiche' Variablen (wie Führung, Mitarbeitermotivation etc.) geprägt, was vor allem durch Forschungsfrage drei aufgegriffen wird. Der externe Kontext (‚outer context') – nicht nur durch den Open Innovation-Bezug dieser Arbeit relevant – umfasst Variablen der Makroumwelt und hier vor allem des Marktumfeldes (Branchenstruktur, Geschäftsmodelltypen etc.), was besonders in den Forschungsfragen eins und drei Eingang findet. Die Variable ‚process' wird in der Forschungsfrage zwei diskutiert, wobei insbesondere thematisiert wird, wie Unternehmen Geschäftsmodelle innovieren und diese vom heutigen in den zukünftigen Status transferieren können. Als letzte Variable wird der Strategie- bzw. Geschäftsmodellinhalt (‚content‘) primär als Vorarbeit zur Forschungsfrage eins erläutert.

Die Arbeit liefert dabei einen Beitrag auf theoretisch-konzeptioneller, empirischer und praktisch-operativer Ebene. Erstens wird eine intensive Literaturanalyse zu Geschäftsmodellinnovationen unter Einbezug relevanter Konzepte aus dem strategischen Management und Innovationsmanagement durchgeführt. Zweitens steht die Analyse verschiedener Aspekte von Geschäftsmodellinnovationen anhand einer Fallstudie mit zwei polarisierenden Fällen in mittelständischen Pharmaunternehmen im Mittelpunkt. Zuvor wird im Rahmen einer Vorstudie die Forschungslandschaft der pharmazeutischen Industrie näher beleuchtet. Drittens wird ein integratives Gesamtkonzept für Geschäftsmodellinnovationen entwickelt, das sowohl die Durchführung als auch die Determinanten von Geschäftsmodellinnovationen in Unternehmen berücksichtigt.

I.3 Aufbau und Gang der Arbeit

Die vorliegende Arbeit hat demnach einen theoretisch-konzeptionellen Teil und einen empirischen Teil mit einer Vor- und einer Hauptstudie. Im folgenden Kapitel II erfolgt eine ausführliche theoretische Einordnung auf Basis einer systematischen Literaturanalyse zu den Themenfeldern Innovationsmanagement und Geschäftsmodellinnovationen bzw. strategisches Management. Mithilfe eines Zwischenfazits in Kapitel II.3 werden die wichtigsten Determinanten für Geschäftsmodellinnovationen sowie das Konstrukt der Geschäftsmodellflexibilität abgeleitet, was strukturgebend für die empirische Studie in Kapitel III ist. Dort werden die eingangs definierten Forschungsfragen im Rahmen einer Vorstudie zur Pharmabranche und einer Hauptstudie (Forschungsfallstudie) untersucht. Die explorative empirische Untersuchung umfasst Daten aus insgesamt sechs Experteninterviews mit Verbandsvertretern, 19 Interviews mit Unternehmensvertretern, fünf Strategie- und Innovationsworkshops in den beteiligten Unternehmen sowie eine große Bandbreite an Sekundärdatenquellen (z.B. Geschäftsberichte, interne Präsentationen und Dokumente, Presseberichte). Kern der Forschungsfallstudie sind zwei polarisierende Fälle, die darlegen, wie mittelständische Pharmaunternehmen das Innovationsmanagement gestalten und in diesem Zusammenhang ihre Geschäftsmodelle weiterentwickeln bzw. innovative Geschäftsmodelle generieren. Das Kapitel schließt mit einer fallübergreifenden Diskussion und Synthese. In Kapitel IV werden die zentralen Ergebnisse aus der theoretisch-konzeptionellen Analyse und der empirischen Studie – entlang der Forschungsfragen in drei Unterkapiteln zusammengefasst – dargestellt. Das darauf aufbauende Gesamtkonzept zum Management von Geschäftsmodellinnovationen ist neben dem Geschäftsmodellinnovationsprozess vor allem durch den Einfluss von externen, historischen, strategischen und individuellen Determinanten – integriert im Konstrukt der Geschäftsmodellflexibilität – geprägt. Das V. Kapitel, das neben den Implikationen für Forschung und Management auch Restriktionen der Untersuchung darlegt, bildet den Abschluss der Arbeit.

Abbildung I-2 fasst den Aufbau der vorliegenden Arbeit nochmals zusammen:

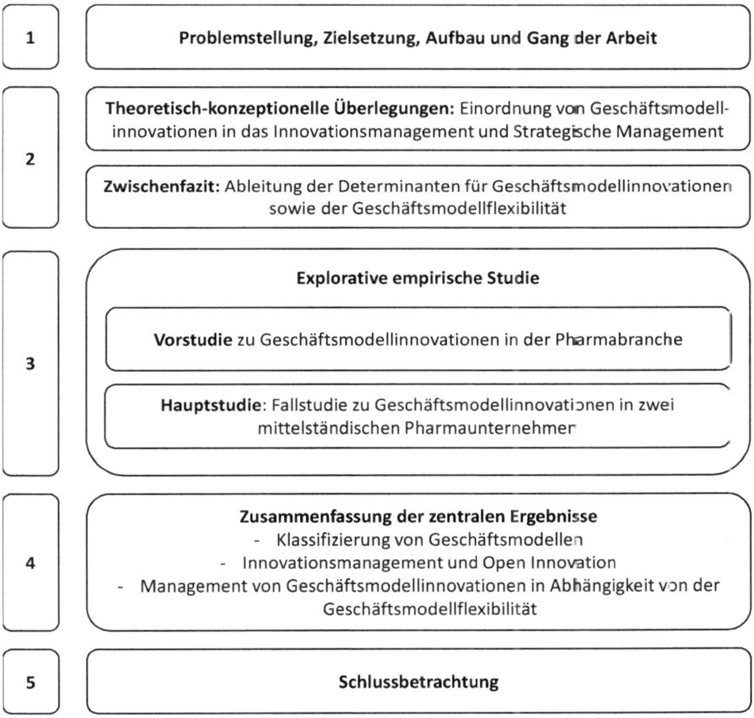

[Quelle: Eigene Darstellung]

Abb. I-2: Aufbau der vorliegenden Arbeit

II Theoretisch-konzeptionelle Überlegungen

II.1 Einführung in das Innovationsmanagement

II.1.1 Terminologie und Definitionen

Der Innovationsbegriff kann weit gefasst und vielfältig definiert werden. Eine eindeutige Definition liegt auf Grund der vielschichtigen Unterscheidungsformen nicht explizit vor. Geprägt wurde der Innovationsbegriff unter anderem durch Joseph A. Schumpeter. In seinem Buch „Theorie der wirtschaftlichen Entwicklung" aus dem Jahre 1934 beschreibt er eine Innovation als:

> *„(...) die Veränderung der Bahn, in welcher sich der Kreislauf erfüllt, im Gegensatz zur Kreislaufbewegung, die Verschiebung des Gleichgewichtszustands im Gegensatz zum Vorgang der Bewegung nach einem Gleichgewichtszustand. Aber nicht jede solche Veränderung oder Verschiebung, sondern nur (...) spontan der Wirtschaft entspringende und (...) diskontinuierliche." (Schumpeter, 1934, 98)*

Diese Definition verzichtet auf die Verwendung des Wortes ‚Innovation', betont aber die Aspekte der Spontanität und Diskontinuität. Neben dem Neuen wird in der schumpeterschen Definition auch die Durchsetzung des Neuen durch die Verdrängung eines alten Gleichgewichtszustands zu Gunsten eines neuen Gleichgewichts angesprochen (vgl. Schumpeter, 1934). Häufig werden die Begriffe „Innovation" und „Invention" gleichgesetzt (vgl. Kirner et al. 2005, 4 f.). Eine Erfindung bzw. Invention bezieht sich auf eine neuartige Technologie bzw. Methode, die es ermöglicht, eine konkrete Fragestellung erstmals zu beantworten (vgl. Pleschak und Sabisch, 1997, 6). Im Gegensatz zu Inventionen enthalten Innovationen jedoch eine wirtschaftliche Dimension. Erst durch ihre Verwertung wird eine Invention zu einer Innovation (vgl. Kirner et al. 2006, 4 f.; Vahs und Burmester, 2005, 44).

Zu Innovationen gibt es mittlerweile eine große Vielfalt an Grundlagenpublikationen und Monographien (vgl. u.a. Hauschildt und Salomo, 2007; Pleschak und Sabisch, 1997; Vahs und Burmester, 2005). Im Rahmen dieser Arbeit soll im Weiteren nur auf einige ausgewählte Charateristika von Innovationen eingegangen werden, die für die Diskussion des Themas ‚Geschäftsmodellinnovationen' von besonderer Relevanz sind. Innovationen können unter anderem nach ihrem Inhalt und ihrem Ausmaß bzw. dem Unsicherheits-/Risikograd unterschieden werden. Bezüglich des Inhalts wurde lange Zeit standardmäßig zwischen Produkt-, Prozess- und Dienstleistungsinnovationen unterschieden, was jedoch nicht mehr ausreicht, um Innovationsphänomene zu erklären. Als weiterer Innovationstypus sind strategische Innovationen hinzuzufügen[1], wobei als eine konkreter Ausprägung derselben insbesondere Geschäftsmodellinnovationen an Bedeutung gewinnen (vgl. Markides, 2006, 19; Grant und Nippa, 2006, 293 ff.). Bezüglich ihres Ausmaßes und des Unsicherheitsgrades wird in der Literatur häufig von radikalen versus inkrementalen Innovationen gesprochen. Sogenannte radikale Innovationen sind zumeist mit einer hohen Markt- und Technologieunsicherheit verbunden und werden von TIDD und BESSANT mit *„do something differently"* in Verbindung gebracht (vgl. Tidd und Bessant, 2009, 23). Inkrementale Innovationen hingegen sind tendenziell mit einer geringen Markt- und Technologieunsicherheit verbunden. Dabei ist der Innovationsgehalt eher gering. TIDD und BESSANT charakterisieren diese Innovationsart als *„do what we do but better"* (vgl. Tidd und Bessant, 2009, 23). Ebenso häufig wie der Innovationsbegriff selbst werden in der Literatur die Erfolgsfaktoren für die Umsetzung von Innovationen diskutiert (vgl. u.a. Berth,

[1] Vgl. die Ausführungen zu strategischen Innovationen in Kapitel II.2.4.2 der vorliegenden Arbeit.

1993; Cooper, 2002; Hultink und Robben 1995; Rothwell et al. 1974). Abbildung II-1 zeigt beispielsweise die Erfolgsfaktorenliste nach COOPER (2002).

1. Erfolgsfaktor Nummer eins ist das einzigartig überlegene Produkt: ein differenziertes Produkt, das den Kunden in den Genuss einzigartiger Vorteile bringt.
2. Ausgeprägte Marktorientierung ist zentral für den Erfolg: ein Prozess neuer Produkte, der vom Markt bestimmt und auf den Kunden ausgerichtet ist.
3. Zielen Sie auf ein Produkt für die ganze Welt: internationale Ausrichtung bei Produktdesign, Entwicklung und Zielmarketing sichern entscheidende Vorteile bei der Innovation.
4. Die Vorarbeiten, die Hausaufgaben gewissermaßen, müssen erledigt werden, bevor die eigentliche Produktentwicklung starten kann.
5. Produkt und Projekt frühzeitig klar zu definieren, ist einer der Hauptunterschiede zwischen Gewinnern und Verlierern bei der Innovation.
6. Eine gut geplante und durchgeführte Markteinführung hat zentrale Bedeutung für den Erfolg der Neuheit. Und den Kern bildet dabei ein solider Marketingplan.
7. Struktur, Design und Klima der Organisation sind Schlüsselfaktoren für den Erfolg.
8. Unterstützung durch das Top-Management garantiert den Erfolg nicht, kann aber helfen. Aber auch die Chefs halten sich besser aus manchen Bereichen heraus
9. Das Zusammenspiel der Kernkompetenzen ist für den Erfolg lebenswichtig, denn Ausflüge ins Neuland neigen zu Fehlschlägen.
10. Produkte mit attraktiven Zielmärkten schneiden besser ab: Die Attraktivität des Marktes ist ein Schlüsselkriterium für die Auswahl von Projekten.
11. Erfolgreiche Unternehmen bauen gnadenlose Kontrollkriterien in ihren Neuheiten-Prozess ein, die Projekte auch wirklich abbrechen. So ergibt sich eine bessere Konzentration auf aussichtsreiche Projekte.
12. Der Erfolg von Innovationen lässt sich kontrollieren. Vollständigkeit, Zusammenhang und Ausführungsqualität von Kernaufgaben sind Aspekte, die von Anfang bis Ende eines Projektes betont werden müssen.
13. Verfügbare Mittel müssen an die richtige Stelle fließen - es gibt keine Almosen bei der Innovation zu verteilen.
14. Schnelligkeit ist alles! Aber nicht auf Kosten der Ausführungsqualität.
15. Unternehmen, die einem in Abschnitte gegliederten, disziplinierten Prozess folgen – einem Stage-Gate-Prozess – schneiden deutlich besser ab.

[Quelle: Cooper, 2002, 86]

Abb. II-1: Erfolgsfaktoren von Innovationen

Wie diese Erfolgsfaktoren in ein ganzheitliches Innovationsmanagement(-system) übersetzt werden können, ist Thema des folgenden Kapitels.

II.1.2 Management von Innovationen

Unternehmen können die Generierung von Innovationen über einen systematischen Managementansatz fördern. Daraus ergeben sich Aufgaben für das normative, strategische und operative Innovationsmanagement (vgl. Reger, 2009). Im Gegensatz zum FuE-oder Technologiemanagement werden alle Aktivitäten bis zur Markteinführung eingeschlossen. Zu den wesentlichen Aufgaben des Innovationsmanagements gehören u.a. (vgl. Vahs und Burmester, 2005) die Definition von Innovationszielen, die Entwicklung von Innovationsstrategien und deren Umsetzung, die Planung, Durchführung und Kontrolle von Innovationsprozessen und –projekten sowie die Gestaltung eines innovationsförderlichen Umfelds (z.B. im Sinne eines adäquaten Struktur, Kultur und Wissensmanagementsystems).

Viele Konzepte des Innovationsmanagements reflektieren diese Aufgaben (vgl. u.a. Hauschidt und Salomo, 2007, 105 ff.), nehmen jedoch meist keine ganzheitliche Perspektive auf das Innovationsgeschehen im Unternehmen ein (vgl. Reger, 2009). Als Teil des dreijährigen BMBF-Forschungsprojektes ‚Open Innovation in Life Sciences' (OIL)[2] wurde ein ganzheitliches Innovationsmanagementmodell entwickelt (vgl. u.a. Rüegg-Stürm, 2003; Hauschildt und Salomo, 2007; Schori et al., 2006; Trommsdorff und Steinhoff, 2007), das auch als Ansatz für diese Arbeit dienen soll. Darin sind die komplexen Zusammenhänge des Innovationsmanagements in vier Ebenen dargestellt: der Wertschöpfungsebene, der Integrationsebene, der Ebene des Innovationsoutputs und der unterstützenden Ebene (vgl. Abb. II-2). Der dabei zugrunde liegende Innovationsprozess orientiert sich stark am Stage-Gate-Prozess nach Cooper (vgl. Cooper, 2002).

[2] ‚Open Innovation in Life Sciences' (OIL, 2009-2011) ist ein Forschungsprojekt zu „Innovationsstrategien jenseits traditionellen Managements" als Teil des Forschungsprogramms „Arbeiten – Lernen – Kompetenzen entwickeln. Innovationsfähigkeit in einer modernen Arbeitswelt" des Bundesministeriums für Bildung und Forschung. Das Deutsche Zentrum für Luft- und Raumfahrt (DLR) ist der verantwortliche Projektträger.

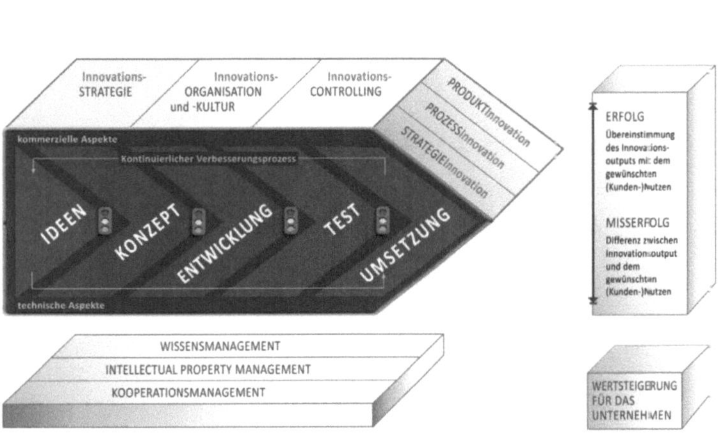

[Eigene Darstellung in Anlehnung an Reger, 2009]

Abb. II-2: Innovationsmanagementmodell

Den Kern des Innovationsmanagementmodells bildet der Innovationsprozess, der sowohl kommerzielle als auch technische Aspekte berücksichtigt. In Anlehnung an das Stage-Gate-Modell (vgl. Cooper, 2002) ist der Prozess in Phasen und Meilensteine unterteilt. Die Meilensteine sind wichtige Punkte im Prozess, an deren ein Kreis ausgewählter Unternehmensmitglieder nach vordefinierten Kriterien über die weitere Bearbeitung des Innovationsprojektes entscheidet. In der Integrationsebene sind die Themen aufgeführt, die notwendig sind, um den Innovationsprozess erfolgreich umzusetzen. Das sind z. B. eine geeignete Innovationsstrategie, die Organisation von Innovationen oder das Innovationscontrolling. Der Innovationsoutput kann sich auf Produkt-, Prozess- oder Strategieinnovationen beziehen, wobei sich die unterschiedlichen Innovationsformen häufig ergänzen. Der Innovationsoutput sollte in allen Fällen dem jeweiligen Kunden einen Mehrwert liefern. Weitere erfolgsrelevante Themenbereiche des Innovationsmanagements bilden die unterstützende Ebene des Modells (z.B. Wissensmanagement, Intellectual Property (IP) Management oder Kooperationsmanagement).

Für kleine und mittelständische Unternehmen (KMU) ist ein solch ganzheitliches Innovationsverständnis von besonderer Bedeutung. KIRNER ET AL. (2006, 31) stellen sieben KMU-spezifische Innovationsnachteile heraus:

1. Ressourcenknappheit
2. Aufgrund der Ressourcenknappheit führen Fehlschläge häufig zu existentiellen Problemen.
3. Geringere Professionalität im Innovationsmanagement
4. Fehlende strategische Orientierung und Planung
5. Gefangensein im Alltagsgeschäft
6. Wenig strukturell verankerte Innovationskompetenz
7. Abhängigkeit von der Stärke einiger Weniger

Durch ihre geringe Größe sind KMU weniger differenziert als größere Unternehmen. Sie müssen ihre Innovationsbemühungen effizienter bündeln und auf die wichtigsten strategischen Ziele ausrichten. Insgesamt ist also festzustellen, dass die Implementierung eines systematischen Innovationsmanagements gerade in KMU fokussiert, langfristig und gezielt erfolgen sollte, um die maximale Effektivität und Effizienz der Innovationsaktivitäten zu erreichen (vgl. Humphreys et al., 2005, 299).

Abschließend soll noch auf einen weiteren Strang der Innovationsprozessforschung verwiesen werden, der den nicht-linearen Charakter von „innovation journeys" (van den Ven et al., 1999) mit ihren diskontinuierlichen Elementen unterstreicht (vgl. z.B. Takeuchi und Nonaka, 1986; van de Ven et al., 1999). Demnach sind Innovationsprozesse nicht als planbares, sondern als dynamisches System mit rekursiven Schleifen zu verstehen. In der Schlussfolgerung kann das Innovationsmanagementmodell (Darst. II-2) als hilfreiches Planungs- und Managementsystem die Durchführung von Innovationen zwar erleichtern. Jedoch ist es darüber hinaus empfehlenswert, ‚Standardabweichungen', Experimentierschleifen und nicht-lineare Prozessschritte auch als mögliche Chancen anzusehen und im Sinne des Innovationserfolges bewusst zu nutzen.

II.1.3 Wandel von Closed zu Open Innovation

In der Vergangenheit waren die meisten technologieorientierten Firmen darauf fokussiert, neue Technologien selbst zu entwickeln und über ihre eigenen Produkte zu vermarkten (vgl. Chesbrough und Crowther, 2006, 229). Die dabei verfolgte Innovationsstrategie wird gewöhnlich als Strategie der ‚Closed Innovation' bezeichnet, wobei Interaktionen mit der Außenwelt nur streng limitiert vorkommen. Anfang der achtziger Jahre veränderte sich die Herangehensweise von Firmen in vielen Branchen dahingehend, dass mehr und mehr eine zumindest unidirektionale Öffnung des Innovationsprozesses vorgenommen wurde. Konkret gestaltete sich diese Öffnung häufig in der Aneignung und Übernahme externer Technologien zur Komplementierung des firmeneigenen Technologieportfolios (vgl. Pisano, 1990, 153 f.). Dies kann z.B. über Lizenzvereinbarungen oder strategische Allianzen geschehen. Seit den neunziger Jahren entstand zusätzlich der Trend der externen Technologieausbeutung, nachdem viele Firmen damit begonnen hatten, technologisches Wissen aktiv zu kommerzialisieren, z.B. durch Wissenstransfer in strategischen Allianzen (vgl. Mowery et al., 1996) oder Auslizensierungen. Innovationsmodelle, die oben genannte Veränderungen aufgreifen, werden in der Literatur Modelle der vierten Generation genannt (vgl. Berkhout et al., 2006, 390;

Miller und Morris, 1999; Niosi, 1999). Die Charakteristika sind wie folgt (vgl. Berkhout et al., 2006, 393):

- Innovationen sind in Partnerschaften eingebettet.
- Die frühe Interaktion zwischen forschenden und kaufmännischen Bereichen ist elementar.
- Das Wissen über emergente Technologien wird komplementiert durch das Wissen über emergente Märkte.
- Es gibt einen Bedarf an Fähigkeiten und neuen Konzepten für das Management von Netzwerken mit Partnern wie spezialisierten Lieferanten oder frühen Nutzern von Produkten.
- Entrepreneurship ist unerlässlich.

Viele Elemente des Innovationsmodells der vierten Generation finden sich auch im Open Innovation-Ansatz wieder. Hier werden die Grenzen des Unternehmens als durchlässig angesehen (Chesbrough, 2003b, 34; Christensen et al., 2005, 1535), weshalb grundsätzlich von einer starken Interaktion mit dem Umfeld auszugehen ist. Dies führt zu einem vermehrten Auftreten von externen Technologieakquisitions- und –ausbeutungsprozessen.

II.1.3.1 Closed Innovation als Ausgangspunkt

Unternehmen streben Innovationen an, um Wettbewerbsvorteile und -vorsprünge zu erlangen. Diese werden bei technologischen Innovationen traditionell durch betriebsinterne Forschung und Entwicklung (FuE) erreicht. Um die in diesem Zusammenhang getätigten Investitionen nicht zu gefährden, ist es von zentraler Bedeutung, Innovationen bis zur Verwertung am Markt nach außen hin zu schützen. Analog konstatiert CHESBROUGH:

> *„Companies must generate their own ideas and then develop them, build them, market them, distribute them, service them, finance them, and support them on their own." (Chesbrough, 2003a, XX)*

Dieser Ansatz eines im Zitat skizzierten Innovationsmanagements lässt sich historisch erklären (vgl. Chesbrough und Crowther, 2006, 229): Im Rahmen ihrer Wachstumsstrategie durch Diversifikation schufen U.S.-amerikanische Unternehmen in den 1920er Jahren eigene FuE-Infrastrukturen. Dort wurden im Sinne von Materialanalyse und Qualitätskontrolle zunächst firmeneigene Produkte und Prozesse verbessert sowie anschließend neue Produkte entwickelt (vgl. Niosi, 1999, 111). Das durch diese Forschung entstandene Wissen und die mit der Innovation einhergehenden Lernprozesse machten firmenintern angesiedelte FuE-Einheiten zu zentralen Unternehmenskomponenten (vgl. Mowery, 1990, 345). Eng mit dem neuen Wissen verbunden ist die starke Fokussierung auf den Patentschutz. Dabei hat der Patentschutz vor allem in der Biotechnologie- und der Pharmabranche *„(...) einen starken Effekt auf die Sicherung von komparativen Wettbewerbsvorteilen"* (Gassmann und Bader, 2006, 22). Dieser Logik folgend können anschließend aufgrund des First-Mover-Advantages Innovationsrenten generiert werden, die in das Unternehmen zurückfließen, um weitere FuE-Aktivitäten zu sichern (vgl. Porter, 1996). Abbildung II-3 verdeutlicht den Innovationsprozess der ‚Closed Innovation'. Firmenstrategie ist es hierbei, intern im Rahmen der Forschungsaktivitäten Ideen zu generieren und diese durch einen Filterprozess zu leiten. Dabei werden einige Ideen für FuE-Vorhaben wieder verworfen, andere Ideen gelangen in den Prozess der Entwicklung. Auch im Rahmen des Entwicklungsprozesses kommt es zur Eliminierung von Ideen. Erfolgsversprechende Forschungsergebnisse durchlaufen den Entwicklungsprozess jedoch und gelangen schließlich als Innovation an den Markt. Da die Unternehmensgrenzen nach außen hin abgeschottet sind, können die Ideen nur an einem Ende den FuE-Prozess betreten und am anderen Ende wieder verlassen.

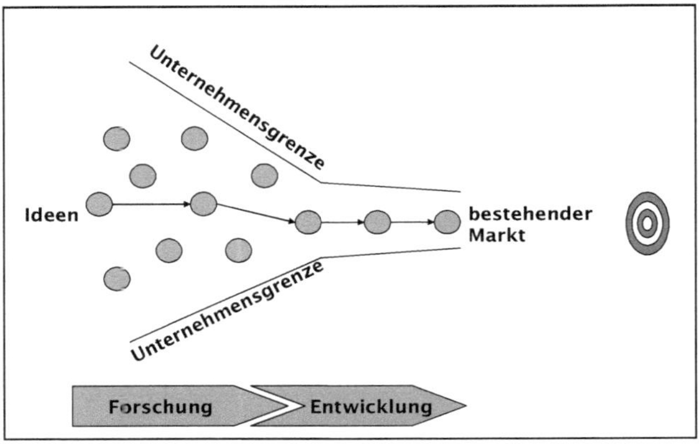

[Quelle: eigene Darstellung in Anlehnung an Chesbrough, 2003a, 31]

Abb. II-3: Closed Innovation-Prozess

Allerdings sehen sich in jüngster Zeit immer mehr Unternehmen mit ganz grundsätzlichen Problemen geschlossener Innovationsprozesse konfrontiert. Dazu zählen steigende Wettbewerbsintensität und höherer Innovationsdruck durch (vgl. Gassmann und Enkel, 2006, 132):

- Globalisierung[3],
- neue Marktspieler,
- kürzere Produktionszyklen,
- sinkende FuE-Budgets und
- eskalierende FuE-Kosten.

Ein Beispiel aus der pharmazeutischen Industrie soll die abnehmende Innovationseffizienz verdeutlichen.

> *„While a typical R&D process lasts up to 13 years, only one out of 10,000 substan-ces becomes a marketable product." (Gassmann und Reepmeyer, 2005, 233).*

[3] Vgl. für die Globalisierung der FuE selbst GERYBADZE und REGER, 1999.

Vor allem KMU sind im Modell der Closed Innovation eher benachteiligt. Meistens fehlen hier die finanziellen und personellen Ressourcen, um entsprechend großvolumige Investitionen in FuE zu stemmen. Ressourcenstarke Großunternehmen hingegen weisen bereits eine steigende Tendenz dahingehend auf, Technologien von externen Quellen zu erwerben (vgl. Edler et al., 2002, 161). In Folge dessen dürfte ein Open Innovation-Modell für den Unternehmenserfolg von KMU besonders relevant sein, da Ressourcen geteilt und Kompetenzen verbunden werden können.

II.1.3.2 Das Open Innovation-Modell

Im Gegensatz zur Closed Innovation wird bei Open Innovation vielmehr auch auf das weitere Umfeld der Innovation abgestellt. Wichtige Treiber für die zunehmende Öffnung der Innovationsprozesse sind steigende Umweltkomplexität sowie wachsender Kostendruck bei gleichzeitig verkürzten Produktlebenszyklen. So werden allein intern generierte Innovationen für Unternehmen immer schwieriger zu realisieren. Demzufolge haben interorganisationale Innovationsprozesse und –projekte an Bedeutung gewonnen.

II.1.3.2.1 Einführung und Diskussion

Open Innovation stellt die Antithese zu Closed Innovation dar und geht begrifflich auf Chesbrough (2003a) zurück. Dabei hebt er hervor, wie wichtig unternehmensexterne Ressourcen im Innovationsprozess sind:

> *„Open Innovation is a paradigm that assumes that firms can and should use external ideas as well as internal ideas, and internal and external paths to market, as they look to advance their technology" (Chesbrough, 2003a, xxiv).*

Somit definiert CHESBROUGH den Begriff der Open Innovation zugespitzt:

> „[...] *open innovation is the use of purposive inflows and outflows of knowledge to accelerate internal innovation, and expand the markets for external use of innovation, respectively" (Chesbrough, 2006, 1).*

Open Innovation impliziert also die strategische Öffnung des Innovationsprozesses sowohl nach außen als auch nach innen. Dabei werden externe Partner gezielt eingebunden, um den Innovationserfolg des Unternehmens zu steigern.

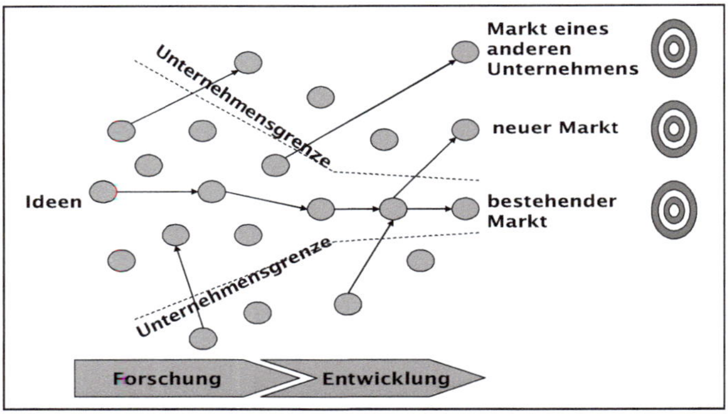

[Quelle: eigene Darstellung in Anlehnung an Chesbrough, 2003a, 44 bzw. 189]

Abb. II-4: Open Innovation-Prozess

Zur Konkretisierung des Open Innovation-Ansatzes werden in Abbildung II-4 die verschiedenen Innovationsströme über die Unternehmensgrenzen hinweg illustriert. In den FuE-Prozess fließen sowohl interne als auch externe Ideen ein und durchlaufen den Filterprozess. Ideen, die sich bereits in diesem Stadium durch das vorliegende Geschäftsmodell oder die Ressourcenausstattung als nicht umsetzbar herausstellen, müssen nicht zwangsweise verworfen werden sondern können den Forschungsprozess verlassen und an externe Akteure abgegeben werden. Auch in den anschließenden Entwicklungsprozess können externe Erkenntnisse bzw. Entwicklungsprojekte in einem weiter fortgeschrittenen Zustand einfließen. Das eben dargestellte Prinzip findet auch für die Ergebnisse aus dem Innovationsprozess Anwendung: FuE-Projekte können in der späten Phase nach außen abgegeben werden. Somit zielt der gesamte Prozess nicht mehr ausschließlich auf Innovationen für den bestehenden Markt, sondern produziert auch Innovationen für einen potenziellen neuen Markt, der durch das fokale bzw. ein anderes Unternehmen bedient werden kann. Da die Unternehmensgrenzen nun nach außen hin offener sind, gibt es vielfältige Wege für Ideen und Projekte, den FuE-Prozess des vorliegenden Unternehmens zu betreten bzw. zu verlassen.

Insgesamt lässt sich feststellen, dass im Rahmen von Open Innovation Innovationsideen besser ausgebeutet werden können. Durch die flexible und offene Unternehmensstruktur finden Innovationsideen auch außerhalb des betrachteten Unternehmens an den Markt. Alternativ werden sie mit Innovationsvorhaben anderer Unternehmen kombiniert und zur Marktreife gebracht. Nach GASSMANN und ENKEL können drei Kernprozesse des Open Innovation-Ansatzes unterschieden werden (vgl. Gassmann und Enkel, 2006, 134):

- Beim *Outside-In-Prozess* wird das eigene Wissen des Unternehmens mit dem Wissen von externen Partnern wie Kunden, Lieferanten oder anderen Experten erweitert.
- Im Rahmen eines *Inside-Out-Prozesses* hingegen entscheidet sich das Unternehmen für eine externe Kommerzialisierung, wobei beispielsweise durch Lizensierung Ideen und Technologien schneller und häufig profitabler auf den Markt gebracht werden können als durch die rein interne Ausbeutung.
- Ein *Coupled Prozess* zeichnet sich durch die Nutzung externen Wissens und die Verwertung internen Wissens aus. Dazu werden verschiedene Kooperationsformen und Innovationsnetzwerke etabliert.

Alle drei Prozesse von Open Innovation bergen Chancen und Risiken gleichermaßen. Vor allem muss die richtige Balance zwischen der gewährten Transparenz der eigenen Geschäftsprozesse, die bei einem Open Innovation-Ansatz notwendig ist, und der Sicherung des Kern-Know-Hows des Unternehmens gefunden werden. Firmen dürfen die ‚flip side' von Open innovation nicht außer acht lassen, da der Zugang zu und der Schutz von Wissen eng miteinander verbunden sind (vgl. Monteiro et al., 2012, 3).
Die Grundannahme hinter Open Innovation lautet also, dass nutzbares Wissen weit verstreut und somit nicht notwendiger Weise innerhalb des Unternehmens vorhanden ist. Pragmatisch formuliert: *„Not all the smart people in the world work for us."* (Chesbrough, 2003a, 197). Dies gilt insbesondere in Bereichen, in denen sich wissenschaftlicher und technologischer Fortschritt schnell entwickeln. Demzufolge müssen sich Unternehmen der Herausforderung stellen, verteiltes Wissen zu erkennen und zu bewerten und externe Quellen wie Kunden oder andere Kooperationspartner aus vor- oder nachgelagerten Stufen der Wertschöpfungskette in den Innovationsprozess einzubinden. Gleichzeitig kann die Öffnung aber auch bewusst in die andere Richtung erfolgen, indem z.B. patentierte Entwicklungen auch außerhalb des Unternehmens verwertet werden.

Im Vorgriff auf die kritische Betrachtung des Ansatzes sei hier nun schon eingeräumt, dass CHESBROUGH bei seinem Open Innovation-Konzept ein Stück weit Anleihe bei bekannten Erklärungsansätzen nimmt. So wird die Unternehmensgrenze nach außen hin als durchlässig dargestellt, damit der Informationsfluss zwischen dem Unternehmen und externen Partner stattfinden kann (vgl. Dahlander und Gann, 2010, 700; Kogut und Zander, 1992, 385; Laursen und Salter, 2006, 132; Tushman, 1977, 587). Daran schließen Forschungserkenntnisse an, die darauf hindeuten, dass die Notwendigkeit des Zugangs zu externen Wissensressourcen zunimmt (vgl. Edler et al., 2001; Narula und Hagedoorn, 1999). Immerhin zeichnen externe Quellen für circa ein bis zwei Drittel desjenigen Inputs verantwortlich, der zur Entwicklung erfolgreicher Innovationen notwendig ist (vgl. Conway, 1995, 327).

II.1.3.2.2 Herausforderungen bei der praktischen Umsetzung

Auch wenn der Open Innovation-Ansatz wichtige Impulse und Chancen für den Innovationserfolg liefern kann, stellt seine Umsetzung die Unternehmen vor einige Herausforderungen. Einer der am häufigsten genannten Aspekte ist das Not-Invented-Here-Syndrom (NIH) nach CLAGETT (1967) sowie KATZ und ALLEN (1982). Unter diesem Syndrom werden Widerstände durch die Mitarbeiter subsumiert, wie sie bei der Übernahme und Nutzung von Ideen bzw. Innovationen von außen zu beobachten sind (vgl. Katz und Allen, 1982, 7; West und Gallagher, 2006, 328 f.). Bei diesen Outside-in-Prozessen beispielsweise können solche Widerstände nachteilig sein, da die Internalisierung des externen Innovationspotenzials behindert wird. Dementsprechend sollte das Unternehmen gegensteuern, indem es einerseits die Öffnung der Unternehmenskultur fördert. Andererseits sollte konkret die Motivation der beteiligten Personen gesteigert werden, externen Ideen offen gegenüber zu stehen; z.B. kann das mithilfe finanzieller Anreize erfolgen (vgl. Lichtenthaler und Ernst, 2006, 368 ff.). Abschließend soll auf die Bedeutung des Geschäftsmodells im Rahmen von Open Innovation verwiesen werden: Nur die Nutzung und Weiterentwicklung passender Geschäftsmodelle garantiert, dass Unternehmen von der Umsetzung des Open Innovation-Ansatzes profitieren und nachhaltige Wettbewerbsvorteile erlangen (vgl. Chesbrough, 2007, 22).

II.1.3.2.3 Einordnung von Open Innovation in die bestehende Forschungslandschaft und kritische Würdigung

Die skizzierte Gestaltungsweise des (Open) Innovationsmanagements, insbesondere die Zusammenarbeit über Unternehmensgrenzen hinweg, stellt keinen radikal neuen Ansatz dar (vgl. Christensen et al., 2005, 1534). In der wirtschaftswissenschaftlichen Literatur habenin den letzten beiden Jahrzehnten die Konzepte der Innovationsnetzwerke (vgl. Powell, 1990; Roberts und Liu, 2001) und der verteilten Innovationsakteure (vgl. Coombs et al., 2003) zunehmend Verbreitung gefunden. Die Einbindung von externem Wissen in den Innovationsprozess ist Grundlage für die Breite an Literatur zu Innovationskooperationen (vgl. Duschek 2002). Dabei ist die Tendenz, zunehmend externes Wissen in den Innovationsprozess einfließen zu lassen, seit den 1980er Jahren zu beobachten (vgl. Pisano, 1990, 153). Ferner sind die möglichen organisationalen Kooperationsformen der Innovationsliteratur seit längerem bekannt (vgl. Gulati und Singh, 1998; Powell und Grodal, 2005). Dies gilt auch für die Ausgestaltung von Innovationsprozessen innerhalb von High-Tech-Industrien (vgl. Powell et al., 1996).

Chesbrough selbst präsentiert den Open Innovation-Ansatz (vgl. Chesbrough, 2003a und 2003b) als Paradigmenwechsel in der Innovationsforschung. Die Grundidee hinter dem Open Innovation-Ansatz ist, dass das für eine Innovation nutzbare Wissen nicht nur im Unternehmen, sondern vor allem auch extern in der umgebenden Umwelt vorhanden ist. Während dieser Umstand für CHESBROUGH den propagierten Paradigmenwechsel konstituiert, sind der Literatur vergleichbare Konzepte schon länger bekannt. Jedoch lässt sich Open Innovation auf einen zentralen Punkt zurückführen, der auch bei anderen offenen Innovationsansätzen im Mittelpunkt steht:

> *"A starting point for the idea of openness is that a single organization cannot innovate in isolation. It has to engage with different types of partners to acquire ideas and resources from the external environment to stay abreast of competition." (Dahlander und Gann, 2010, 699)*

Somit kann Open Innovation als moderner Beitrag in der Innovationsmanagementliteratur angesehen werden, der verschiedene bestehende Ansätze in sich vereint.

Demgegenüber soll jedoch nochmals auf CHESBROUGH (2006a, 8 ff.) verwiesen werden, der acht Differenzierungsmerkmale von Open Innovation im Vergleich zu bisherigen Ansätzen der Innovationsforschung auflistet:

- Gleichgewicht in der Bedeutung von externem und internem Wissen,
- zentrale Stellung des Geschäftsmodells bei der Übertragung von FuE-Ergebnissen in die kommerzielle Wertschöpfung,
- Bewertung von FuE-Projekten, auch unter Betrachtung von Fehlentwicklungen,
- zielgerichteter Abfluss von Wissen und Technologie,
- Einbezug der reichhaltigen unternehmensexternen Wissensbasis,
- proaktive und betonte Rolle des IP-Managements,
- vermehrtes Vorkommen von Innovationsintermediären und
- neue Maßstäbe für die Bewertung der Innovationsfähigkeit und –leistung.

Neben der Präsentation des Open Innovation-Konzepts werfen CHESBROUGHS (2003a, 2003b) Beiträge auch einige Fragen auf, die vorerst unbeantwortet bleiben. Open Innovation konzentriert sich vor allem auf das fokale, innovierende Unternehmen auf organisationaler Ebene. Darüber hinaus kommt eine Betrachtung der individuellen Ebene zu kurz. Denn letztendlich sind es die Mitarbeiter, die, vor allem durch ihre Beteiligung am Innovationsprozess, Open Innovation praktizieren müssen (vgl. Knudsen, 2007, 11). Diese Mitarbeiter brauchen eine offene Einstellung, um mit externen Partnern zusammenzuarbeiten bzw. mit extern produziertem Wissen sinnvoll umzugehen[4]. Weiterhin ist eine Erweiterung der Betrachtung über das fokale Unternehmen hinweg in Richtung interorganisationale Netzwerke notwendig (vgl. Vanhaverbeke, 2006, 207). Innerhalb dieser Netzwerke entstehen dynamische Prozesse, die über die Dimensionen einer reinen zweiseitigen Beziehung hinausgehen. Schließlich merken VAN DE VRANDE ET AL. (2009, 423) an, dass das Open Innovation-Konzept zumeist an großen und im Markt bereits bestehenden Unternehmen ansetzt. Folglich stellt sich die Frage, wie der Open Innovation-Ansatz auch auf KMU bzw. Start-up-Unternehmen angewandt werden kann.

II.1.3.3 Zwischenfazit

Insgesamt ist festzustellen, dass der Prozess vom Closed Innovation zu Open Innovation andauert. In der Literatur werden relevante Kontingenzfaktoren diskutiert, warum manche Firmen offener sind und mehr von Open Innovation profitieren als andere. DAHLANDER und GANN (2010, 706) heben beispielsweise die Rolle von geistigem Eigentum hervor sowie die rechtlichen Möglichkeiten, dieses zu schützen. Die Literaturanalyse hat zudem ergeben, dass Open Innovation nicht per se ein Erfolgsgarant für die Innovationen von morgen ist. Nicht nur dass Unternehmen beispielsweise unternehmenskulturelle und individuelle Hindernisse bei der Umsetzung von Open Innovation überkommen müssen, sie stehen auch vor der Herausforderung, den Open Innovation-Gedanken in ihre existierenden Strukturen, Systeme und Prozesse zu integrieren.

---

4 Vgl. in diesem Zusammenhang die o.g. Diskussion zu dem NIH-Syndrom (vgl. Clagett (1967); Katz und Allen (1982).

Wie auch bezüglich des klassischen Innovationsmanagements profitieren Unternehmen bei der Implementierung von Open Innovation davon, wenn sie einen strukturierten Managementansatz nutzen, der eher geschlossene und offene Innovationsaktivitäten integriert. Abbildung II-5 zeigt einen solchen Ansatz.

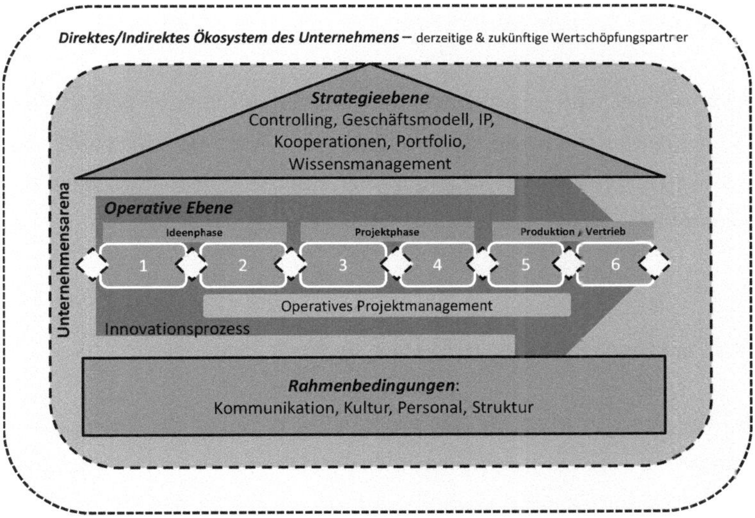

[Quelle: vgl. Adelhelm et al., 2011, 36]

Abb. II-5: (Open) Innovation Management-Konzept

Das (Open) Innovation Management-Konzept ist durch drei Ebenen gekennzeichnet (vgl. Adelhelm et al., 2011, 37):

- einer operativen Ebene, die sich von der Idee über das Projekt bishin zur Produktion bzw. zum Vertrieb einer (Open) Innovation erstreckt,
- einer Strategieebene, die Elemente zur direkten Steuerung der operativen Ebene enthält (z.B. Controlling, IP-Management) und
- einer Ebene, die Rahmenbedingungen umfasst, die einen starken Einfluss auf das (Open) Innovation-Management ausüben (z.B. Organisation, Struktur).

Diese drei unternehmensbezogenen Ebenen werden umrahmt von der Umwelt, dem Ökosystem des Unternehmens. Dabei muss zwischen dem direkten Ökosystem – die potentiellen (und tatsächlichen) Akteure im Innovationsprozess wie Hersteller, Lieferanten, Kunden oder Mitbewerber – und dem indirekten Ökosystem – Externe mit indirektem Einfluss auf das Unternehmen wie Verbände, Politik und Wissenschaft – differenziert werden.

In wie weit sich Open Innovation allgemein als praktikabler Ansatz herausstellen wird, werden weitere empirische Untersuchungen zeigen. GASSMANN (2006) und VANHAVERBEKE (2006) zählen mögliche Themenfelder für die wissenschaftliche Betätigung auf.

II.2 Stand der Forschung zu Geschäftsmodellinnovationen

Im Folgenden werden für die vorliegende Arbeit der Bezug zum strategischen Management hergestellt, Definitionen für Geschäftsmodelle und Geschäftsmodellinnovationen erarbeitet sowie verschiedene Aspekte zu Geschäftsmodellinnovationen diskutiert.

II.2.1 Design der dreistufigen Literaturanalyse

Begleitend zur Erstellung der vorliegenden Arbeit führte die Autorin eine ausführliche Literaturanalyse zu einschlägigen Forschungsarbeiten durch, um das zu entwickelnde Gesamtkonzept für Geschäftsmodellinnovationen mit bereits vorhandenen Forschungsergebnissen zu verknüpfen. In diesem Zusammenhang sind bei Forschungsarbeiten drei Grundtypen zu unterscheiden (vgl. Stock-Homburg et al.,

2009, 8 ff.): Erstens rein theoretische oder konzeptionelle Arbeiten, die Aussagen *„(...) by combining observations from previous literature, common sense, and experience“* (Eisenhardt, 1989, 532) treffen. Eine Überprüfung der zentralen Aussagen anhand empirischer Daten erfolgt dabei nicht. Normative bzw. präskriptive Arbeiten als zweiter Typ haben zum Ziel, praxisrelevante und -nahe Handlungsempfehlungen zur optimalen Gestaltung von Geschäftsmodellen und Geschäftsmodellinnovationen zu formulieren. Auch diese Gruppe von Arbeiten überprüft die getroffenen Aussagen in der Regel nicht empirisch. Typischerweise ist eine solche Herangehensweise in Lehrbüchern oder in praxisnahen Veröffentlichungen zu finden. Zentrales Merkmal des dritten Typs – dem der empirischen Arbeiten – ist dagegen, dass sie die Validität eingangs entwickelter Hypothesen mithilfe empirischer Daten testen und/oder Ansatzpunkte für neue Theorien aus empirischen Daten ableiten. Dies können einerseits quantitative und andererseits qualitative Arbeiten sein. Aus der theoretischen Fundierung der formulierten Hypothesen und/oder Ansatzpunkte allein wird dagegen kein Gültigkeitsanspruch hergeleitet (vgl. Homburg, 2007, 28).

Die Literaturanalyse zum Thema Geschäftsmodellinnovationen erfolgt auf Basis einer dreistufigen, systematischen Sichtung von Forschungsarbeiten der genannten Typen. Dabei folgt die Literaturanalyse dem Ziel, den aktuellen wissenschaftlichen Kenntnisstand zu Geschäftsmodellinnovationen widerzuspiegeln, Verbindungen zu verwandten Konzepten herzustellen und Forschungslücken aufzuzeigen.

Stufe 1: Breit angelegte Literaturanalyse

In den Jahren 2008-2010 wurde die betriebswirtschaftliche Literatur sehr breit nach den Begriffen ‚Geschäftsmodell‘, ‘business model‘, ‘Geschäftsmodellinnovationen‘, ‘business model innovation‘ und verwandten Konzepten analysiert, um einen ersten Überblick zum Forschungsstand zu bekommen. Dabei wurden alle drei Typen von Forschungsarbeiten berücksichtigt; hinzukommen Fachbücher zum strategischen Management und zu Geschäftsmodellen (u.a. Afuah, 2004; Grant und Nippa, 2006; Hamel, 2000; Kreikebaum, 1997). Die Analyseergebnisse wurden in einer Exceldatei gesammelt. Aus Platzgründen wird diese sehr umfangreiche Tabelle nicht im Anhang dargestellt.

Stufe 2: Systematische Literaturanalyse hochrangiger Journalbeiträge

In 2009 wurde eine Analyse primär der dritten Gruppe von Arbeiten, der empirischen Forschungsarbeiten, und zusätzlich einiger weniger konzeptionellen, besonders relevanten Arbeiten des ersten Typs vorgenommen. Ziel dieser Recherche war es, Einblicke in einschlägige Arbeiten aus hochrangigen Journalen zu bekommen. Nachdem bisherige Forschungsergebnisse zu Geschäftsmodellinnovationen vor allem im englischsprachigen Raum veröffentlicht worden waren und die fraglichen Journale nur englische Artikel publizieren, beschränkte sich die Suche in Stufe 2 auf englischsprachige Beiträge. Konkret wurde mithilfe der Suchbegriffe ‚strategic innovation, strategy innovation, business model innovation, strategic renewal, business model, strategic flexibility, strategic change' eine Grundgesamtheit von 43 auswertbaren Forschungsarbeiten herausgefiltert, die sich in der Zeit zwischen 1999 und 2009 mit der Gestaltung von Geschäftsmodellinnovationen im engeren Sinne oder strategischem Wandel im weiteren Sinne befasst haben. Die Grundgesamtheit wurde über mehrere Datenbankrecherchen (Business Source Premier, JSTOR, ScienceDirect) sowie eine Auswertung von Zitaten in einschlägigen Studien und Sekundäranalysen ermittelt. Durchsucht wurde eine Auswahl an thematisch passenden Journalen, die im Rahmen des JOURQUAL Rankings 2008 des Verbandes der Hochschullehrer für Betriebswirtschaft e. V. (VHB) – eine Auflistung betriebswirtschaftlich relevanter Zeitschriften, die basierend auf den Urteilen der VHB-Mitglieder gerankt wurden – im jeweiligen Teilranking auf einem der ersten 10 Plätzen rangieren[5]. Als Teilrankings wurden insbesondere die Bereiche Technologie- und Innovationsmanagement, Allgemeine Betriebswirtschaftslehre (inkl. strategischem Management) und Marketing ausgewählt.

Journal	*Anzahl Treffer*	*Anzahl ausgewählte Treffer*
Academy of Management Journal	3	2
Academy of Management Review	1	1
Administrative Science Quarterly	1	0
Entrepreneurship Theory and Practice	2	2
Industrial and Corporate Change	1	1
International Journal of Research in Marketing Science	0	0
International Journal of Technology Management	7	4
Journal of Business Venturing	0	0
Journal of Marketing	3	0
Journal of Marketing Research	0	0
Journal of Product Innovation Management	6	1
Journal of the Academy of Marketing Science	2	1
Long Range Planning	2	2
Management Science	2	1
Marketing Science	0	0
Organization Studies	2	0
Research Policy	2	0
Strategic Management Journal	9	7
Transactions on Engineering Management	0	0

[Quelle: Eigene Darstellung]

Tab. II-1 : Treffer in ausgewählten Journalen im Rahmen von Stufe 2 der Literaturanalyse

Die Liste der Journale sowie die Treffer im relevanten Untersuchungszeitraum sind in Tabelle II-1 ersichtlich. Eine Übersicht über die Untersuchungsergebnisse der 22 für diese Arbeit und für die zugrundeliegenden Forschungsfragen relevanten Artikel finden sich im Anhang 1 wieder. Darin werden konzeptionelle Grundlagen, Methodik und Ergebnisse der einzelnen Studien systematisch in tabellarischer Form zusammengefasst. Diese Vorgehensweise ermöglicht eine vergleichende Betrachtung der Arbeiten unter Berücksichtigung ihrer Konzeption und Datengrundlage. So können beispielsweise die Erkenntnisse von Querschnitts- bzw. Längsschnittsstudien einander gegenüber gestellt werden.

5 Eine Ausnahme hierbei bildet aufgrund des starken Schwerpunkts im strategischen Management das Journal ‚Long Range Planning' auf Platz 16.

Stufe 3: Analyse des Special Issues ‚Business Models'; Long Range Planning, Jg. 43, H. 2-3, April/Mai 2010

Im April 2010 erschien ein Special Issue der Zeitschrift Long Range Planning mit 19 Artikeln zum Thema Geschäftsmodelle. Darin geht es unter anderem nicht nur um die Definition und Entstehungshintergründe von Geschäftsmodellen sondern auch um die Innovation bestehender Geschäftsmodelle sowie Erfolgsfaktoren von Geschäftsmodellen. Insbesondere 13 Beiträge stehen im Fokus der Literaturanalyse für die vorliegende Arbeit. Eine Übersicht über die wichtigsten Aspekte dieser Beiträge findet sich in Anhang 2.

Die dreistufige Sichtung der Literatur ergab, dass bisher nur einige wenige Forschungsarbeiten vorliegen, die das Konstrukt der Geschäftsmodellinnovation mit seinen vielfältigen Dimensionen untersuchen und spezifizieren. Dennoch existieren aufschlussreiche Studien zu einzelnen Aspekten, wie zum Beispiel bezüglich der Abgrenzung zu verwandten Konzepten des strategischen Managements, des Designs innovativer Geschäftsmodelle oder der Durchführung von Geschäftsmodellinnovationen. Als Rahmen für diese Arbeit wird in Kapitel II.2.2 der Bezug zum strategischen Management hergestellt. Danach werden die detaillierten Ergebnisse der eigentlichen Literaturanalyse gegliedert nach den Themen der drei Forschungsfragen über mehrere Unterkapitel verteilt erläutert. Die erste Forschungsfrage – FF 1 bezüglich der Charakterisierung und Klassifizierung bzw. Typologisierung von Geschäftsmodellen – wird in Kapitel II.2.3 diskutiert. In Kapitel II.2.4.3, ‚Wege der Realisierung von Geschäftsmodellinnovationen', wird insbesondere die zweite Forschungsfrage aufgegriffen. FF 3 zu den zentralen Treibern und Hindernissen von Geschäftsmodellinnovationen ist Thema in Kapitel II.2.5. Dabei wird zudem die ‚Geschäftsmodellflexibilität' als Klammer zu den erläuterten Determinanten der Geschäftsmodellinnovation eingeführt. Schließlich rundet Kapitel II.3 den theoretisch-konzeptionellen Teil der Arbeit durch ein Zwischenfazit ab.

II.2.2 Das strategische Management als konzeptioneller Bezugsrahmen

Strategie kommt aus dem Altgriechischen (‚strategos: Bedeutung ‚Heer' bzw. ‚Führen') und wurde zuerst im Rahmen der Kriegs- bzw. Staatsführung angewandt. Im unternehmerischen Kontext sollen Strategien Ansätze bieten, wie Unternehmen Wettbewerbsvorteile generieren können (vgl. Wohland, 2008, 8 ff.). Diesbezüglich sollen im Folgenden die zentralen drei Ansätze im Strategischen Management kurz dargestellt werden: erstens, der industry- oder market-based view; zweitens, der resource-based view bzw. der capabilities-based view; drittens, der institution-based view. Aufgrund des begrenzten Umfangs der vorliegenden Arbeit erfolgt diese Diskussion nicht ausführlich[6].

In den 1980er Jahren war der vorherrschende Strategieansatz der *market-based view* (vgl. Porter, 1998). Im Kern steht dabei die Aussage, dass die Unternehmensstrategie und –leistung stark von den relevanten Markstrukturen beeinflusst werden. In diesem Zusammenhang wird innerhalb einer Branche von einer weitgehenden Homogenität der Unternehmen in Struktur und Handeln ausgegangen. Um Branchen zu analysieren, wird häufig auf den Fünf-Kräfte-Ansatz zurückgegriffen (vgl. Porter, 1998, 4ff.). Anfang der 1990er Jahre gewann demgegenüber der *resource-based view* an Bedeutung (vgl. u.a. Barney, 1991; Peteraf, 1993; Wernerfelt, 1984). Von zentraler Bedeutung bei diesem Strategieansatz sind nicht mehr der externe Einfluss bzw. die bestehenden Marktgegebenheiten sondern die eigenen Ressourcen. Diesem Gedanken folgend wird von einer großen Heterogenität der Unternehmen ausgegangen. Ressourcen beziehen sich dabei auf tangible (z.B. Maschinen, Fabrikgebäude) und intangible (z.B. Markennamen, Wissen) Elemente (vgl. Wohland, 2008, 14 f.). Um diese Ressourcen erfolgreich

6 Für einen ausführlichen Überblick zu den forschungsmethodischen Ansätzen sowie einer multiperspektischen Sichtweise im strategischen Management siehe die weiterführenden Überlegungen bei RASCHE (2002, 383 ff.).

nutzen zu können, müssen sie selten, firmenspezifisch, schwer imitierbar und *„sticky"* sein (vgl. Teece et al., 1997, 514). Der resource-based view kann jedoch nicht ausreichend begründen, wie Unternehmen ihre Wettbewerbsposition auch unter dynamischen Umweltbedigungen halten und ausbauen können. Aus diesem Grund kam es Mitte der 1990er zur Weiterentwicklung der strategischen Perspektive hin zum *capabilities-based view* (vgl. u.a. Eisenhardt und Martin, 2000; Teece et al., 1997). Bei diesem Ansatz wird sowohl die Nutzung von Ressourcen zur Entwicklung von Wettbewerbsvorteilen als auch die flexible Adaption der Ressourcen eines Unternehmens an dynamische Umweltbedingungen berücksichtigt (vgl. Eisenhardt und Martin, 2000, 1105 f.). Derartige ‚dynamic capabilities' sind wie folgt charakterisiert:

> *„The firm´s processes that use resources (...) to match and even create market change. Dynamic capabilities thus are the organizational and strategic routines by which firms achieve new resource configurations as markets emerge, collide, split, evolve, and die." (ebenda, 1107).*

Drittens und letztens ist der *institution-based view* (vgl. u.a. North, 1990; Scott, 1998) zu nennen. Hierbei werden als relevante Faktoren für Marktergebnisse insbesondere formelle und informelle ‚Spielregeln' (vgl. Peng et al., 2009, 70) in den Vordergrund gestellt. Dabei versteht man unter formellen Aspekten beispielsweise Gesetze oder Regeln, unter informellen Aspekten beispielsweise kulturelle Rahmenbedingungen, Werte und Normen.

Bezüglich der zeitlichen Dimension von Strategieanalysen lassen sich grundsätzlich zwei Sichtweisen unterscheiden (vgl. Mintzberg, 1978, 945): intendierte und realisierte Strategien. Bei intendierten Strategien wird eine ex-ante Perspektive eingenommen. Geprägt durch die Elemente der analytischen Planung und strukturierten Dokumentation sind Unternehmen so bestrebt, ihre zukünftige Wettbewerbsposition aktiv zu gestalten (vgl. Ansoff, 1965; Chandler, 1962). Eine realisierte Strategie hingegen umfasst tatsächlich umgesetzte strategische Maßnahmen, was wiederum einerseits durch geplante (intendierte) Vorgänge, andererseits aber auch durch zufällig erwachsene (emergente) Umstände erfolgt sein mag. Die Analyse realisierter Strategien wird zumeist ex-post vorgenommen, um zu verstehen, wie verschiedene strategische Entscheidungen und Maßnahmen ergriffen wurden.

Darüber hinaus kann festgestellt werden, dass im Rahmen von traditionellen Analyseeinheiten im strategischen Management – wie das Unternehmen oder die Branche – nicht alle strategischen Fragestellungen ausreichend Berücksichtigung finden. Aufgrund der steigenden Bedeutung interorganisationaler Verflechtungen wird darüber hinaus eine Analyseeinheit erforderlich, die auch die Betrachtung von Interdependenzen zwischen Wertschöpfungspartnern verschiedener Branchen erlaubt (vgl. Adelhelm, 2012, 55). Gerade Geschäftsmodelle als ganzheitlich-systematische Analyseeinheit für dynamische Untersuchungskontexte bieten Ansatzpunkte für diese Herausforderungen (vgl. u.a. Linder und Cantrell, 2000; Meinhardt, 2002; Schweizer, 2005; Zott et al., 2011). In der vorliegenden Arbeit werden nicht nur die ressourcenorientierte Aspekte (z.B. Kernkompetenzen, Managementansätze bezüglich Geschäftsmodellinnovationen oder Fähigkeiten der Individuen in einem Unternehmen) (Kap. II.2.5.3-II.2.5.5) sondern auch marktorientierte und externe Einflussfaktoren (z.B. externe Faktoren der Geschäftsmodellflexibilität) (Kap. II.2.5.2) sowie die strategischen Rahmenbedingungen im Pharmamarkt (Kap. III.2) bezüglich Geschäftsmodellinnovationen beleuchtet.

II.2.3 Geschäftsmodelle

Dieses Kapitel greift die erste der drei Forschungsfragen auf. FF1: Wie können Geschäftsmodelle beschrieben und klassifiziert werden?

II.2.3.1 Terminologie und Einführung

In der populärwissenschaftlichen aber auch in der betriebwirtschaftlichen Literatur hat das Thema ‚Geschäftsmodelle' insbesondere im Zuge des Internetbooms der neunziger Jahre an Bedeutung gewonnen. So hat der Terminus nicht nur in die Praxis sondern auch in die Wissenschaft Einzug genommen: *„(...) It has become quite fashionable to discuss business models"* (Shafer et al., 2005, 200). Bezüglich der Definition und Charakterisierung von Geschäftsmodellen ist in der Literatur eine große Vielfalt vorzufinden (vgl. u.a. Lambert und Davidson, 2012, 2; Magretta, 2002, 92; Teece, 2010, 175). Nach MEINHARDT kann ein Geschäftsmodell als *„(...) eine vereinfachende Abbildung einer auf Gewinn abzielenden Unternehmung, bestehend aus den wesentlichen Elementen der Unternehmung und deren Verknüpfungen"* (Meinhardt, 2002, 8) definiert werden. In der englischsprachigen Literatur wird häufig auf die Geschäftsmodelldefinition von AMIT und ZOTT (2001, 511) verwiesen:

> *"A business model depicts the content, structure, and governance of transactions designed so as to create value through the exploitation of business opportunities."*

Dabei repräsentiert das Geschäftsmodell eine Brücke von der technologischen oder produktbezogenen Entwicklung hin zum wirtschaftlichen Wert. So kann gewährleistet werden, dass ein neues Geschäftsmodell sowohl für das Unternehmen als auch den Kunden einen Mehrwert liefert (vgl. Adelhelm, 2012, 54). ERIKS-

SON und PENKER (2000, 7 f.) zufolge hat ein Geschäftsmodell die folgenden Aufgaben:

> *„To better understand the key mechanisms of an existing business, to act as a basis for improving the current business structure and operations. To show the structure of an innovated business, to experiment with a new business concept or to copy or study a concept used by a competitive company (e.g. benchmarking on the model level), and to identify outsourcing opportunities."*

Wie zuvor erläutert stellen Geschäftsmodelle eine neue Analyseeinheit dar, die es erlaubt, Einblicke in das Unternehmen zu bekommen und nachzuvollziehen, welche intendierten oder emergenten Strategien (vgl. Mintzberg und Waters, 1985) verfolgt und wie diese Strategien realisiert werden. Es wird dargelegt, welcher Mehrwert für den Kunden auf welche Art und Weise (Produkt-Markt-Kombinationen, interne und externe Wertschöpfungsarchitektur) für welche Märkte erzeugt wird und wie daraus Gewinne generiert werden. Diese Methode kann Unternehmen dabei helfen, bisherige Strategien zu analysieren und ggf. neu zu gestalten. In diesem Zusammenhang können Geschäftsmodelle als Analyseeinheit sowohl in stabilen wie auch in dynamischen Umwelten eingesetzt werden und durch Geschäftsmodellinnovationen eine Quelle für neue Wettbewerbsvorteile eröffnen.[7] Dabei darf die Funktion eines Geschäftsmodells nicht auf die Reflexion der Realität im Rahmen von Strategiepräsentationen reduziert werden. Vielmehr hat es sowohl einen darstellenden und beschreibenden als auch narrativen und analytischen Charakter gegenüber internen und externen Stakeholdern

[7] Das vorliegende Kapitel soll auch die chronologische Entwicklung des Geschäftsmodellkonzeptes widerspiegeln: Ende der 90er Jahre entstanden erste Definitionen, bevor Studien bezüglich Aufbau und Strukturierung von Geschäftsmodellen erschienen. In jüngster Zeit wird nun vermehrt die Öffnung und Weiterentwicklung von Geschäftsmodellen im Rahmen von Geschäftsmodellinnovationen diskutiert (vgl. u.a. Chesbrough, 2010; Chesbrough und Rosenbloom, 2002; Osterwalder et al., 2005; Valtakoski, 2010; Voelpel et al., 2004).

(vgl. u.a. Doganova und Eyquem-Renault, 2010, 1560). TEECE (2010, 176) fasst den Mehrwert von Geschäftsmodellen sehr treffend zusammen:

> *„Business models are necessary features of market economies where there is consumer choice, transaction costs, and heterogeneity amongst consumers and producers, and competition. Profit seeking firms in competitive environments will endeavor to meet variegated consumer wants through the constant invention and presentation to the consumer of new value propositions."*

In der Literatur kann eine Vielzahl an unterschiedlichen Definitionen und Konzepten zum Wesen eines Geschäftsmodells und zu seinen Elementen identifiziert werden. Gemeinhin wird jedoch die zentrale Bedeutung des Elements ‚Ertragsmodell' anerkannt. In diesem Zusammenhang können fünf Charakteristika identifiziert werden, die das Ertragspotenzial eines Geschäftsmodells bestimmen (vgl. Bach et al., 2003, 11; Hamel, 2000, 71 ff.):

1. *Effizienz*: Der Wert, den Kunden dem Angebot des Unternehmens beimessen, übersteigt die Kosten für diese Kundenvorteile. Eine adäquate Marge sichert die langfristige und nachhaltige Wettbewerbsposition des Unternehmens.
2. *Einzigartigkeit*: Je größer der Konvergenzgrad zwischen den Geschäftsmodellen innerhalb einer Branche, desto geringer die Aussicht auf überdurchschnittliche Margen. Das Ziel ist es also, ein konzeptionell und operational einzigartiges Geschäftsmodell zu schaffen, wobei diese Einzigartigkeit vom Kunden auch wahrnehmbar sein sollte.
3. *Passung*: Das Unternehmen kann mit einem Geschäftsmodell nur dann nachhaltige Gewinne erzielen, wenn sich die einzelnen Elemente gegenseitig verstärken. Demzufolge sollte ein Geschäftsmodell konsistent sein in dem Sinne, dass alle Bestandteile auf dieselbe Zielsetzung ausgerichtet sind.
4. *Koordination*: Ein Geschäftsmodell legt fest, welche Wertschöpfungspartner am Leistungserstellungsprozess beteiligt sind. Wertschöpfung – vor allem in Netzwerken und stark interdisziplinär ausgerichteten Industrien – geschieht arbeits-

teilig, so dass die Koordination der einzelnen Aktivitäten einen Erfolgsfaktor des Geschäftsmodells darstellt.

5. *Gewinntreiber*: Die Profitabilität ist das originäre Kriterium für ein erfolgreiches Geschäftsmodell.

Basierend auf der vorangegangenen Literaturanalyse wurde für die weitere Diskussion die folgende Arbeitsdefinition für Geschäftsmodelle entwickelt (vgl. u.a. Bieger et al., 2002, 4 f.):

Ein Geschäftsmodell ist eine vereinfachte Abbildung einer auf Gewinn abzielenden Unternehmung. Darin wird deutlich, wie das Unternehmen:

- *Wert kreiert (value proposition),*
- *die Struktur der Wertkette definiert (value creation),*
- *sich am Markt positioniert,*
- *Umsätze generiert, welche Kostenstruktur es besitzt und wie daraus Gewinne entstehen (value capture).*

Das Geschäftsmodell zielt dabei darauf ab, für den Kunden einen wahrnehmbaren Mehrwert und für das Unternehmen einen nachhaltigen Wettbewerbsvorteil zu generieren.

II.2.3.2 Abgrenzung Geschäftsmodell – Strategie

> *"Business model was one of the great buzzwords of the Internet boom." (Magretta, 2002, 86)*

Geschäftsmodelle haben in der wirtschaftswissenschaftlichen Literatur an Bedeutung gewonnen und werden zumeist im strategischen Management verortet. Man kann grundsätzlich zwei unterschiedliche Strömungen identifizieren: Autoren der einen Strömung begreifen Strategie und Geschäftsmodell als identische

Begriffe. Weitaus mehr Autoren gehören der anderen Strömung an, die Strategie und Geschäftsmodell als unterschiedliche, wenn auch eng verwandte Konzepte ansehen. Demnach betrachten die beiden Begriffe keineswegs das Gleiche und können nicht synonym verwendet werden (vgl. Chesbrough und Rosenbloom, 2002, 535; Magretta, 2002, 91; Seddon und Lewis, 2003, 237; Shafer et al., 2005, 203). Dabei argumentieren SEDDON und LEWIS, dass *"(...) a business model is an abstract representation of some aspect of a firm's strategy"* (Seddon und Lewis, 2003, 241). Geschäftsmodelle erweitern die unternehmensbezogene Sichtweise der klassischen Strategielehre um einen unternehmensübergreifenden Aspekt und sind somit als eine neue, vielschichtigere Analyseeinheit zu charakterisieren. Ein Geschäftsmodell ist jedoch noch keine Strategie; es kann lediglich die Eckpunkte zur Strategieentwicklung liefern (vgl. Stähler, 2001, 48 f.). Dabei wird in einem Geschäftsmodell keine Wettbewerbsposition berücksichtigt, was jedoch ein wichtiger Bestandteil einer Strategie sein sollte (vgl. Seddon et al., 2004, 440). Ein weiterer wichtiger Unterschied ist, dass Geschäftsmodelle der Umsetzung von Wettbewerbsstrategien dienen und nicht die Strategie Teil des Geschäftsmodells ist (vgl. Zott und Amit, 2008, 2). Eine mögliche Abgrenzung kann zudem durch die Nutzen- und Erfolgspotenziale erfolgen: Während die Wettbewerbsstrategie Nutzenpotenziale und die Positionierung im Wettbewerb definiert, beschreibt ein Geschäftsmodell die notwendigen Erfolgspotenziale und Mechanismen für die Generierung von Kundennutzen (vgl. Magretta, 2002, 87). Eine weiterer Unterschied in der Terminologie besteht darin, dass ein Geschäftsmodell die Analyse, das Testen und die Validierung der strategischen Möglichkeiten eines Unternehmens erleichtert (vgl. Shafer et al., 2005, 203). Das Geschäftsmodell hilft dabei, von der Strategie der realen Welt zu abstrahieren, wobei dies – wie jede Abstraktion – die Entscheidung erforderlich macht, welche Elemente modelliert und welche Element vernachlässigt werden (vgl. Seddon und Lewis, 2003, 245). TEECE schlussfolgert, dass Analyse- und Entscheidungsprozesse bezüglich der Strategie und des Geschäftsmodells gekoppelt ablaufen müssen, damit die Ergebnisse aus der Geschäftsmodellentwicklung in einen nachhaltigen Wettbewerbsvorteil überführt werden können (vgl. Teece, 2010, 179).

Chesbrough und Rosenbloom (2002, 535 f.) sowie Seddon und Lewis (2003, 238) fassen die vorgenannten Unterschiede zwischen Geschäftsmodellen und Strategien in fünf Punkten zusammen: Die erste Differenzierung bezieht sich auf die Betrachtung von 'value capture'[8] sowie in der Bedeutung des Wettbewerbseinflusses auf die eigenen Gewinne: Eine Strategie schenkt ‚value capture', Nachhaltigkeit und der Rolle des Wettbewerbs eine größere Beachtung als Geschäftsmodelle dies tun. Dabei fokussiert die Strategie auch stärker auf den Wettbewerb zwischen Unternehmen, während Geschäftsmodelle sich eher mit der zugrundeliegenden Logik eines Geschäftes beschäftigen, die es einem Unternehmen erlaubt, für die Kunden und Stakeholder Werte zu schaffen (vgl. Seddon und Lewis 2003). Zweitens kann nach der Wertschöpfung unterschieden werden. Die Strategie konzentriert sich stärker auf die Wertschöpfung für die Anteilseigner als das Geschäftsmodell. Drittens gibt es Unterschiede in Bezug auf Annahmen über den Wissensstand: Eine Strategie verwendet Annahmen weitaus vorsichtiger als Geschäftsmodelle dies tun. Eine vierte Unterscheidung bezieht sich auf die Menge an verfügbaren Informationen. Eine Strategie benötigt deutlich mehr Informationen als die Darstellung des Geschäftsmodells. Fünftens und letztens zeichnet sich eine Strategie durch seine Einzigartigkeit für das Unternehmen aus. Ein Geschäftsmodell hingegen ist als Abstraktion einer Strategie auch auf andere Unter-

[8] Im Zusammenhang mit Geschäftsmodellen kommt neben der Wertschöpfung (value creation) dem Begriff der value capture eine zentrale Bedeutung zu. Aufgrund des Fehlens einer treffenden deutschen Übersetzung wird in dieser Arbeit der englische Terminus beibehalten. Inhaltlich bezieht er sich auf die maximale Abschöpfung der mithilfe des Geschäftsmodells generierten Werte durch das Unternehmen.

nehmen übertragbar. Daher kann eine Unternehmensstrategie durch mehrere Geschäftsmodelle repräsentiert werden (vgl. Abb. II-6).

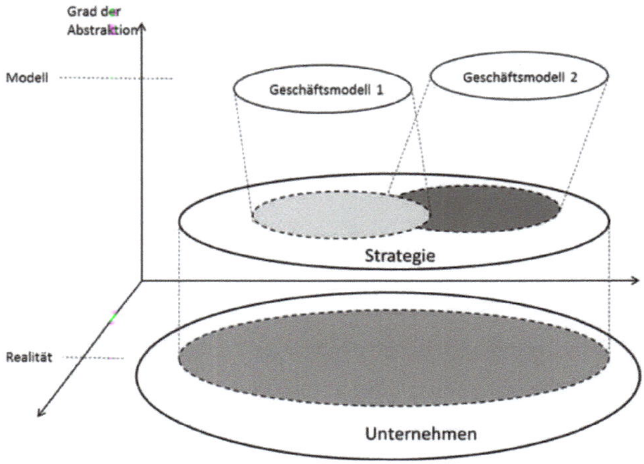

[Quelle: Seddon und Lewis, 2003, 238; Alberti, 2011, 22]

Abb. II-6: Verhältnis von Geschäftsmodell, Strategie und Unternehmen

Abschließend lässt sich sagen, dass einige Autoren das Geschäftsmodell als integratives Konzept zur Strategieformulierung und –ausführung vorschlagen (vgl. u.a. Amit und Zott, 2001, 513; Hedman und Kalling, 2003, 56). Insbesondere der modellhafte Charakter des Geschäftsmodells lässt darauf schließen, dass Geschäftsmodelle eine schnelle Erfassung der Unternehmenstätigkeit sowie einen guten Vergleich mit anderen Unternehmen ermöglichen. Die vorangegangenen Ausführungen haben betont, dass die Analyseeinheit des Geschäftsmodells dazu verwendet werden kann, strategische Entscheidungen und Strategien zu visualisieren, zu überprüfen und/oder zu entwickeln. Dies ist jedoch nur eine mögliche Funktion von Geschäftsmodellen. Inhalt dieser Arbeit ist es aufzuzeigen, wie es Innovationen des Geschäftsmodells ermöglichen können, neue Wettbewerbsvorteile für die Zukunft zu erschließen und dabei ein breiteres Portfolio an potentiellen Strategien zu überprüfen und weiterzuentwickeln als bisherige Ansätze.

II.2.3.3 Typologisierung von Geschäftsmodellen

Das vorliegende Kapitel soll eine Orientierung für die Klassifizierung von Geschäftsmodellen in der Pharmaindustrie liefern, die in Kapitel IV.1 basierend auf den empirischen Daten ‚bottom-up' vorgenommen wird. Nach der Definition von BADEN-FULLER und MORGAN (2010, 161) wird somit im empirischen Teil der Arbeit eine Klassifizierung (*„taxonomy")* von Geschäftsmodellen und keine ‚top-down', theoriegeleitete Typologisierung durchgeführt. BADEN-FULLER und MORGAN (2010, 157) betonen, dass Geschäftsmodelle per se geeignete Analyseeinheiten für beide Zielsetzungen sind. Wie bereits erwähnt, existiert in der Literatur mittlerweile eine große Anzahl an Definitionen und Konzepten zu Geschäftsmodellen. Darüber hinaus besteht jedoch Bedarf, Geschäftsmodelltypen zu identifizieren. Eine Klassifizierung bzw. Typologisierung sollte die folgenden Kriterien erfüllen (vgl. Scott, 1998, 45 ff.):

1. Eine Klassifizierung bzw. Typologisierung soll *intuitiv logisch* sein. Übertragen auf Geschäftsmodelle soll die Klassifizierung bzw. Typologisierung ähnlich aufgestellte Unternehmen zusammenfassen und sehr unterschiedliche Geschäftsmodelle hingegen voneinander trennen. Dabei sollen die Bezeichnungen der einzelnen Kategorien selbsterklärend sein.
2. Eine Klassifizierung bzw. Typologisierung soll *umfassend* sein. Die verschiedenartigsten Geschäftsmodelle sollen erfasst werden können.
3. Eine Klassifizierung bzw. Typologisierung soll *klar definiert* sein. Dies bedeutet, dass systematische, möglichst objektive Regeln für das Bestimmen eines Geschäftsmodells existieren sollen.

4. Die Klassifizierung bzw. Typologisierung soll *konzeptionell elegant* sein. Dieser Aspekt ist etwas subjektiv; jedoch ist zumindest darauf zu achten, dass so wenige Konzepte wie möglich verwendet werden und diese einfach und weitgehend selbsterklärend sind.

In der Literatur gibt es einige wenige Arbeiten, die sich der Klassifizierung bzw. Typologisierung von Geschäftsmodellen bzw. der Identifikation von Archetypen widmen (vgl. für einen Überblick u.a. Lambert und Davidson, 2012, 7). Im Folgenden sollen nur diejenigen Studien kurz erläutert werden, die Einblicke liefern, welche primär theoriegeleitete Typologisierungen von Geschäftsmodellen in der Literatur vorzufinden sind.

1. Identifikation von Geschäftsmodellarchetypen

WEILL ET AL. (2005) definieren in ihrer Studie vier Geschäftsmodelltypen, die sich auf die Rolle eines Unternehmens in der Wertschöpfungskette.

What rights are being sold?	*How much does the business transform the asset?*	
	Significant	*Limited*
Ownership of Asset	**Creator**	**Distributor**
Use of Asset	**Landlord**	
Matching of buyer and seller	**Broker**	

[Quelle: Weill et al., 2005, 31]

Tab. II-2: Vier grundlegende Geschäftsmodelltypen

In einem zweiten Schritt ergänzen sie die Art von Vermögensgegenstand, die im Zentrum des Geschäftsmodells steht. Daraus erwachsen 16 mögliche Varianten von Geschäftsmodellen, die sog. Geschäftsmodellarchetypen (vgl. Tab. II-3).

Basic Business Model Archetype	*What type of asset is involved?*			
	Financial	*Physical*	*Intangible*	*Human*
Creator	**Entrepreneur**	**Manufacturer**	**Inventor**	Human Creator*
Distributor	**Financial Trader**	**Wholesaler/ Retailer**	**IP Trader**	Human Distributor*
Landlord	**Financial Landlord**	**Physical Landlord**	**Intellectual Landlord**	**Contractor**
Broker	**Financial Broker**	**Physical Broker**	**IP Broker**	**HR Broker**

* These models are illegal in the US and most places today because they involve selling human beings. They are included here for logical completeness.

[Quelle: Weill et al., 2005, 30]

Tab. II-3: 16 mögliche Geschäftsmodellarchetypen

Die Autoren validieren ihre Klassifizierung anhand der 1000 größten US-amerikanischen Unternehmen. Jedoch zeigen sie selbst als Limitierung ihrer Studie auf, dass keine Antwort auf Veränderungen des Geschäftsmodells und mögliche Modifikationsansätze gegeben wird. Dies ist der eine Grund dafür, weshalb die Klassifizierung von WEILL ET AL. (2005) für die vorliegende Arbeit nicht geeignet scheint. Weiterhin liefern die 16 Archetypen zwar durchaus sinnvolle Ansätze beispielsweise innerhalb einer Volkswirtschaft. Für die Differenzierung von Geschäftsmodellen innerhalb einer spezifischen Branche, wie die der Pharmabranche, sind die Unterscheidungsmerkmale jedoch zu grob.

2. Eher statisch betrachtete Geschäftsmodelltypen

CHESBROUGH (2006) erarbeitet eine Typologisierung zu Geschäftsmodellen, die in sechs Stufen sehr einfache Geschäftsmodelle mit geringem Wettbewerbsvorteil bis hin zu stark adaptiven Geschäftsmodellen mit starken Wettbewerbsvorteilen unterscheidet (vgl. Tab. II-4). Dabei bezieht CHESBROUGH basierend auf dem von ihm entwickelte Open Innovation-Konzept (vgl. u.a. Chesbrough, 2003a) den Grad der Offenheit eines Geschäftsmodells in seine Arbeit mit ein. Zur Einordnung der verschiedenen Typen verwendet er zwei Kriterien:

(1) Innovationsprozess: Die Bandbreite reicht von einem nicht vorhandenen Innovationsprozess bei Typ 1 bis zu einem systematischen Innovationsprozess, der auch neue Geschäftsmodelle identifiziert (Typ 6).

(2) IP-Management: Das Management geistigen Eigentums ist bei einem Typ 1-Unternehmen nicht vorhanden, bei einem Typ 6-Unternehmen wird das geistige Eigentum hingegen als strategischer Vermögenswert verstanden.

	Business model	Innovation process	IP management
Type 1	Undifferentiated	None	None
Type 2	Differentiated	Ad hoc	Reactive
Type 3	Segmented	Planned	Defensive
Type 4	Externally aware	Externally supportive	Enabling asset
Type 5	Integrated	Connected to business model	Financial asset
Type 6	Adaptive	Identifies new business models	Strategic asset

[Quelle: Chesbrough, 2006, 111]

Tab. II-4: Geschäftsmodelltypen

Dabei nutzen offene Geschäftsmodelle nach CHESBROUGH sowohl interne als auch externe Ressourcen und Ideenquellen, wobei interne Mechanismen existieren, die zumindest einen Teil der Wertschöpfung für das Unternehmen in Gewinne umwandeln. CHESBROUGHS Typologisierung erlaubt eine sinnvolle Einordnung von Geschäftsmodellen innerhalb einer Branche; sie hat einen eher statischen Charakter zur Aufnahme des Status Quo. Dennoch können Ansatzpunkte zum Übergang zwischen den verschiedenen Typen identifiziert werden.[9]

[9] Ähnliche statische Typologisierungen – am Beispiel der Biotechbranche – nehmen Bigliardi et al. (2005); Mangematin et al. (2003) und Nosella et al. (2005) vor.

3. Erweiterung des Konzeptes der strategischen Gruppe als Grundlage für eine eher dynamische Typologisierung von Geschäftsmodellen

Da dieser Arbeit eine dynamische Sicht auf Geschäftsmodelle zugrunde liegen soll, wird hier das Konzept der ‚strategic group' bzw. der strategischen Gruppe (vgl. Cool und Schendel, 1987; Fiegenbaum et al. 1990; Hunt, 1972; Reger und Huff, 1993) eingeführt. 1972 prägte HUNT den Begriff der strategischen Gruppe, um eine Symmetrie der operativen Prozesse zu beschreiben, die er in der Haushaltsgeräteindustrie beobachtet hatte. Einerseits diagnostiziert er in seiner Studie signifikante Unterschiede bezüglich der Charakteristika und Strategien der Unternehmen, andererseits konstatiert er aber auch sehr ähnliche Strategien bei vielen Unternehmen. Diese Firmen entsprechend zu gruppieren, hilft dabei, die verschiedenen strategischen Optionen in einer Industrie zu verstehen. Gemeinhin wird unter einer strategischen Gruppe eine *„(....) group of firms in an industry following the same or similar strategies along the strategic dimensions"* (Porter, 1998, 129) verstanden. Die Fokussierung auf eine Branche nehmen die meisten Forschungsarbeiten zu ‚strategic groups' vor (vgl. u.a.Cool und Schendel, 1987), weshalb das Konzept auch für die vorliegende Studie geeignet ist. Jedoch beinhaltet PORTERS o.g. Definition keinen expliziten Bezug zum Geschäftsmodell. Daher wird auf das Strategieverständnis von ANSOFF (1965), COOL und SCHENDEL (1987), FIEGENBAUM ET AL. (1990) und anderen verwiesen, wonach eine Unternehmensstrategie – der Ankerpunkt für ‚strategic groups' – mindestens drei verschiedene Dimensionen hat:

(1) *Scope commitment* umfasst Entscheidungen, die die Zielmärkte, die Produkte oder Dienstleistungen und die geographischen Märkte festlegen.

(2) *Resource commitment* umfasst Entscheidungen, die bestimmen, welche Ressourcen für welche Schwerpunkttätigkeiten des Unternehmens verwendet werden, um in den relevanten Märkten langfristige Wettbewerbsvorteile zu erlangen bzw. zu erhalten.

(3) Insbesondere eine eher dynamische Sicht auf strategische Gruppen, wie sie FIEGENBAUM ET AL. bereits 1990 auf die Pharmaindustrie eingenommen haben, ist für den Aspekt der Veränderung des Geschäftsmodells im Rahmen von Geschäftsmodellinnovationen hilfreich. Demzufolge ist die *zeitliche Dimension* als dritter Aspekt zu integrieren.

Die erläuterten Perspektiven zu strategischen Gruppen umfassen also nicht nur strategische Entscheidungen per se sondern konkretisieren eine dynamische Sicht auf die verschiedenen Elemente eines Geschäftsmodells, wie z.B. dem Angebot, dem Markt, dem Marketing und der Organisation der Wertschöpfung eines Unternehmens. Nach COOL und SCHENDEL (1987, 1106) ist eine strategische Gruppe *„(...) a set of firms competing within an industry on the basis of similar combinations of scope and resource commitments"*. Diese Definition von strategischen Gruppen – erweitert um die o.g. zeitliche Dimension – soll dabei helfen, verschiedene Geschäftsmodelle in der Pharmaindustrie zu abgrenzbaren Geschäftsmodelltypen zusammenzufassen, um eine brauchbare Ausgangsbasis für die Diskussion von Geschäftsmodellinnovationen zu erhalten. In diesem Zusammenhang sei darauf hingewiesen, dass das Konzept der strategischen Gruppe für diese Arbeit lediglich ein Hilfskonstrukt zum besseren Verständnis der heutigen und zukünftigen Branchenstruktur ist. Die zu identifizierenden Geschäftsmodelltypen müssen ähnlich dem Verständnis von REGER und HUFF (1993) weder überschneidungsfrei noch symmetrisch sein. Zudem müssen nicht notwendigerweise alle Unternehmen einer Branche einem einzigen Typ zugeordnet werden können. Die Typologisierung soll lediglich die verschiedenartigen Geschäftsmodelle der Pharmabranche illustrieren und den Ausgangspunkt für Innovationsbestrebungen bilden.

4. Dynamische Geschäftsmodelltypologisierung

SCHWEIZER (2005) bezieht sich vor allem auf die Arbeit von HEUSKEL (1999) zur Dekonstruktion von Wertschöpfungsketten und entwickelt daraus eine Geschäftsmodellklassifizierung mit vier Ausprägungen (vgl. Abb. II-7).

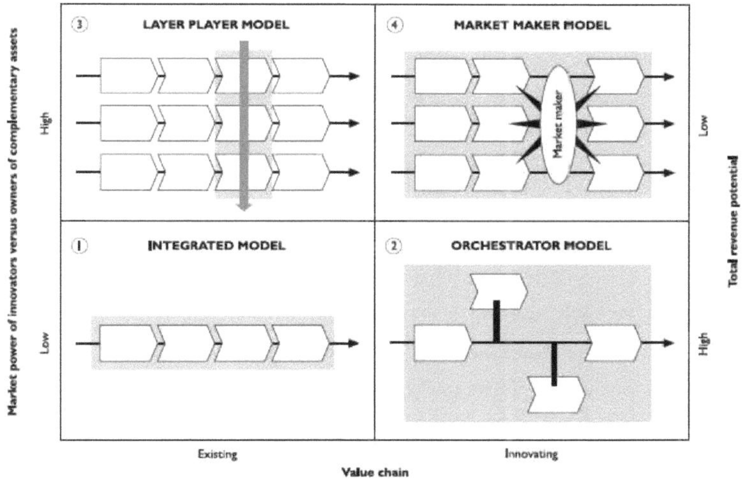

[Quelle: Schweizer, 2005, 48]

Abb. II-7: Typologisierung von Geschäftsmodellen, basierend auf HEUSKEL (1999)

Die Typologisierung setzt sich aus vier verschiedenen Ausprägungen zusammen:

- *Integrated Model (vertikal integriertes Modell)*: Der Integrator bewegt sich in bestehenden Wertschöpfungsketten und deckt diese durch eigene Kompetenzen weitmöglichst ab. Dadurch verfügt er über hohe Gewinnpotenziale und Wettbewerbsvorteile. Gleichzeitig neigt er aber zu einer gewissen strukturellen Trägheit und Inflexibilität bei schnellen Marktveränderungen. Beispiele für solche Unternehmen sind Procter & Gamble im Konsumgüterbereich und Nestlé im Lebensmittelsektor.

- *Orchestrator Model*: Der Orchestrator ist immer noch in ganzen Wertschöpfungsketten aktiv und verfügt über ein ähnlich hohes Gewinnpotenzial, hat sein Geschäftsmodell jedoch primär auf die Koordinierung eines Netzwerks aus verschiedenen Lieferanten ausgerichtet. Dabei deckt er selbst nur einige wenige Kernkompetenzen ab, ist aber über seine Koordinationsaktivitäten auch an vor- und nachgelagerten Gewinnpotenzialen beteiligt. Beispiele hierfür sind Nike oder Adidas.
- *Layer Player Model*: Unternehmen dieser Art ('Schichtenspezialist') spezialisieren sich auf eine bestimmte Stufe der Wertschöpfungskette mit hohem Wertschöpfungsgrad. Dadurch haben sie häufig großen Einfluss auf vor- und nachgelagerte Stufen und können durch ihr Innovationspotenzial ganze Wertschöpfungsketten verändern, obwohl das eigene Gewinnpotenzial in der Regel niedriger ist als bei den beiden erstgenannten Typen. Beispiele für diese Art von Unternehmen sind Intel, Microsoft, aber auch innovative Biotechunternehmen.
- *Market Maker Model*: Die Hauptfunktion dieses Pioniers ist es, Markttransparenz zu schaffen. Dabei gehen solche Unternehmen sehr innovativ vor, wodurch sie zwar in der Lage sind, Nachfrage nach ihrem Angebot zu generieren; ihr (anfängliches) Gewinnpotenzial liegt jedoch häufig relativ niedrig. Beispiele für Unternehmen dieses Typs sind Amazon oder Biotechunternehmen.

Ausgehend von dieser Typologisierung betrachtet SCHWEIZER mögliche Übergänge von einem Typ zum anderen im Laufe der Zeit. Bei Veränderungen der Wettbewerbssituation aufgrund interner oder externer Treiber überdenken Unternehmen ihr Geschäftsmodell und entwickeln sich weiter[10]. Dabei schätzt SCHWEIZER eine Entwicklung vom Layer Player oder Market Maker Model zum Integrated Model zwar als am gewinnträchtigsten ein, räumt jedoch ein, dass diese Transformation aufgrund des hohen Risiko- und Kostenpotenzials als eher unwahr-

10 Eine ähnlich dynamische Sichtweise auf Geschäftsmodelltypen nehmen CAMPAGNOLO und CAMUFFO (2010) am Beispiel der Augenoptikindustrie ein.

scheinlich einzustufen ist. Dahingegen schätzt er die Entwicklung vom Layer Player oder Market Maker zum Orchestrator Model aufgrund des geringeren Risikos als wahrscheinlicher ein (vgl. Schweizer, 2005, 51 ff.). Aufgrund der dynamischen Sichtweise auf Geschäftsmodelle und der Bedeutung der Beziehung zu externen Wertschöpfungspartnern wird für diese Arbeit die Typologisierung der Geschäftsmodelle nach SCHWEIZER (2005) als hilfreich identifiziert.

II.2.3.4 Von organisationalen zu interorganisationalen Geschäftsmodellen

Geschäftsmodelle balancieren nach innen und nach außen gerichtete Sichtweisen auf das Unternehmen aus und decken im Gegensatz zu den traditionellen Analyseinstrumenten des market- und resource-based-views ein umfassenderes Spektrum ab (vgl. Waibel, 2008, 72). MCGRATH (2010, 248) betont in diesem Zusammenhang die Abkehr von dem reinen ‚inside-out'- hin zu einem ‚outside-in'-Fokus. Die eigenen Kernkompetenzen sind lediglich die Basis der Wertschöpfungsaktivitäten, die bewusst mit externen Kompetenzen ergänzt werden. So werden in einem Geschäftsmodell beispielsweise auch externe Wertschöpfungspartner betrachtet. Neben der Berücksichtigung von Produkt-Markt-Beziehungen nimmt das Geschäftsmodell auch Bezug auf andere System-Umwelt-Beziehungen und betrachtet externe Umweltorientierung und interne Kompetenzen des Unternehmens als gleichgewichtet.

> *"We conceptualize a firm's business model as a system of interdependent activities that transcends the focal firm and spans its boundaries. The activity system enables the firm, in concert with its partners, to create value and also to appropriate a share of that value." (Zott und Amit, 2010, 216)*

In diesem Zusammenhang schlussfolgert VAN DER MEER (2007, 198) aus seiner empirischen Erhebung über die Verbreitung von Open Innovation, dass Unternehmen zwar vereinzelt Schwierigkeiten bei der Etablierung von Exportstrukturen für Inside-Out-Prozesse vor allem aber große Defizite bei der Anwendung von Open Innovation auf das Geschäftsmodell haben. Nur 7% der befragten Unternehmen weisen offene Geschäftsmodelle auf, wohingegen eine offene Kultur (68%) und die notwendigen Strukturen für den Import (74%) und Export (54%) weiter verbreitet sind (vgl. van der Meer, 2007, 199). Diese Umsetzungslücke bezüglich Open Innovation und Geschäftsmodelle birgt Brisanz in sich, da nach KNUDSEN (2007, 4) Open Innovation nur zum Erfolg führen kann, wenn das Unternehmen ein offenes Geschäftsmodell verwendet bzw. die Bereitschaft zur Innovation des Geschäftsmodells im Sinne einer Öffnung besitzt. Ein offenes Geschäftsmodell ist wie folgt charakterisiert:

> *„[A business model which] creates value by leveraging many more ideas, due to [its] inclusion of a variety of external concepts." (Chesbrough, 2006, 2)*

Die bewusste Ausgestaltung der Unternehmensgrenzen und im Besonderen die Entscheidung, welcher Grad an Offenheit für das Unternehmen in einer bestimmten Situation am sinnvollsten ist, gewinnen also nicht nur aufgrund der Konvergenz von Industrien immer mehr an Bedeutung (vgl. Hacklin und Klang, 2010, 28). JACOBIDES und BILLINGER greifen diesen Aspekt auf: Sie schlussfolgern, dass ein Unternehmen weder rein geschlossen noch rein offen agiert, sondern situativ über die Durchlässigkeit der eigenen Unternehmensgrenzen im Rahmen der Wertschöpfungskette entscheidet (vgl. Jacobides und Bilinger, 2006, 258). Eine erhöhte Durchlässigkeit kann beispielsweise die Effektivität und Effizienz der Ressourcenausnutzung erhöhen und die Wettbewerbskraft stärken. Flankiert durch ein geschicktes Management der Konditionen in kooperativen Arrangements mit externen Partnern können Unternehmen das eigene Geschäftsmodell fallweise offener gestalten. ITAMI und NISHINO warnen jedoch davor, dabei das eigene Kerngeschäft zu gefährden:

> *„Warning against too much unbundling does not mean firms should internalize everything – there must be a limit, and that limit determines the boundary of the organic economic body called 'a firm'. Each firm should decide its boundaries taking into account what it can do better than other firms, i.e. its core competence or core invisible assets." (Itami und Nishiro, 2010, 368)*

In diesem Zusammenhang ist anzumerken, dass Firmengrenzen nicht unbedingt rationale Ursachen haben müssen und von historischen Entwicklungen beeinflusst sein können (vgl. Teece, 1986, 320). ROTHAERMEL (2001, 1249) identifiziert in seiner Studie zur biopharmazeutischen Industrie für etablierte Unternehmen einen entscheidenden Vorteil nach außen orientierter Geschäftsmodelle: Im Falle von radikalen technologischen Veränderungen kann es sich als kluge Strategie erweisen, mit neu im Markt agierenden Unternehmen zu kooperieren. Dies ist insbesondere dann erfolgsversprechend, wenn das etablierte Unternehmen selbst über komplementäre Kompetenzen verfügt, die für die Kommerzialisierung der neuen Technologie von entscheidender Bedeutung sind. So bietet sich diesen Unternehmen die Chance, eine mögliche strategische Trägheit oder Inflexibilität aufgrund ihrer etablierten Position zu überkommen und radikale Technologieveränderungen nicht nur zu überleben sondern auch davon zu profitieren.

Dies sind beispielhafte Aspekte, die wichtige Determinanten für die Neugestaltung von Firmengrenzen – somit auch für die Neugestaltung der Grenzen von Geschäftsmodellen – im Falle von internen oder externen Veränderungen darstellen können. Da Geschäftsmodellinnovationen häufig das ganze Unternehmensnetzwerk betreffen, können sie als eine Form der interorganisationalen Innovation verstanden werden (vgl. Valtakoski, 2010, 14). Die Relevanz von sowohl internen als auch externen Faktoren für die Innovation des Geschäftsmodells wird bei GIESEN ET AL. (2011, 20 f.) nochmals unterstrichen.

II.2.4 Geschäftsmodellinnovationen

II.2.4.1 Notwendigkeit einer dynamischen Betrachtung von Geschäftsmodellen

Geschäftsmodelle helfen also nicht nur bei der statischen Analyse eines Geschäftes, sie erlauben auch eine dynamische Perspektive bezüglich der Veränderungs- und Innovationsprozesse, die das ganze Unternehmen betreffen (vgl. Demil und Lecoq, 2010, 228; Lambert und Davidson, 2012, 9; Zollenkop, 2006, 244). Diese dynamische Sichtweise dient als Grundlage des Themas Geschäftsmodellinnovationen in dieser Arbeit (siehe insbesondere Kapitel II.2.4). Vermehrt zwingen wachsender Wettbewerbsdruck und steigende Marktreife Unternehmen dazu, innovative Geschäftsmodelle zu entwickeln (vgl. Adelhelm, 2012, 53; Grant und Nippa, 2006, 293 ff.; Linder und Cantrell, 2000, 2; PwC und EBS, 2010, 14 ff.).

> *„The fact is, no matter how bulletproof your firm's current business model, it will be challenged by new business models [...] You must constantly attempt to discover new business models if your company hopes to survive and grow." (Tucker, 2001, 23)*

Zudem sind viele Branchen heutzutage durch Koexistenz verschiedenartigster Geschäftsmodelle charakterisiert. In der Luftfahrtindustrie beispielsweise gibt es einerseits traditionelle Fluggesellschaften und andererseits spezialisierte Unternehmen, die sich auf Geschäftsreisende oder sehr preisbewusste Kunden spezialisiert haben. Geschäftsmodellinnovationen bieten für Unternehmen insbesondere die folgenden Potenziale (vgl. Adelhelm, 2012, 56): reduzierte Kosten (vgl. Chesbrough, 2007, 24), Gewinnwachstum (vgl. Johnson et al., 2008, 56), neue Märkte mit neuen Kunden (vgl. Chesbrough und Schwartz, 2007, 55; Johnson et al., 2008, 57; Markides, 2006, 20) und erhöhte strategische Flexibilität (vgl. Markides, 2006, 21).

Diese Potenziale von Geschäftsmodellinnovationen stehen zunehmend im Fokus wissenschaftlicher Forschungsarbeiten. Insbesondere seit Anfang 2000 ist die Forschungsintensität bezüglich Geschäftsmodellinnovationen gestiegen (vgl. u.a. Bucherer, 2012; Chesbrough, 2010; Christensen et al., 2009; Gambardella und McGahan, 2010; Gilbert und Bower, 2002; Hamel, 2000; Osterwalder und Pigneur, 2010; Voelpel et al., 2004; Zollenkop, 2006).

II.2.4.2 Definition und Abgrenzung zu strategischen Innovationen

Geschäftsmodellinnovationen können als eine Form der strategischen Innovation angesehen werden. Im Folgenden werden ausgewählte Definitionen von strategischen Innovationen vorgestellt:

- HAMEL und VÄLIKANGAS stellen *"(...) the ability to dynamically reinvent business models and strategies as circumstances change"* (Hamel und Välikangas, 2003, 53) in den Vordergrund.
- *"Strategic innovation means an innovation in one's business model that leads to a new way of playing the game."* (Charitou und Markides, 2003, 56)
- *„Das Geschäftsmodell wird als Kern jeder strategischen Innovation charakterisiert."* (van Someren, 2005, 46)

Ein Beispiel einer strategischen Innovation, die ab den 1970er Jahren schrittweise eine ganze Branche beeinflusst hat, ist die Nutzung biotechnischer Verfahren und Technologien im Pharmasektor. Zu den strategischen Pionieren gehörten Squibb, SmithKline, Glaxo und Merck. Nachdem der Aufbau eigener Kompetenzen für viele der pharmazeutischen Großunternehmen nicht den erwarteten Erfolg gebracht hatte, entwickelten sich ab den 1990er Jahren immer mehr biopharmazeutische Geschäftsmodelle mit Kooperationen zwischen Biotech-Start-ups bzw.

KMU und den Pharmaunternehmen.[11] In Anlehnung an obige Definitionen und an SNIUKAS (2007, 24) sind strategische Innovationen wie folgt charakterisiert:

- Sie stellen ein Konzept mit interdependenten inhaltlichen, prozessualen und kontextuellen Dimensionen dar.
- Sie ermöglichen Innovationen im Rahmen der Strategie, um strategische Differenzierungs- und Wettbewerbsvorteile zu erzielen.
- Sie fordern konventionelle Denkweisen heraus und definieren das Geschäftsmodell neu, dadurch dass Marktgrenzen verändert, neue Märkte entwickelt und Mehrwert für die Kunden und das Unternehmen geschaffen werden.

Geschäftsmodellinnovationen werden als eine Art der strategischen Innovation angesehen und zumeist auf die Generierung von neuen Geschäftsmodellen in bestehenden Unternehmen bezogen (vgl. Markides, 2006, 20). Ausgangspunkt des neuen Geschäftsmodells können jedoch auch bestehende Geschäftsmodelle oder bestehende Kompetenzen sein.

> *„(...) Business-model innovation occurs when a firm adopts a novel approach to commercializing its underlying assets.“ (Gambardella und McGahan, 2010, 263)*

Insbesondere für bestehende Unternehmen stellen strategische Innovationen bzw. Geschäftsmodellinnovationen eine organisationale Herausforderung dar (vgl. Markides, 1998, 41). Es ist nicht nur eine Denkhaltung notwendig, die den Status Quo ständig in Frage stellt, das Unternehmen sollte auch eine Kultur des Experimentierens vorantreiben. In diesem Zusammenhang sind starke Führungspersönlichkeiten notwendig, um den nachhaltigen Erfolg von Unternehmen zu garantieren

---

11 Eine ausführliche Schilderung der Einflüsse der Biotechnologie im Pharmasektor und die Auswirkungen auf die Strategien der beteiligten Unternehmen finden sich beispielsweise in den Forschungsarbeiten von GALAMBOS und STURCHIO, 1998; KHILJI ET AL., 2006; POWELL, 1998 oder ROTHAERMEL, 2001.

Der Brückenschlag zum Innovationsmanagement gelingt über die Perspektive der Adaption bestehender bzw. der Generierung neuer Ansätze, das Geschäft zu betreiben (vgl. Adelhelm, 2012, 55). Die im Innovationsmanagement geläufige Differenzierung in inkrementale und radikale Innovationen (vgl. u.a. Gemünden et al., 2007; Leifer et al., 2000) kann auch auf Geschäftsmodellinnovationen übertragen werden (vgl. Koen et al., 2011, 53). Zur Beschreibung der Entwicklung von Geschäftsmodellinnovationen in bestimmten Schritten wird häufig Anleihe an Erkenntnissen der Innovationsprozessforschung genommen (vgl. u.a. Bucherer et al., 2012; Davenport et al., 2006; Osterwalder und Pigneur, 2010; Teece, 2010). Häufig werden Geschäftsmodellinnovationen als multidimensionales Innovationsphänomen verstanden (vgl. Liang, 2010, 6 f.), das nicht nur eine Art von Innovation umfassen sondern als systemisches Konstrukt verschiedenartige Innovationen innerhalb eines Geschäftsmodells beinhalten (z.B. Innovationen bezüglich des Herstellungsprozesses und der Vermarktungswege) kann. Beispiele innovativer Geschäftsmodelle in diversen Branchen sind in Tabelle II-5 abgebildet.

	Entscheidende Leistungsmerkmale im Rahmen etablierter Geschäftsmodelle	**Entscheidende Leistungsmerkmale im Rahmen neuer Geschäftsmodelle**
Banken	Ausgedehntes, landesweites Zweigstellennetzwerk mit persönlichem Service	24-Stunden-Zugang, Preis, Zweckmäßigkeit
Uhren	Genauigkeit und Funktionalität	Design
Buchhandel	Große Ketten mit Geschäften, die eine angenehme Atmosphäre und Service bieten	Große Auswahl, Schnelligkeit, Preis, Zweckmäßigkeit
Autovermietung	Lage (z.B. in Flughäfen), Qualität der Autos	Lage (z.B. Innenstadt) und Preis
Computer	Schnelligkeit, Speicherkapazität, Leistung	Design, Benutzerfreundlichkeit

[Quelle: eigene Darstellung in Anlehnung an Markides, 2006, 20]

Tab. II-5: Kritische Leistungsmerkmale im Rahmen von etablierten und neuen Geschäftsmodellen nach Branche

Die für die vorliegende Arbeit zugrunde gelegte Definition von Geschäftsmodellinnovationen orientiert sich an HAMEL (2000, 23 ff.):

> *„Geschäftsmodellinnovationen liegen vor, wenn ein Unternehmen entweder völlig neuartige Geschäftsmodelle generiert oder völlig neuartige Wege entwickelt, ein bestehendes Geschäftsmodell zu differenzieren." (Adelhelm, 2012, 56)*

Dabei ist anzumerken, dass der Fokus der Dissertation auf Geschäftsmodellinnovationen in etablierten Unternehmen liegt und die Entwicklung von Geschäftsmodellen in Start-up Unternehmen nicht betrachtet wird. Geschäftsmodellinnovationen werden also in Anlehnung an die Arbeit von AGARWAL und HELFAT (2009) als spezielle Form der strategischen Erneuerung eines Unternehmens verstanden.

Zusammenfassend lässt sich sagen, dass strategische Innovationen ein übergeordnetes Konzept für Geschäftsmodellinnovationen darstellen. Im Rahmen des nun folgenden strukturierten Literaturüberblicks zu Geschäftsmodellinnovationen werden auch benachbarte Konzepte aus dem Bereich des strategischen Management – wie beispielsweise strategische Flexibilität oder strategischer Wandel – analysiert, um die Dimensionen von Geschäftsmodellinnovationen für die vorliegende Arbeit zu skizzieren.

II.2.4.3 Wege der Realisierung von Geschäftsmodellinnovationen

In einem ersten Schritt ist es wichtig, dass Unternehmen also die Bedeutung von Geschäftsmodellinnovationen für sich erkennen. In einem zweiten Schritt ist es notwendig, dass sie sich Gedanken darüber machen, wie sie das Management von Geschäftsmodellinnovationen gestalten. Demzufolge werden die folgenden Ausführungen von Forschungsfrage zwei (FF2) geleitet: Wie können Geschäftsmodellinnovationen realisiert werden?

II.2.4.3.1 Impulse und Timing für Geschäftsmodellinnovationen

Zum einen können Geschäftsmodellinnovationen auf geplante (intendierte) Art und Weise initiiert werden. Es soll zum anderen jedoch nicht außer Acht gelassen werden, dass basierend auf MINTZBERGS (1978) Strategieansatz nicht nur von intendierten sondern auch von emergenten Geschäftsmodellinnovationen ausgegangen werden sollte[12]. HAMEL (2000) fasst dieses Phänomen wie folgt zusammen:

> *„Luck or foresight? Where do radical new business concepts come from? The answer is this: new business concepts are always, always, the product of lucky foresight. (...) So business concept innovation is always one part fortuity and one part clear-headed vision." (Hamel, 2000, 23)*

Es stellt sich daraufhin die Frage, wie Unternehmen erkennen können, wann die Notwendigkeit besteht, Innovationen bezüglich ihres Geschäftsmodells anzustoßen. Geschäftsmodellinnovationen benötigen einen gewissen ‚Nährboden' mit optimalen Rahmenbedingungen und Marktgegebenheiten, in deren Rahmen sie sich optimal entfalten können. An dieser Stelle wird häufig vom *„window of opportunity"* gesprochen, das den begrenzten Zeitraum betont, in dem eine optimale Übereinstimmung zwischen den Marktanforderungen einerseits und den Unternehmenskompetenzen andererseits existiert (vgl. Zollenkop, 2006, 310 ff.) und somit Geschäftsmodellinnovaitonen initiiert werden könnten. Für diese frühe Phase von Geschäftsmodellinnovationen – die Initiierungsphase – bieten sich vor allem die Methoden der Zukunftsforschung bzw. des (Strategic) Foresight (vgl. Müller und Müller-Stewens, 2009; Reger et al., 1998) im Allgemeinen bzw. der Frühaufklärung und der Szenarioanalyse im Konkreten an (vgl. u.a. Mietzner und Reger, 2005; Schoegel, 2001, 25 f.). Abschließend lässt sich bezüglich Impulsen und Timing sagen, dass sowohl emergente Ereignisse als auch strategisch intendierte Entscheidungen Geschäftsmodellinnovationen anstoßen können (vgl. De-

---

12 Hierzu sind die Ausführungen zum strategischen Management in Kapitel II.2.2 zu beachten.

mil und Lecoq, 2010, 239). Wie der Prozess für die Entwicklung von Geschäftsmodellinnovationen gestaltet werden sollte, ist Thema des folgenden Abschnitts.

II.2.4.3.2 Design von Geschäftsmodellinnovationsprozessen

Ein gutes Geschäftsmodell begründet sich auf Nutzenversprechen, die den Kundenwunsch reflektieren, ein ausgewogenes Kosten-Risiko-Verhältnis beinhalten und für das Unternehmen und seine Wertschöpfungspartner befriedigende Wertsteigerungen ermöglichen. Solche Geschäftsmodelle zu gestalten und zu implementieren, ist eine wettbewerbsentscheidende Kompetenz für Unternehmen. Sie aber darüber hinaus auch langfristig weiterzuentwickeln und zu innovieren, stellt einen strategischen Erfolgsfaktor dar (vgl. Teece, 2010, 174; Voelpel et al., 2004, 263). Geschäftsmodellinnovationen wurden u.a. bereits als zentrale Treiber der *„strategischen Revolution"* (Hamel, 2000), der strategischen Innovation (vgl. Markides, 1998) und der Entwicklung neuer Geschäftsmöglichkeiten in reifen Industrien diskutiert (vgl. Baden-Fuller und Stopford, 1991). Dennoch liegen in der Literatur bisher nur eine geringe Anzahl von Studien zum Geschäftsmodellinnovationsprozess per se vor (vgl. Bucherer et al., 2012; Christensen et al., 2009; Davenport et al., 2006; Demil und Lecoq, 2010; Mitchell und Coles, 2004; Osterwalder und Pigneur, 2010; Teece, 2010; Voelpel et al., 2004). Als die wichtigsten Zielsetzungen für einen solchen Innovationsprozess werden dabei herausgestellt (vgl. Adelheim, 2012, 69):

- Erstens, das bestehende Geschäftsmodell analysieren und effizient ausnutzen;
- Zweitens, Stärken-Schwächen-Chancen-Risiken (SWOT) des bestehenden Geschäftsmodells herausarbeiten und Maßnahmen ableiten;
- Drittens, externe Markt-, Kunden- und Technologieentwicklungen analysieren, mit den eigenen Kompetenzen kontrastieren und daraus Strategien zum Erhalt bestehender und zum Aufbau neuer Wettbewerbsvorteile entwickeln;

- Viertens, schrittweise Anpassungen des etablierten Geschäftsmodells bzw. die Entwicklung neuer Geschäftsmodellprototypen vorantreiben und ggf. implementieren;
- Fünftens und letztens, diese Aktivitäten in einen wiederkehrenden Zyklus für Geschäftsmodellinnovationen übertragen[13].

Weitere Anhaltspunkte zur Gestaltung von Geschäftsmodellinnovationsprozessen liefern ähnlich gelagerte Konzepte im Rahmen des strategischen Managements, z.B. der Ansatz der strategischen Erneuerung (‚strategic renewal') oder des organisationalen Lernens (‚organizational learning').

> *"Strategic renewal is an evolutionary process associated with promoting, accommodating, and utilizing new knowledge and innovative behavior in order to bring about change in an organization's core competencies and/or a change in its product market domain." (Floyd und Lane, 2000, 155, in Anlehnung an Burgelman, 1991)*

Diese Definition basiert unter anderem auf der Annahme von BURGELMAN (1991), dass dem organisationalen Wandel Lernprozesse und interne Auswahlprozesse auf der operativen Ebene vorangehen. Viele Arbeiten zu strategischer Erneuerung und zu Innovationen haben allerdings den Aspekt des organisationalen Lernens weitgehend vernachlässigt. Dieses Konzept kann jedoch Ansatzpunkte für Geschäftsmodellinnovationen liefern, indem es das Spannungsverhältnis zwischen Ausbeutung (‚exploitation') des bestehenden Geschäftsmodells versus Erforschen (‚exploration') innovativer Geschäftsmodelle im Rahmen von strategischen Erneuerungsprozessen thematisiert (vgl. Crossan und Berdrow, 2003, 1089).

---

13 Vgl. hierzu auch das Konzept der ‚dynamic consistency': *"Dynamic consistency is the capability to balance the trade-off between a business model's consistency (and thus its performance) against the reality that (in most industries) it will be changing all the time, by continuously influencing and countering the dynamic movements inherent in the business model's sequences, trends and drift with deliberate actions designed to keep it consistently balanced and aligned."* (Demil und Lecoq, 2010, 241 f.)

Zur Gestaltung des gesamten Geschäftsmodellinnovationsprozesses entwickelten VOELPEL ET AL. (2004) einen Ansatz, der beschreibt, wie Geschäftsmodelle im dynamischen Umfeld analysiert und innoviert werden können. Dabei nimmt das zyklische Prozessmodell für Geschäftsmodellinnovationen Bezug auf vier Dimensionen (vgl. Bradley und Nolan, 1998, 36; Voelpel et al., 2004, 269):

- Aufspüren neuer Kundenbedürfnisse
- Analysieren und Interpretieren von Technologieentwicklungen
- Überprüfen der Wertschöpfungsinfrastruktur
- Analysieren der Wirtschaftlichkeit und Profitabilität eines Geschäftsmodells

Im Weiteren werden Methoden für Geschäftsmodellinnovationen beleuchtet. Dabei geht es insbesondere um Ansätze, die auch Geschäftsmodellinnovationen fördern, die einen hohen Innovationsgrad aufweisen.

II.2.4.3.3 Praktiken im Prozess: Experimentieren und Trial-and-Error

Im Rahmen dieser Arbeit soll aus Platzgründen auf einen ausführlichen Methodenüberblick für Geschäftsmodellinnovationen verzichtet werden.[14] Im Folgenden werden lediglich zwei besonders zentrale Praktiken im Geschäftsmodellinnovationsprozess – Methoden des Experimentierens und des Trial-and-Error-Ansatzes – näher betrachtet.

In der Literatur werden ‚strategische Experimente' als ein Instrument für das Generieren und Entwickeln innovativer Geschäftsmodelle diskutiert (vgl. Govindarajan und Trimble, 2004). GOVINDARAJAN und TRIMBLE betonen, dass strategische Experimente in etablierten Unternehmen zwei Dimensionen bedienen müssen: Diese Unternehmen benötigen nicht nur eine Strategie zur effizienten Durchfüh-

---

[14] Weiterführende Einblicke in geeignete Methoden zum Entwickeln und Innovieren von Geschäftsmodellen finden sich u.a. bei Afuah, 2004, 235 ff.; Davenport et al., 2006, 266 ff. oder Osterwalder und Pigneur, 2010, 126 ff.

rung des bestehenden Geschäfts, sondern auch eine Strategie zur Entwicklung von Kreativität und Experimenten. Dabei müssen drei Arten von Herausforderungen überwunden werden (vgl. Govindarajan und Trimble 2005, 17 ff.):

- *Forgetting Challenge*: Definitionen, Metriken und Kompetenzen des bisherigen Geschäftes sollten nicht ohne strategische Intention auf das neue Geschäftsmodell angewandt werden. Dies gelingt insbesondere dann, wenn an einem Geschäftsmodellprojekt eine gute Mischung aus Insidern und Outsidern beteiligt ist. Zudem sollte das neue Geschäftsfeld seine eigene Geschäftslogik und –systematik entwickeln und auf passende Erfolgskriterien ausgerichtet sein. Eine offene Fehlerkultur ist darüber hinaus die Grundvoraussetzung für das Gelingen des Experiments.
- *Borrowing Challenge:* Nichtsdestotrotz sollte bewusst überprüft werden, welche der bisherigen Infrastrukturelemente, Netzwerke, Marktkanäle, Kapazitäten oder Fähigkeiten des Unternehmens geeignet sein könnten, das neue Geschäftsmodell zu unterstützen. Um zu verhindern, dass eine Konkurrenzsituation zwischen altem und neuem Geschäftsmodell entsteht, sollten je nach Synergiemöglichkeiten der Austausch zwischen den verschiedenen Geschäftseinheiten und Projektteams gefördert werden.
- *Learning Challenge*: Die Herausforderung bei experimentellen Lernprojekten besteht darin, Unsicherheit zu akzeptieren und dennoch grobe Pläne als Lerninstrumente zu nutzen: Wo und warum traten Vorhersagen nicht ein, welche kritischen Punkte sollten überarbeitet und in einen neuen Plan überführt werden? Damit dies funktionieren kann, sind jedoch die Kriterien der Erfolgsmessung in Unternehmen zu revidieren. Ansonsten finden sich die Führungskräfte einem ständigem Rechtfertigungsdruck ausgesetzt, weshalb die erzielten Ergebnisse von den ursprünglichen Vorhersagen abweichen.

Welche Art von Experimenten in Bezug auf Geschäftsmodelle bisher in der Literatur diskutiert wurde, zeigt Tabelle II-6.

Autor	(Unternehmens-)beispiele	Art des Experiments
Sosna/Trevinyo-Rodriguez/Velamuri (2010)	Naturhouse	Geplante Realexperimente von Managern, um mit einem neuen Geschäftsmodell das Geschäft zu verändern
Svejenova/Planellas/Vives (2010)	Ferran Adrià und das Restaurant elBulli	Geplante Realexperimente des Gründers, um neue Geschäftsmodelle zu entwickeln
McGrath (2010)	Freemium models, Google	Geplante Realexperimente von Managern, um Geschäftsmodelle im Unternehmen zu verankern
Doz/Kosonen(2010)	Mentale Landkarten von Managern	Gedankenexperimente von Managern, um für bestehende Geschäfte neue Geschäftsmodelle zu entwickeln
Chesbrough (2010)	3Com, Radiohead	Experimente von Managern, die teils geplant, teils nicht geplant und teils erfunden, teils real waren
Dahan/Doh/Oetzel/Yaziji (2010)	Kooperationen aus Unternehmen und Nicht-Regierungs-Organisationen (NGO)	Experimente von Managern bezüglich verschiedener NGO-Kooperationen, um soziale Geschäftsmodelle zu entwickeln
Wirtz/Schilke/Ullrich (2010)	Web 2.0-Geschäftsmodelle: Wikipedia, MySpace	Gedankenexperimente von Wissenschaftlern, indem Web 2.0-Phänomene mit Veränderungen in den Geschäftsmodellen von Internetfirmen in Verbindung gebracht wurden
Thompson/MacMillan (2010)	Soziale Start-ups	Gedankenexperimente von Wissenschaftlern *und* reale Experimente, um neue und soziale Geschäftsmodelle zu entwickeln
Smith/Binns/Tushman (2010)	USA Today, analoge Geräte	Experimente von Managern und Wissenschaftlern bezüglich der Balance aus Exploitation und Exploration

[Quelle: vgl. Baden-Fuller und Morgan, 2010, 165]

Tab. II-6: Beispiele für Geschäftsmodellexperimente

Für die Durchführung strategischer Experimente empfiehlt McGrath, anstatt eines konventionell planungsorientierten einen ‚discovery-driven' (entdeckungsgetriebenen) Denkansatz zu nutzen (vgl. McGrath, 2010, 258 ff.). Dazu ist eine Denkhaltung über Abteilungs- und Unternehmensgrenzen hinaus notwendig, um möglichst viele Potenziale nutzen zu können. Weiterhin müssen die Beteiligten einen gewissen Grad an Ergebnisoffenheit akzeptieren, da gerade Geschäftsmodelle mit einem hohen Innovationsgrad wenig planbar sind (vgl. Adelhelm, 2012, 71). Ansonsten besteht das Risiko, dass strategische Experimente durch Pfade und Denkhaltungen aus der Vergangenheit limitiert bleiben (vgl. Gavetti und Levinthal, 2000, 113; McGrath, 2010, 254; Nelson, 2008, 79; Sosna et al., 2010, 386)[15]. Im Verlauf von strategischen Experimenten sind auch ‚Lernschleifen' eingebaut, so dass das Lernen aus Fehlern und die Wiederholung von Tests (Trial-and-Error-Ansatz) bewusst als Chance wahrgenommen werden. In diesem Zusammenhang werden sowohl Potenziale der Exploration – im Sinne der starken

15 Vgl. auch die Diskussion zum Konzept der Pfadabhängigkeit, Kapitel II.2.5.3, und zu den individuellen Determinanten, Kapitel II.2.5.5.

Variation bestehender Geschäftsmodellen bzw. des Etablierens innovativer Geschäftsmodelle – als auch der Exploitation – im Sinne der geringen Variation etablierter Geschäftsmodelle und somit der Stabilisierung des Status Quo – gehoben (vgl. Sosna et al. 2010, 386).

Zusammenfassend sind strategische Experimente sowie der Trial-and-Error-Ansatz vor allem dadurch charakterisiert, dass die Messkriterien nicht ex-ante fix definiert sind sondern schrittweise entwickelt und verbessert werden (vgl. McGrath, 2010, 259). Dabei ist anzumerken, dass das Verfahren enorm an Wert gewinnt, wenn auf Experimentierschleifen auch die Ausführung[16] der Innovationsideen folgt (vgl. Chesbrough, 2010, 367). Demnach sollen Unternehmen nicht allzu lange in Analyse- und Versuchsprozessen verharren, sondern frühzeitig Praxistests für wertvolle Feedbackschleifen nutzen (vgl. Adelhelm, 2012, 71).

II.2.4.4 Überblick zu den wichtigsten Ansatzpunkten für Geschäftsmodellinnovationen

Im vorangegangenen Kapitel wurden die Gestaltungsoptionen bezüglich des Prozesses für Geschäftsmodellinnovationen diskutiert. Nun werden die wichtigsten Determinanten für Geschäftsmodellinnovationen abgeleitet, die anschließend in Kapitel II.2.5 näher erörtert werden.

Die Darstellung der Ergebnisse aus der Literaturanalyse orientiert sich im Folgenden an dieser Forschungsfrage:

---

16 In der englischsprachigen Literatur wird dabei auf das Konzept der ‚effectuation' Bezug genommen, vgl. z.B. Sarasvathy (2008).

FF 3) Welche zentralen Treiber und Hemmnisse sollten Unternehmen bei der Durchführung von Geschäftsmodellinnovationen berücksichtigen?

Für etablierte Unternehmen können Geschäftsmodellinnovationen in vielfacher Hinsicht eine Herausforderung darstellen. Widerstände zum Wandel auf der individuellen Ebene und das Verharren im (ggf. heute erfolgreichen) Geschäftsmodell können zu Schwierigkeiten führen, wenn so z.B. nicht auf Veränderungen am Markt oder im weiteren Umfeld reagiert werden kann (vgl. Sull, 1999, 43; Voelpel et al., 2004, 264). Denn von Zeit zu Zeit müssen Unternehmen zumindest ihre Prozesse, Strukturen, Geschäftsmodelle und Strategien hinterfragen und ggf. neu gestalten. In diesem Zusammenhang müssen neben inkrementellen Verbesserungen des Bestehenden auch radikale Veränderungen in Betracht gezogen werden, um sowohl emergente strategische Impulse als auch intendierte Strategien optimal aufgreifen und umsetzen zu können (vgl. Markides, 1998, 33 f.; Voelpel et al., 2004, 265). Auf eine weitere Herausforderung weist MARKIDES (1998) hin: Anreizstrukturen für Führungskräfte und Mitarbeiter sind häufig nicht nur stark am heutigen Geschäftsmodell orientiert sondern können auch neue Geschäftsmodelle direkt ausbremsen. So besteht teilweise wenig Motivation, eine sichere (profitable) Gegenwart in Richtung einer ungewissen Zukunft zu verlassen (vgl. Markides, 1998, 34).

Zusammenfassend lassen sich aus ausgewählten Beiträgen[17] bezüglich der Gestaltung von Geschäftsmodellinnovationen – insbesondere in etablierten Unternehmen – die folgenden zentralen Ansatzpunkte auflisten:

---

[17] Vgl. Adelhelm, 2012; Afuah, 2004; Chesbrough, 2010; Doz und Kosonen, 2010; Floyd und Lane, 2000; Habtay und Ojah, 2010; Markides, 1998; McGrath, 2010; Mitchell und Coles, 2003; Nelson, 2008; Sosna et al., 2010; Teece, 2010; Voelpel et al., 2004; Zajac et al., 2000; Zott und Amit, 2010.

- **Definition eines Standardprozesses für Geschäftsmodellinnovationen**: In einem ersten Schritt sollten Unternehmen mithilfe eigener Erfahrungen, aber auch der Erfahrung von Unternehmen der gleichen oder angrenzenden Branchen einen Prozess für Geschäftsmodellinnovationen aufbauen. In einem zweiten Schritt sollte dieser Prozess daraufhin überprüft werden, ob er Schnittstellen zu bestehenden Managementprozessen berücksichtigt.
- **Nutzung von Trial-and-Error**: Geschäftsmodellinnovationen umfassen häufig ein breites Innovationsspektrum. Im Innovationsprozess sind dabei insbesondere strategische Experimente, Lernschleifen und frühe Praxistests hilfreich.
- **Verwertung von Open Innovation-Potenzialen**: Sowohl interne als auch externe Impulse können Geschäftsmodellinnovationen initiieren und fördern.
- **Management einer dynamischen Geschäftsmodellflexibilität**: Unternehmen sehen sich immer wieder damit konfrontiert, einerseits Kontinuität zu wahren bzw. bestehende Kompetenzen optimal zu nutzen und andererseits Wandel voran zu treiben bzw. innovative Kompetenzen zu entwickeln und neue Marktchancen zu nutzen.
- **Nutzung von Methoden zur Steigerung der Effizienz aber auch zur Exploration neuer Möglichkeiten:** Wie erläutert bewegen sich Unternehmen häufig im Spannungsverhältnis zwischen Ausbeutung (‚exploitation') des bestehenden Geschäftsmodells und Erforschen (‚exploration') innovativer Geschäftsmodelle (vgl. Crossan und Berdrow, 2003, 1089).

Im nächsten Kapitel wird unter Zuhilfenahme dieser Ansatzpunkte das Konstrukt der Geschäftsmodellflexibilität mit seinen Determinanten herausgearbeitet.

II.2.5 Geschäftsmodellflexibilität und die zentralen Determinanten für die Gestaltung von Geschäftsmodellinnovationen

Das primäre Ziel von Geschäftsmodellinnovationen ist es, neue Wettbewerbsvorteile im dynamischen Marktumfeld zu generieren. Die Anpassung eines bestehenden Geschäftsmodells oder die Etablierung eines innovativen Geschäftsmodells erfordern ein hohes Maß an Flexibilität seitens des Unternehmens (vgl. Adelhelm, 2012, 57). Eine Erfolgsvoraussetzung für Geschäftsmodellinnovationen ist es, das Flexibilitätspotenzial optimal auszunutzen und weiter auszubauen.

II.2.5.1 Definition der Geschäftsmodellflexibilität

Im Rahmen dieser Arbeit soll aufgrund der starken Interdependenzen das Konstrukt der Geschäftsmodellflexibilität in Anlehnung an das Konzept der ‚strategischen Flexibilität'[18] entwickelt werden. Tabelle II-7 gibt einen Überblick über Definitionen der strategischen Flexibilität.

Im Folgenden soll dargelegt werden, weshalb die strategische Flexibilität für Geschäftsmodellinnovationen relevant ist. Mit der Auflösung klassischer Unternehmensstrukturen gewinnen unternehmensübergreifende Geschäftsmodelle immer mehr an Bedeutung (vgl. Cabello-Medina et al., 2006, 84 f.). Um diesem Szenario adäquat begegnen zu können, stellt HITT die strategische Flexibilität als entscheidendes Attribut für Unternehmen heraus (vgl. Hitt et al., 1998, 24).

---

18 In der englischsprachigen Literatur wird von ‚strategic flexibility' als Gegenbegriff zu ‚strategic inertia' (vgl. Hannan und Freeman, 1984) gesprochen.

Ansoff (1965)	„Flexibility can be measured by two proxy objectives: external flexibility achieved through a diversified pattern of product-market investments, and internal flexibility through liquidity of resources" (S. 55); "not putting all of one's eggs in a single basket" (S. 55).
Aaker und Macarenhas (1984)	"The ability of an organization to adapt to substantial, uncertain and fast-occuring environmental changes that have meaningful impact on the organization's performance." (S. 74)
Evans (1991)	"Capability to modify strategies." (S. 77)
Hayes und Pisano (1994)	"The capability to switch gears – from, for example, rapid product development to low cost – relatively quickly and with minimal resources." (S. 78)
Sanchez (1995, 1997)	"Firm abilities to respond to various demands from dynamic competitive environments" (S. 138); "impact of new product creation technologies on resources for developing, producing, distributing, and marketing products" (S. 138); "critical interdependencies between the flexibilities in a firm's product creation resources and the firm's ability to apply those resources effectively through new product strategies and organizational structures" (S. 138).
Hitt, Keats und De Marie (1998)	„The capability of the firm to proact or respond quickly to changing competitive conditions and thereby develop and/or maintain competitive advantage" (S. 27)

[Quelle: Johnson et al., 2003, 76]

Tab. II-7: Ausgewählte Definitionen der strategischen Flexibilität in der Literatur

Strategische Flexibilität erreichen Unternehmen nicht nur durch die Gestaltung ihrer strategischen Stoßrichtung sondern gerade durch die kluge Ausdifferenzierung ihres Geschäftsmodells. Dieser Aspekt kann mithilfe zweier Parameter operationalisiert werden (vgl. Hitt et al., 1998, 26): die Nutzung von ‚Netzwerk- und Outsourcingpartner' im Rahmen des interorganisational ausgerichteten Geschäftsmodells und die ‚Kundenorientierung', die sich in flexiblen, marktorientierten Wertschöpfungsprozessen im Unternehmen niederschlägt (vgl. Chesbrough und Teece, 1996, 133). Für diese Arbeit wird insbesondere der Aspekt der marktorientierten Geschäftsmodellflexibilität konkretisiert. Die marktorientierte strategische Flexibilität trägt dem Umstand Rechnung, dass die Fähigkeit von Unternehmen, zwar überlegt aber schnell die strategische Richtung anzupassen und die Strategie bzw. das Geschäftsmodell zu rekonfigurieren (vor allem bezüglich Märkten und Produkten, insbesondere in dynamischen Umwelten), zum entscheidenden Wettbewerbsvorteil wird (vgl. Johnson et al., 2003, 74). Auch ZOTT und AMIT betonen die Kopplung der Produkt- und Marktstrategie mit dem Geschäftsmodell als entscheidenden Faktor für den Unternehmenserfolg (vgl. Zott und Amit 2008, 4) und liefern diesbezüglich eine hilfreiche Abgrenzung (vgl. Tab. II-8).

	Business model	Product market strategy
Definition	A structural template of how a focal firm transacts with customers, partners, and vendors. It captures the pattern of the firm's boundary spanning connections with factor and product markets	Pattern of managerial actions that explains how a firm achieves and maintains competitive advantage through positioning in product markets
Main questions addressed	How to connect with factor and product markets	What positioning to adopt against rivals
	Which parties to bring together to exploit a business opportunity, and how to link them to the focal firm to enable transactions (i.e., what exchange mechanisms to adopt?)	What kind of generic strategy to adopt (i.e., cost leadership and/or differentiation)?
	What information or goods to exchange among the parties, and what resources and capabilities to deploy to enable the exchanges?	When to enter the market?
	How to control the transactions between the parties, and what incentives to adopt for the parties?	What products to sell?* What customers to serve?* Which geographic markets to address?*
Unit of analysis	Focal firm and its exchange partners	Firm
Focus	Externally oriented: focus on firm's exchanges with others	Internally/externally oriented: focus on firm's activities and actions in light of competition

* Elements of product market strategy marked with an asterisk are not addressed in this paper. They could be addressed in future work.

[Quelle: Zott und Amit, 2008, 5]

Tab. II-8: Geschäftsmodell und Produkt-/Marktstrategie

In diesem Zusammenhang eröffnet die marktorientierte strategische Flexibilität auch eine neue Perspektive auf das bisherige Verständnis von Struktur als Kontingenzfaktor. Während die Literatur in der Regel mit ‚Struktur' auf die internen Unternehmensstruktur Bezug nimmt, wird der Strukturbegriff nun erweitert auf unternehmensübergreifende Transaktionen. Somit gewinnt die Struktur des Ökosystems bzw. des Wertschöpfungssystems aus Partnern, Kunden und Lieferanten an Bedeutung, was dem Verständnis bezüglich Geschäftsmodellen und Open Innovation in der vorliegenden Arbeit entspricht. Geschäftsmodellinnovationen ermöglichen es dem Unternehmen, sich neuen Kontingenzfaktoren anzupassen bzw. sie proaktiv aufzugreifen (vgl. Doz und Kosonen, 2010, 375; Markides und Charitou,

2004, 33). Beispielsweise können Unternehmen im Rahmen der Innovation ihres Geschäftsmodells parallel neue Kundenbedürfnisse, Markttrends und somit Implikationen auf ihr Wertschöpfungssystem identifizieren. Dieser Schritt wiederum liefert Impulse für die Produkt- bzw. Marktstrategie, die unter Beachtung der Strategien von Wettbewerber weiterzuentwickeln ist. Somit lässt sich die marktorientierte strategische Flexibilität als ein Konstrukt begreifen, das sowohl proaktive, intendierte als auch reaktive, emergente Elemente enthält (vgl. Johnson et al., 2003, 76)[19].

Geschäftsmodellinnovationen bedingen demzufolge ein hohes Maß an Flexibilität seitens des Unternehmens. Dabei werden Geschäftsmodellinnovationsprozesse von einigen Determinanten beeinflusst, die in dieser Arbeit unter dem Konstrukt der ‚Geschäftsmodellflexibilität' zusammengefasst werden. Geschäftsmodellflexibilität wird angelehnt an die strategische Flexibilität (vgl. Hitt et al., 1998, 26) definiert.

> *"Die Geschäftsmodellflexibilität ist die aktive oder reaktive Fähigkeit eines Unternehmens, das eigene Geschäftsmodell angesichts neuer Möglichkeiten oder Wettbewerbsbedingungen anzupassen oder ganz neu zu definieren, um Wettbewerbsvorteile auszubauen oder zu erhalten."* (Adelhelm, 2012, 57)

Abschließend wird das Konstrukt der Geschäftsmodellflexibilität um einen für die vorliegende Arbeit besonders relevanten Aspekt verstärkt: Flexibilität in familiengeführten Unternehmen[20]. ZAHRA ET AL. (2008, 1035) stellen in ihrer Studie die strategische Flexibilität als einen wichtigen Faktor für mittelständische bzw. familiengeführte Unternehmen heraus, da diese häufig als konservativ und langsam

---

19 JOHNSON ET AL. (2003, 80) unterscheiden dabei zwischen ‚market driven' als reaktiven Ansatz und ‚market driving' als proaktives Pendant.

20 Dieser Aspekt ist deshalb relevant, da beide Unternehmen der Fallstudie lange etabliert und mittelstands- bzw. familiengeprägt sind.

bezüglich notwendiger strategischer Veränderungen wahrgenommen werden. In einigen Studien konnte ein Zusammenhang zwischen strategischer Flexibilität, Organisationsstruktur und Unternehmenskultur nachgewiesen werden (vgl. u.a. Roca-Puig et al., 2005; Worren et al., 2002). Darüber hinaus betonen ZAHRA ET AL. (2008, 1047 f.) den positiven Einfluss, den Familien aufgrund ihrer starken Einbindung in das Unternehmen auf eine Kultur haben können, die insbesondere das Verantwortungsbewusstsein und die aktive Beteiligung der Mitarbeiter fördert. Dieses Ergebnis bestätigt die Resultate anderer Untersuchungen bezüglich der Bedeutung von Familieneinbindung auf den Erfolg und die Wettbewerbsfähigkeit von Familienunternehmen (vgl. u.a. Eddleston et al., 2008). Daher kann man schlussfolgern, dass gerade eine aktive und konstante Mitarbeit der Familie die Tendenz reduzieren kann, dass ein Unternehmen sich passiv, stagnierend und risikoavers verhält.

Die Geschäftsmodellflexibilität dient als integratives Konzept für die verschiedenartigen Determinanten von Geschäftsmodellinnovationen. Dabei werden Einflussfaktoren der Makro- und der Mikroebene berücksichtigt (vgl. Nag et al., 2007, 842)[21]. Denn Geschäftsmodellinnovationen und –flexibilität werden von vielfältigen Aspekten beeinflusst (vgl. u.a. Hannan und Freeman, 1984, 149 f.; Teece, 2010; Valtakoski, 2010; Zott und Amit, 2008). Für die vorliegende Arbeit konnten folgende Faktoren der Geschäftsmodellflexibilität als besonders relevant identifiziert werden (vgl. Adelhelm, 2012, 57):

---

21 NAG ET AL. (2007, 842) führen hierzu aus: *"The difficulty of accomplishing change is a perennial topic in organization study. Scholars often approach the study of change taking an essentially microlevel perspective, focusing on personal "resistance" to change by individuals (Dent & Goldberg, 1999; Piderit, 2000). Where more macrolevel approaches have been used, they have tended to focus on notions such as organizational inertia, emphasizing structural factors that act as barriers that make change difficult (Hannan, Freeman, 1984; Rumelt, 1995). On the basis of our findings, we have concluded that it is more useful to subsume both "resistance to change" and "barriers to change" under the more encompassing label of "deterrents to change"."*

- externe Determinanten
- historische Determinanten
- strategische Determinanten
- individuelle Determinanten

Diese vier Determinanten stellen lediglich eine priorisierte Auswahl ohne Anspruch auf Vollständigkeit dar.

II.2.5.2 Externe Determinanten – Kontextfaktoren der Umwelt

Strategien entwickeln sich nicht unabhängig vom Kontext (vgl. Burgelman, 1983, 65 ff.). Auch Geschäftsmodelle können als Derivat einer sich verändernden Umwelt verstanden werden. Diesem Strategie- und Geschäftsmodellverständnis folgend ist es für Unternehmen empfehlenswert, sich je nach Situation entweder seiner Umwelt anzupassen oder die Umwelt aktiv mitzugestalten (vgl. Pettigrew, 1990, 270). In diesem Zusammenhang sollten Unternehmen kontinuierlich die für sie relevanten Umweltveränderungen beobachten. Denn zwar kann strategische Kontinuität in weniger dynamischen Märkten durchaus von Vorteil sein, sie können jedoch bei größeren Marktturbulenzen – insbesondere in stark dynamischen Branchen wie der pharmazeutischen Industrie – zu einem Wettbewerbsnachteil werden (vgl. Adelhelm, 2012, 58). Welche Art von Umweltveränderungen und externen Determinanten sind hierbei von Bedeutung? Wie bereits in Kapitel I.2 dargestellt wurde, sind externe Determinanten der Variable ‚Kontext' zuzuordnen. Der externe Kontext umfasst Faktoren der allgemeinen Makroumwelt sowie der für die vorliegende Arbeit besonders relevanten speziellen Umwelt, der Marktumwelt. Zusammenfassend repräsentieren der Kontext im Allgemeinen und die Marktumwelt im Speziellen wichtige Determinanten für den Wandel von Strategien und Geschäftsmodellen (vgl. Pettigrew, 1990, 269; Schreyögg et al., 2003, 271; Zajac et al., 2000, 448).

Die allgemeine Makroumwelt umfasst diejenigen Bedingungen, die für eine größere Anzahl von Unternehmen branchenübergreifend gelten und deren Handlungsspielraum sowohl direkt als auch indirekt beeinflussen (vgl. Welge, 1980, 260). Im Gegensatz zur Marktumwelt kann die allgemeine Makroumwelt vom einzelnen Unternehmen nicht oder nur eingeschränkt gesteuert werden; sie repräsentiert daher einen wenig veränderbaren Rahmen für das Unternehmen[22]. Mit der Analyse der globalen Umwelt versuchen Unternehmen die Veränderungen in den relevanten Umweltsegmenten aufzuspüren und ihre Konsequenzen aufzuzeigen[23]. In der Literatur wird häufig eine Untergliederung der allgemeinen Makroumwelt mit den Segmenten ökonomische, sozio-kulturelle, technologische und politische Faktoren verwendet (siehe Abb. II-8).

---

22 Unternehmen versuchen darüber hinaus, die Umwelt, wo möglich, mitzugestalten. Als Beispiel in der Pharmabranche sind die politisch stark aktiven deutschen Pharmaverbände zu nennen, die sich unter anderem zum Ziel gesetzt haben, die Interessen der Unternehmen gegenüber anderen Stakeholdern wie der Politik gebündelt zu vertreten und somit mittelbar die Makroumwelt zu beeinflussen.

23 Vgl. dazu die Ausführungen in Kapitel II.2.4.3.1 zum Thema Szenarioanalyse.

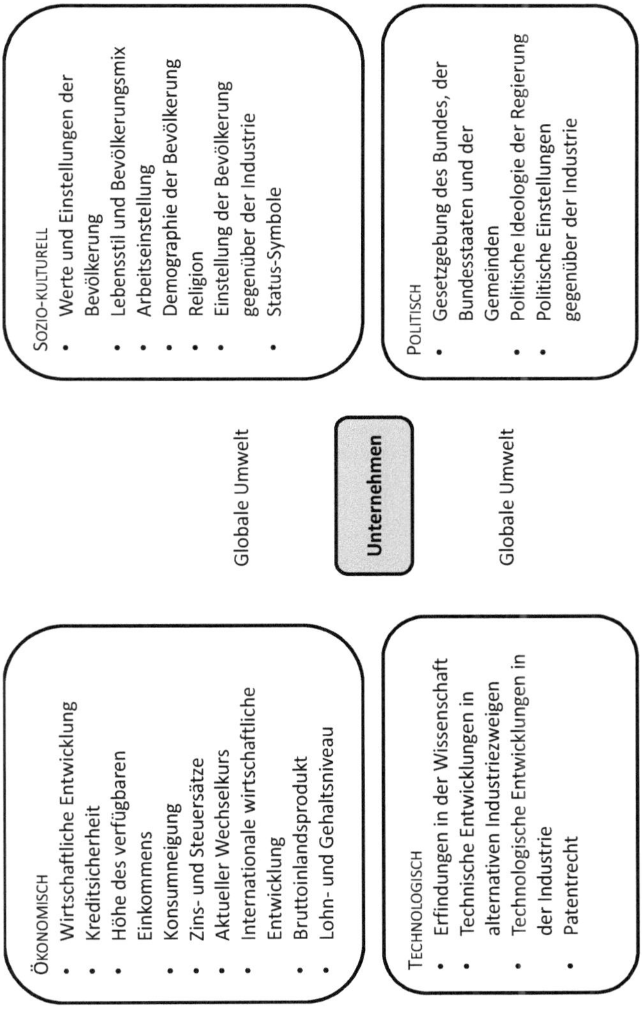

[Quelle: Eigene Darstellung in Anlehnung an Welge und Al-Laham, 2008, 293]

Abb. II-8: Segmente der allgemeinen Makroumwelt

Wesentlich spezifischer ist hingegen die Marktumwelt gestaltet (u.a. Struktur der eigenen und angrenzenden Branchen, Wettbewerbsstruktur, Geschäftsmodelltypen, Marktdynamik etc.). Zur Analyse der Branchen- und Wettbewerbsstruktur eignet sich beispielsweise die 5-Kräfte-Analyse von PORTER, die in der vorliegenden Arbeit lediglich als Orientierung für die relevanten Faktoren in der Pharmaindustrie dienen soll, jedoch nicht komplett durchgeführt wird[24] (siehe Abb. II-9).

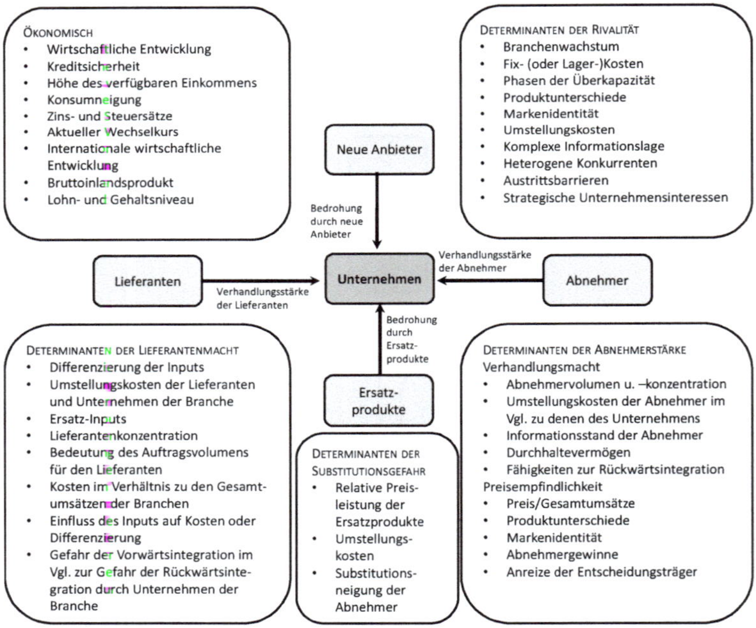

[Quelle: Eigene Darstellung in Anlehnung an Porter, 1996, 26]

Abb. II-9: Branchenstrukturanalyse von Porter

[24] Siehe die Ausführungen in Kapitel II.2.2 – Marktcharakteristika der Pharmaindustrie.

Kritisch am Konzept der 5-Kräfte von PORTER ist der ausgeprägte statische Charakter des Ansatzes, d. h. er liefert lediglich Anhaltspunkte für die Frage, wie die gegenwärtigen Wettbewerbsbedingungen für ein Unternehmen einer bestimmten Branche ausgeprägt sind. Darüber hinaus soll als weiteres Hilfsmittel zur Analyse der Kontextfaktoren das Geschäftsmodellkonzept als Analyseraster zum Einsatz kommen, da es die Abbildung und Analyse der heutigen und zukünftigen Geschäftsmodelle inklusive der externen Schnittstellen in einer dynamischeren Art und Weise ermöglicht. Diese heutigen und zukünftigen Geschäftsmodelle werden neben dem dynamischen Marktumfeld stark von historischen Determinanten beeinflusst, die im folgenden Kapitel beleuchtet werden.

II.2.5.3 Historische Determinanten – Strategische Pfade, organisationale Routinen und Kernkompetenzen

Geschäftsmodelle charakterisieren nicht nur die Gestaltung der heutigen Geschäftstätigkeit eines Unternehmens, sondern auch die zukünftigen Wachstumspfade (vgl. Adelhelm, 2012, 58). Mehrere Untersuchungen[25] weisen darauf hin, dass die Strategie etablierter Unternehmen, ihre unter derzeitigen Marktbedingungen erfolgreiche Position im Wettbewerb zu erhalten, auch zur Krux werden kann: Das Verharren in dieser strategischen Position kann zu einer Einschränkung der strategischen Flexibilität und – unter bestimmten Rahmenbedingungen – zur Unternehmenskrise führen (vgl. Koch, 2007, 283 f.; Teece, 2010, 181 ff.). Generell

25 In den USA haben beispielsweise American Express und Discover Card erfolglos versucht, das Geschäftsmodell von VISA/MasterCard nachzuahmen, indem sie gleichzeitig ihre engen Kontakte zu Bankpartner, Netzwerkdienstleistungen und die eigenen bisherigen Geschäftsschwerpunkte kombinieren wollten (vgl. Teece 2010, 181). Weitere bekannte Beispiele, bei denen Umfeld- oder Wettbewerbsveränderungen mit Pfadrigiditäten kollidierten: Brother (Kompetenz: Schreibmaschinen, Umfeldänderung: PC), Leica (Kompetenz: Analogkameras, Umfeldänderung: Digitalkameras) (vgl. Koch, 2006, 284) und Sony (Kompetenz: Musik-CDs, Umfeldänderung: Musikangebote aus dem Internet).

ist es für Unternehmen beinahe unmöglich, innovative Geschäftsmodelle vollkommen unabhängig vom bestehenden Geschäft zu etablieren. Historisch gewachsene Unternehmensstrukturen und –prozesse beeinflussen also die Innovationsfähigkeit in erheblichem Maße (‚history matters')[26]. Somit werden Unternehmen und Organisationen zumeist als durch historische Faktoren beschränkt angesehen. In der Literatur greift man diesbezüglich häufig auf den Ansatz der Pfadabhängigkeit und auf organisationalen Routinen zurück. Strategische Pfade sollen im Folgenden neben organisationalen Routinen und Kernkompetenzen näher erläutert werden. Zum Schluss werden Wege aufgezeigt, wie etablierte strategische Muster, wenn notwendig, aufgebrochen werden können. Das Kapitel der historischen Determinanten wird relativ ausführlich gestaltet, da diese in der Literatur zunehmend als starker Einflussfaktor für Geschäftsmodellinnovationen und strategische Innovationen herausgestellt werden (vgl. u.a. Chesbrough, 2010; Leonard-Barton, 1992; Pettigrew, 1990; Sosna et al., 2010; Teece et al., 1997; Teece, 2010).

(1) Strategische Pfade

In einem eng gefassten Verständnis von Pfadabhängigkeit wird darunter eine *„(...) prozessendogene Erklärung für die Entstehung von Rigiditäten, d.h. sie erklärt die oben beschriebene Sogwirkung, die Unternehmen in die Rigiditätsfalle laufen lässt"* (Koch, 2007, 285) verstanden. Auf diesen Zusammenhang bezieht sich das Konzept der Pfadabhängigkeit und im Speziellen der strategischen Pfade eines Unternehmens. Ursprünglich wurde die Theorie der Pfadabhängigkeit zur Analyse von Technologietrends und –standards verwendet (vgl. Schreyögg et al., 2003, 260). Häufig wurde dabei untersucht, weshalb sich bestimmte Standards trotz erwiesener Ineffizienzen am Markt durchgesetzt haben (vgl. Koch, 2007, 286).

26 Vgl. Teece et al., 1997, 522: "Bygones are rarely bygones."

Häufig wird diese Fragestellung in der Literatur am Beispiel der QWERTY-Schreibmaschinentastatur illustriert.[27] Später wurde der theoretische Pfadansatz in mehreren unterschiedlichen Wissensbereichen, u.a. politische und gesellschaftlich, aufgegriffen und erweitert, um die Entwicklung von Institutionen und Regeln zu deuten (vgl. Beyer, 2005, 6ff.). Auch im Rahmen betriebswirtschaftlicher Analysen wird die Theorie der Pfadabhängigkeit angewandt. In diesem Zusammenhang wurden jedoch theoretische Anpassungen vorgenommen (vgl. Sydow et al., 2005, 5 ff.), weshalb hier zumeist von der erweiterten Theorie der Pfadabhängigkeit die Rede ist (vgl. Schreyögg et al., 2003, 266 ff.). Sie analysiert unter Berücksichtigung des historischen Kontextes einer Unternehmung den Verlauf von verschiedenen strategischen und organisationalen Prozessen (vgl. Schreyögg et al., 2003, 68 ff.). Das Kernstück der Theorie ist eine Prozessicht auf verschiedenartige Entscheidungsfolgen im Unternehmen, die eine gewisse Abhängigkeit voneinander aufweisen. In ihrem Verlauf verstärken sie sich gegenseitig, wodurch die Wahrscheinlichkeit alternativer Entscheidungswege sinkt (vgl. Tobias, 2008, 120). Auf diese Art und Weise bilden sich strategische Pfade, von denen das Unternehmen nicht mehr so leicht abkommen kann (vgl. Koch, 2007, 287 f.). Die wichtigsten Phasen eines Pfades sind die Historizität, die Phase der positiven Rückkopplung und der finale Lock-In (vgl. Schreyögg et al., 2003, 272; vgl. Abb. II-10). Auf eine ausführlichere Darstellung der einzelnen Phasen[28] soll an dieser Stelle aus Platzgründen verzichtet werden.

---

[27] Eine ausführliche Darstellung des QWERTY-Falles findet sich u.a. in Beyer (2005, 7) und David (1985, 332).

[28] Hier sei auf die Studien von Koch, 2009; Schreyögg et al., 2003; Sydow, 2009 verwiesen.

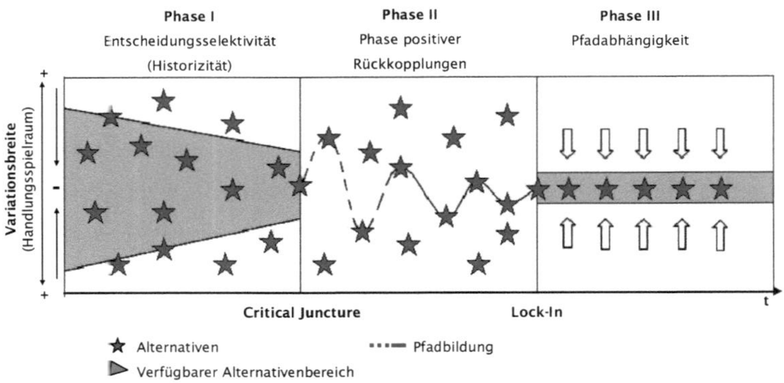

[Quelle: Sydow et al., 2005, 18]

Abb. II-10: Konstitution und Entwicklung von Pfaden

In der Zusammenfassung lässt sich festhalten, dass strategische Pfade posivitive und negative Effekte haben können. Im stabilen Umfeld oder zu Beginn können Pfade für ein Unternehmen positiv sein (vgl. Roedenbeck und Holtmann, 2008, 80). Angesichts Marktveränderungen und dynamischer Umweltbedingungen können sie jedoch auch zum strategischen Stolperstein werden (vgl. Adelhelm, 2012, 59; Tobias, 2008, 120). Im negativen Fall können sie den Handlungsspielraum eines Unternehmens einschränken und in einer Krise münden (vgl. Sydow et al., 2009, 694 f.). Demzufolge ist es für Unternehmen wichtig, Pfade zu erkennen und ggf. Wege aus der Pfadabhängigkeit zu suchen (vgl. Koch, 2006, 98). Bevor auf die Möglichkeiten des Pfadbruchs und der -kreation näher eingegangen wird, werden die beiden anderen historischen Determinanten – organisationale Routinen und Kernkompetenzen – beleuchtet.

(2) Organisationale Routinen

Häufig determinieren Pfade also Unternehmen und ihre Strukturen. Dies schränkt die strategische Flexibilität ein, was wiederum Geschäftsmodellinnovationen erschweren kann. Darüber hinaus sind Unternehmen in ihren Entscheidungen in Routinen und Praktiken eingebunden, die die normativen und kulturellen Charakteristika einer Organisation reflektieren (vgl. Sydow et al., 2009). Wissenschaftliche Studien liefern unterschiedliche Ergebnisse zu der Frage, wie Routinen wirken und wie sie beeinflusst werden können (vgl. Adelhelm, 2012, 59). Einige Forscher kommen zu positiven Resultaten, wobei sie die Aspekte der Berechenbarkeit, Qualitätssteigerungen durch Effizienz und strategischen Konstanz herausarbeiten (vgl. u.a. Nelson und Winter, 1982, 97 ff.; Wagner et al., 2005, 92). Außerdem ermöglichen Routinen Zeiteinsparungen, wodurch Zeit für die Exploration neuer Geschäftsmöglichkeiten genutzt werden kann. Andere Wissenschaftler hingegen attestieren Routinen negative Wirkungen wie höhere Fehlerhäufigkeit durch Monotonie, Ausbremsung von Innovationen und strategische Verharrung. FELDMAN und PENTLAND (2003, 95) definieren Routinen einerseits als feste Muster und andererseits als vom Individuum in einem bestimmten Rahmen variabel ausführbar. Anders gesagt können Routinen im dialektischen Spannungsfeld von Variation und Konsistenz betrachtet werden, innerhalb dessen Unternehmen die bestmögliche Effizienz aus Standardisierung und Flexibilisierung ihrer Prozesse erzielen müssen. Zusätzlich ist darauf hinzuweisen, dass interne Routinen, wenn sie als flexible Standards verstanden werden, zudem den Aufbau interorganisationaler Routinen und Prozesse – z.B. bei der Etablierung strategischer Partnerschaften im Rahmen neuer Geschäftsmodelle – erleichtern können (vgl. Kotabe et al., 2003, 294). Dieser Umstand kann sich im Zusammenhang mit Geschäftsmodellinnovationen als vorteilhaft erweisen.

Daher sollen im Folgenden diejenigen Faktoren aufgezeigt werden, die beeinflussen, ob Unternehmen Routinen flexibel und positiv bezüglich eines Wandels gestalten können. Routinen müssen dabei als abhängig vom Kontext und Individuum angesehen werden (vgl. Nelson und Winter 1982, 97 ff.). Bezüglich letzterem

Faktor nehmen verschiedene Autoren insbesondere Bezug auf den Agentenansatz, indem sie unterstreichen, dass die Orientierung und Ziele eines ‚Agenten' bezüglich seiner Vergangenheit, Gegenwart oder Zukunft starken Einfluss auf die Auswirkungen von Routinen haben kann (vgl. Feldman, 2000, 612; Grenville, 2005, 619). Die unterschiedliche individuelle Herangehensweise an Routinen kann zudem erklären, warum sich Routinen manchmal weiterentwickeln oder verändern. Diese individuelle Komponente bezüglich Routinen und Geschäftsmodellinnovationen wird als Determinante der Geschäftsmodellflexibilität in Kapitel II.2.5.5. aufgegriffen. Weiterhin ist die Persistenz von Routinen als Verhaltensmuster stark geprägt von ihrer Einbettung in andere organisationale Elemente, wie z.B. Prozesse, Strukturen, Technologien oder Kultur (vgl. Grenville, 2005, 619). Geschäftsmodellinnovationen müssen also individuelle Einflüsse und organisationale Interdependenzen berücksichtigen, wenn bestehende Routinen verändert und neue Routinen entwickelt werden sollen. NELSON und WINTER (1982, 128) bringen diesen Sachverhalt auf den Punkt:

> *"Both, in customary usage and in our technical usage of the term, innovation involves a change in routine."*

Wie gezeigt wurde, bergen Routinen positive und negative Aspekte in sich. Basierend auf dieser Erkenntnis sollten Unternehmen versuchen, sowohl bestehende Routinen effizienter und besser zu gestalten als auch darüber hinaus neue Geschäftsmöglichkeiten im Rahmen ihrer Innovationsaktivitäten zu entwickeln.

(3) Kernkompetenzen

Kurzfristig gesehen lässt sich die Wettbewerbsfähigkeit eines Unternehmens aus dem Preis-Leistungs-Verhältnis seiner aktuellen Produkte ableiten. Für die Sicherung der langfristigen Wettbewerbsfähigkeit ist es notwendig, Technologien und Produktionsfertigkeiten unternehmensweit zu Kernkompetenzen zu bündeln und auf dieser Basis erfolgreiche Innovationen zu generieren. Für Unternehmen ist es also von besonderer Bedeutung, eigene Kernkompetenzen zu entwickeln, um auf diese Weise einzigartige Wettbewerbsvorteile gegenüber den Konkurrenten zu erzielen. Kernkompetenzen können als *„(...) systematisch gebündelte Kombinationen aus verschiedenen Ressourcen mit hoher Unternehmensspezifität (...)“* definiert werden, die *„(...) die Grundlage für die wesentlichen Unternehmensleistungen bilden“* (Specht et al., 2002, 42). Dabei sind Kernkompetenzen idealerweise in ihrer Einzigartigkeit kaum transferierbar, imitierbar oder substituierbar. Sie nutzen sich nicht ab, sondern können sich im Zeitverlauf sogar anreichern, wenn sie eingesetzt und mit anderen geteilt werden. PRAHALAD und HAMEL (1990, 84) betonen zusätzlich den wertstiftenden Charakter von Kernkompetenzen *„in Form eines aus Kundensicht wahrgenommenen Zusatznutzens“*. Wichtig zu bemerken ist weiterhin, dass sich Kernkompetenzen per se nicht nur auf naturwissenschaftlich-technisches Wissen beziehen können sondern auch auf andere Fähigkeiten, z.B. betriebswirtschaftliche Kompetenzen aus dem Bereich Logistik oder CRM-Systeme. Bezüglich Innovationen sind zwar häufig gerade produktbezogene, technologische Kompetenzen relevant, jedoch spielen darüber hinaus mehr und mehr – beispielswiese im Rahmen von Geschäftsmodellinnovationen – andere, flankierende Kompetenzen aus den Bereichen Marketing, Controlling oder Strategie eine Rolle (vgl. Specht et al., 2002, 42 f.).

Open Innovation-Strategien stehen in keinem Widerspruch zu Kernkompetenzen. GULATI und KLETTER (2005, 78) konstatieren eine zunehmende Tendenz von erfolgreichen Unternehmen, die sich öffnen, ihren Horizont erweitern und vermehrt strategische Partnerschaften eingehen. Dabei werden gleichzeitig die eigenen Aktivitäten auf die strategischen Kernkompetenzen reduziert. Dieses von ihnen als *„shrinking core, expanding periphery“* bezeichnete Phänomen führt demnach zu einer *„relationship-centered organization“* – einem Unternehmen mit starkem

Beziehungsgeflecht nach außen (vgl. Gulati und Kletter 2005, 78 ff.). Quelle für Wachstum und Gewinnsteigerungen sind dabei Kostenreduzierungen durch die Fokussierung auf das Wesentliche und neue, profitable Geschäftsmöglichkeiten durch die höhere Durchlässigkeit der Unternehmensgrenzen. Um dieses Phänomen in der Praxis durchzusetzen, müssen Unternehmen ihre Aktivitäten entlang der vier Dimensionen der Beziehungsarchitektur miteinander abstimmen: Kunden, Lieferanten, Kooperationspartner und interne Geschäftseinheiten (vgl. Abb. II-11).

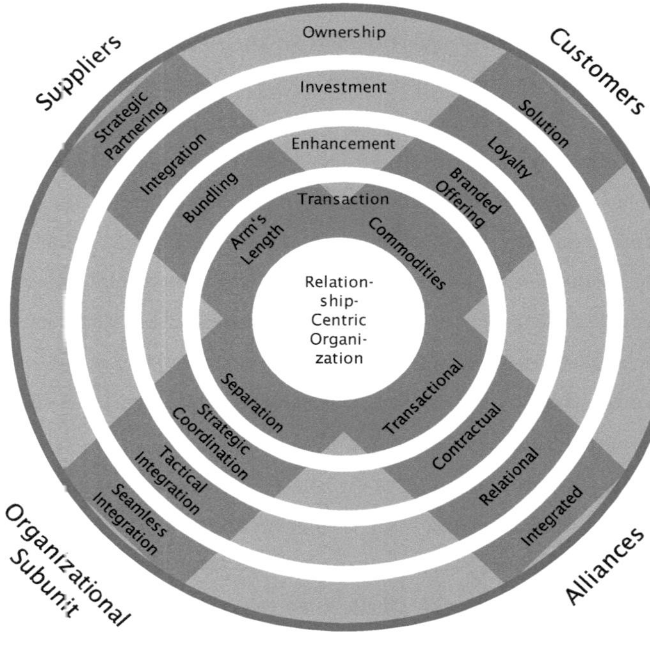

[Quelle: Gulati und Kletter, 2005, 80]

Abb. II-11: Der vielschichtige Aufbau einer ‚Relationship-Centered Organization'

DUSCHEK (2002, 144 ff.) greift den interorganisationalen Aspekt von Kernkompetenzen auf, inder er zwei strategische Optionen zur Nutzung von Kernkompetenzen in Kooperationen hervorhebt:

- Die Nutzung von (Kern-)Kompetenzen der Kooperationspartner im Sinne temporärer Zugriffsmöglichkeit und
- die lerninduzierte Kooperation im Sinne einer de facto-Internalisierung von (Kern-)Kompetenzen der Kooperationspartner.

Darüber hinaus sieht DUSCHEK zwei weitere Optionen zur Entwicklung von langfristigen Wettbewerbsvorteilen (Duschek, 1998, 182):

- *„Die langfristige Nutzung von (Kern-)Kompetenzen der Kooperationspartner (horizontale/vertikale Co-Spezialisierung);*
- *Die Evolution von kooperativen Kernkompetenzen"*

Dabei identifiziert er Projektlenkungsausschüsse von Kooperationen als zentralen Ort der Entstehung kooperativer Kernkompetenzen. Es kommt zur *„(...) Verknüpfung von internen und externen Kompetenzen durch unternehmensübergreifende Kompetenzenrekursionen"* (Duschek, 1998, 234). Zusammenfassend plädiert er dafür, Alternativen zu der Fokussierung auf eine hierarchische Generierung von Kernkompetenzen und der ausnahmslos wettbewerbszentrierten Interpretation von Kooperationsprozessen zu entwickeln. Im Sinne eines erweiterten Kernkompetenzansatzes – als generelle Grundlage für die Darstellung kooperativer Kernkompetenzen – sollten Unternehmensnetzwerke als Plattform für die Entwicklung und Aufrechterhaltung von Kernkompetenzen angesehen werden.

Die Bedeutung von Kernkompetenzen gilt in der Literatur also als weitgehend unbestritten. Nichsdestotrotz sollen hier auch die inhärent dialektischen Aspekte, insbesondere bezüglich Open Innovation und Geschäftsmodellinnovationen, dargestellt werden. LEONARD-BARTON (1992) thematisiert die möglichen Schattenseiten von Kernkompetenzen, die Innovationen behindern könnten, wie folgt:

> *„(...) how to take advantage of core capabilities[29] without being hampered by their dysfunctional flip side" (Leonard-Barton, 1992, 375).*

Gemäß dem Modell von LEONARD-BARTON haben ‚core capabilities' mindestens vier unabhängige Dimensionen, die eine Basis für betriebliche und integrierte Innovationsprozesse darstellen (vgl. Abb. II-12):

- Technical Systems – Förderung offener Kommunikationstechnologien und Systemen zum Teilen von Informationen
- Managerial Systems – Unterstützung von externer Kommunikation und Netzwerken, Förderung diverser und flexibler Teams und Fokussierung auf das Teilen von Wissen
- Skills and Knowledge Base – Netzwerke und (technische) Expertise
- Values and Norms – kooperative Teamarbeit, Offenheit und Diversität

Insbesondere für Innovationsprojekte, im Rahmen derer das Unternehmen neue Pfade betritt, können bisher wichtige Kernkompetenzen nicht nur hinfällig sondern auch hinderlich werden. Kernkompetenzen werden in diesem Fall zu Kernrigidäten. Dies kann die Wissens- und Fähigkeitsdimension von Kompetenzen betreffen, aber auch gerade die Dimension der Werte, wie die Praxis gezeigt hat (vgl. Leonard-Barton, 1992, 119). Bisher wichtige Wissensträger verlieren an Bedeutung und Status, neue Fähigkeiten können gefragt sein, wie z.B. höhere Risi-

[29] ‚Core capabilities' werden dabei synonym zu ‚core competences' verwendet (Leonard-Barton, 1992, 111 f.): *"Capabilities are considered core if they differentiate a company strategically. The concept is not new. Various authors have called them distinctive competences (Snow and Hrebiniak, 1980; Hitt and Ireland, 1985), core or organizational competencies (Prahalad and Hamel, 1990; Hayes, Wheelwright and Clark, 1988), firm-specific competence (Pavitt, 1991), resource deployments (Hofer and Schendel, 1978), and invisible assets (Itami, with Roehl, 1987)."*

koneigung und Experimentierfreude anstatt Bewahrung des Alten und Effizienzmaximierung.

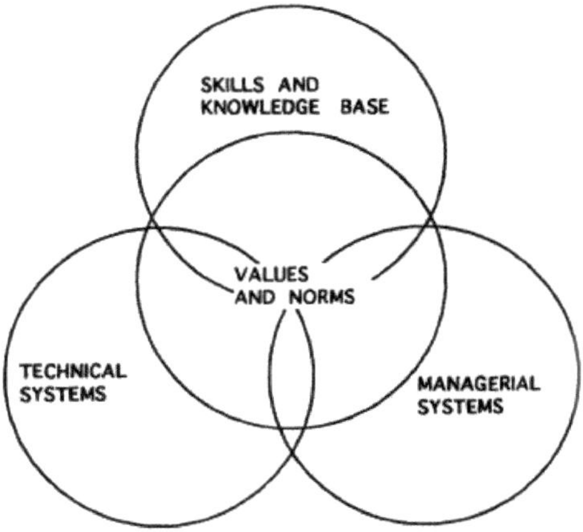

[Quelle: Leonard-Barton, 1992, 114]

Abb. II-12: Dimensionen der ,core capability'

Allgemein formuliert bestehen die Rigidäten darin, dass sie sich – gegebenenfalls getrieben durch Erfolg – immer stärker auf einige wenige Kernkompetenzen fokussieren und diese weiter ausdifferenzieren, dabei jedoch vieles andere ausschließen (vgl. Koch, 2007, 285). Zudem wird dieses Festhalten an bestehenden Kernkompetenzen häufig mit der Theorie der Pfadabhängigkeit in Verbindung gebracht. Wie zuvor erläutert, weisen strategische Pfade jedoch noch weitere Charakteristika auf.

Unabhängig davon, ob ein Pfad im engeren Sinne bei einem Unternehmen diagnostiziert werden kann, wird deutlich, dass Kernkompetenzen und Werte nicht einfach verändert und neue entwickelt werden können. Aufgrund des starken Einflusses auf die (strategischen) Innovationsaktivitäten eines Unternehmens konnte jedoch gezeigt werden, dass Kernkompetenzen eine wichtige Dimension der Geschäftsmodellflexibilität darstellen. In Bezug auf den interorganisationalen Aspekt der vorliegenden Arbeit kann Open Innovation in diesem Zusammenhang derart interpretiert werden, dass ein Unternehmen erstens seine Kernfähigkeiten und –kompetenzen verstehen und definieren sollte. Zweitens hilft es zu analysieren, zu welchen anderen Fähigkeiten Zugang benötigt wird. Drittens und letztens sollten entsprechende Netzwerk- und Kooperationsfähigkeiten entwickelt werden, um die externen Fähigkeiten im eigenen Innovationsprozess optimal zu nutzen (vgl. Sousa, 2008, 19). Dieses Verständnis von Open Innovation verknüpft den Gedanken der Kernkompetenzen mit dem von komplementärem externen Wissen. Unternehmen sind also dazu angehalten, ständig ihre bestehenden Paradigmen, Werte und Kompetenzen zu überdenken. Solche Bestrebungen schaffen nicht nur Herausforderungen auf der individuellen Mikroebene[30], sondern auch auf der organisationalen Makroebene. Bevor dargestellt wird, welche Determinanten auf dieser Makroebene den adäquaten Managementansatz für Geschäftsmodellinnovationen bestimmen[31], werden Möglichkeiten aufgezeigt, wie die historische Dimension der Geschäftsmodellflexibilität von Unternehmen aktiv aufgegriffen und gestaltet werden kann.

(4) Aufbrechen von strategischen Pfaden, organisationalen Routinen und Kernkompetenzen

Die Verhaftung von Unternehmen in etablierten Pfaden, Routinen und Strukturen beeinflusst Geschäftsmodellinnovationen in erheblichem Maße (vgl. Zott und Amit, 2010, 221). Innovative Geschäftsmodelle stehen oftmals im Widerspruch zum heutigen Geschäftsmodell eines Unternehmens. Daher ist es wichtig, Strategien für die bewusste Abkehr von Pfaden, organisationalen Routinen und Kern-

30 Vgl. die Ausführungen in Kapitel II.2.5.5.

31 Vgl. die Ausführungen in Kapitel II.2.5.4.

kompetenzen zu entwickeln (vgl. Adelhelm, 2012, 59 f.). Ob Pfade und Routinen generell aufgebrochen werden können, soll hier nicht diskutiert werden[32]. In der vorliegenden Arbeit werden die Termini und Konzepte nur angelehnt an die Theorie der Pfadabhängigkeit verwenden. Diesbezüglich findet sich in der Literatur auch eine Vielzahl an Studien, die Ansatzpunkte zum Aufbrechen bestehender Strukturen und Prozesse sowie zur Pfadkreation liefern. Aus Platzgründen wird auf eine ausführliche Darstellung verzichtet. Hier sei vor allem auf die Ausführungen von GARUD und KARNOE (2001), HUTZSCHENREUTER ET AL. (2007), KOCH (2007), SCHREYÖGG ET AL. (2003) verwiesen.

Für den Auf- und Ausbau (neuer) Erfolgspotenziale sind das Timing und die langfristige Orientierung elementar:

> *„The time to search out and develop a new core resource is when the current core is working well." (Itami, 1987, 54)*

Die Reflexion über neue Geschäftsmodelle sollte also ein festes Element des strategischen Management- bzw. Geschäftsmodellinnovationsprozesses werden. Innovationsfähigkeit bedeutet in diesem Zusammenhang, dass sich Unternehmen fallweise für und fallweise gegen etablierte Muster entscheiden (vgl. Koch, 2009, 204). In manchen Situationen müssen neue Geschäftsmodelle nicht automatisch etablierte Geschäftsmodelle ersetzen. Je nach Situation, kann es für ein Unternehmen empfehlenswert sein, verschiedene Geschäftsmodelle parallel voranzutreiben. So kann das Gleichgewicht aus Exploitation und Exploration fallweise gestaltet werden, um das eigene Geschäftsmodellportfolio zu optimieren (vgl. March, 1991, 72 ff.; Vanhaverbeke und Peeters, 2005, 255). Diese verschiedenen Strategien und Managementansätze für Geschäftsmodellinnovationen werden im folgenden Kapitel vertieft.

[32] Vgl. den Ansatz der *„mindful deviation"* in Bezug auf die Pfadkreation (vgl. Garud und Karnoe (2001, 2 ff.).

II.2.5.4 Strategische Determinanten – Fähigkeit zur Wahl der geeigneten strategischen Stoßrichtung sowie des richtigen Managementansatzes für neue Geschäftsmodelle

Nachdem die Relevanz von Geschäftsmodellinnovationen immer stärker zunimmt (vgl. IBM Global Business Services, 2006, 111 ff.), müssen sich Unternehmen vermehrt mit dem Management neuer bzw. mehrerer Geschäftsmodelle gleichzeitig beschäftigen. Dies stellt viele Unternehmen vor große Herausforderungen (vgl. van der Meer, 2007, 197). Unternehmen müssen daher eine ausgewogene Strategie aus der Exploitation des etablierten Geschäftsmodells und der Exploration neuer Möglichkeiten finden (vgl. March, 1991, 72 ff). In diesem Zusammenhang kann es zu einer Trade-off-Situation kommen, falls im Ergebnis beide strategischen Stoßrichtungen um dieselben Ressourcen konkurrieren (vgl. Adelhelm, 2012, 61). Dennoch kann die Gefahr eines Kampfes um knappe Ressourcen verringert werden, wenn beispielsweise Ansätze der offenen Innovation Berücksichtigung finden (vlg. Chesbrough, 2003a; Gupta et al., 2006, 695). Darüber hinaus relativieren andere Forscher die Bedeutung dieser Gefahr insofern, dass sie die Chancen der gegenseitigen Befruchtung von Exploitations- und Explorationsstrategien[33] betonen (vgl. Katila und Ahuja, 2002, 1184 ff.). Zwecks Umsetzung dieser Strategien ist im Rahmen des Managements verschiedenartiger Geschäftsmodelle das Konzept der Ambidexterität hilfreich (vgl. Birkinshaw und Gibson, 2004; March, 1991; Tushman und O'Reilly, 1996). Ambidexterität bezieht sich auf die Kompetenz eines Unternehmens, sich an Umweltveränderungen zu adaptieren und gleichzeitig bestehende Ressourcen und Kompetenzen optimal zu nutzen (vgl. Birkinshaw und Gibson, 2004, 47). Im Alltag müssen Unternehmen einen situativ geeigneten Weg zwischen Anpassung und Ausrichtung finden (vgl. Marki-

[33] Bezüglich einer ausführlichen Charakterisierung von Exploitation und Exploration sei auf Adelhelm (2012, 61 f.) verwiesen.

des und Charitou, 2004) an. Diesem Gedanken folgend sollte ein Unternehmen kontextabhängig entscheiden, wann es Geschäftsmodelle eher getrennt voneinander oder integrativ organisiert (vgl. Abb. II-13).

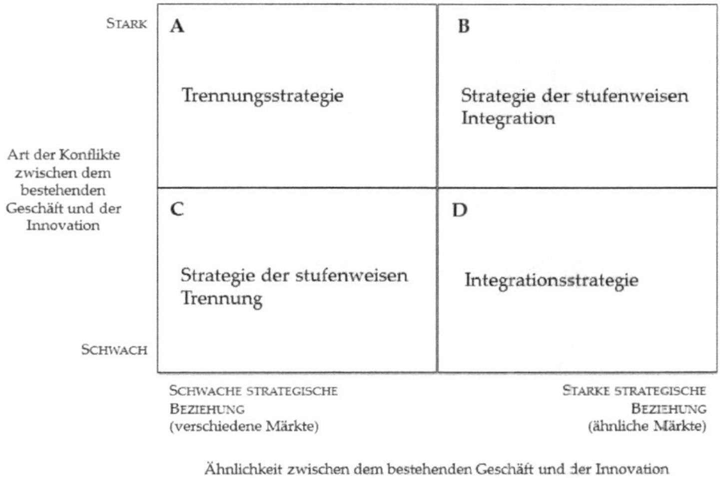

[Quelle: Markides und Charitou, 2004, 24]

Abb. II-13: Strategien zum Management dualer Geschäftsmodelle

Je nach Synergiepotenzial ist eine Trennung oder Integration zur optimalen Nutzung der Ressourcen zu empfehlen. Mischstrategien, die beide Wege gleichermaßen verfolgen, sind denkbar.[34] Abschließend wird der Gedanke der Operationalisierung von Exploration, Exploitation und Ambidexterität in Bezug auf Geschäftsmodellinnovationen um die Umsetzung in einem Prozess- bzw. Portfolioansatz ergänzt. Im Rückgriff auf den bereits angedeuteten Aspekt der Schnittmenge von Explorations- und Exploitationsaktivitäten werden Exploration und Exploitation in einem zyklischen Prozess miteinander kombiniert (vgl. Abb. II-14).

---

[34] Auf die Darstellung weiterer Hintergründe wird aus Platzgründen verzichtet. Die Details sind in der Studie von MARKIDES UND CHARITOU (2004) zu finden.

[Quelle: Gilsing und Noteboom, 2006, 3]

Abb. II-14: Zyklus der Entdeckung

Der Zyklus der Entdeckung fasst den Ansatz für diese Arbeit passend zusammen: Exploitation ist wichtig zur kurzfristigen Effizienzsteigerung und optimalen Auslastung und startet, wenn nach der Exploration eine Reduzierung der inhaltlichen Komplexität bezüglich Produkten, Technologien oder Konzepten notwendig ist. Ein Generalisierungsprozess setzt ein, und ‚dominante Designs' innerhalb einer Industrie werden entwickelt. Um im Verlauf der steigenden Marktreife neue Optionen zu schaffen, werden die Produkte in benachbarte Anwendungen und Kontexte übertragen (Differenzierung). Dies führt in der Regel zu eher inkrementalen Innovationen. Damit jedoch auch wieder völlig neue Pfade und Geschäftsmöglichkeiten generiert werden können, müssen erneut explorative Aktivitäten einsetzen – der Zyklus startet von vorne. Über diesen Explorations-Exploitations-Prozessgedanken hinaus wird in der Literatur angesichts der Verschiedenartigkeit von Geschäftsmodellen in einem Unternehmen u.a. auf den Portfolioansatz zurückgegriffen (vgl. Sabatier et al., 2010, 440 ff.), der in der Innovationsmanagementliteratur bisher primär im Rahmen von Produktportfolios Anwendung gefunden hat (vgl. u.a. Cooper et al., 2002). Die Portfoliomethode bietet in diesem Zusammenhang Unternehmen die Möglichkeit, verschiedene Geschäftsmodelle nach Reifegrad, Passung zum Unternehmen bzw. den Erfolgschancen im Innovationsprozess zu bewerten und in strategischen Planungsrunden zur Diskussion zu stellen. Die zentrale Zielsetzung dabei ist es, sowohl den kurz- und mittelfristigen Erfolg als auch langfristige Wettbewerbsvorteile eines Unternehmens sicher zu stellen und die ‚Geschäftsmodellpipeline' gefüllt zu halten. Eine wichtige Rolle kommt dabei der Entwicklung von Zukunftsszenarien zu. TIBERIUS und RASCHE verweisen in diesem Zusammenhang auf die subjektive und interpretative Dimension bezüglich Zukünften (vgl. Tiberius und Rasche, 2011, 312 f.). In Bezug auf MOLDASCHL (2006) wird einerseits betont, dass Zukunftsvorstellungen – wie z.B. zukünftige Geschäftsmodelle – als mentale Fiktionen nicht objektivierbar sind. Andererseits stellt man dem Konzept der ‚dominant management logic' folgend (vgl. Bettis und Prahalad, 1995, 7; Prahalad, 2004; siehe Kap. II.2.5.5 dieser Arbeit) heraus, dass bestehende Zukunftsvorstellungen wiederum die Generierung von Zukunftsszenarien beeinflussen. Auch innovative, zukünftige Geschäftsmodelle entstehen ergo subjektiv nicht auf der grünen Wiese und haben eine individuelle Dimension. Dabei sind neben oberen und mittleren Führungskräften (vgl. u.a. Chesbrough, 2010, 361) auch operative Mitarbeiter (vgl. Smith et al., 2010, 456 ff.) von zentraler Bedeutung. Diese individuellen Determinanten werden im folgenden Kapitel beleuchtet.

II.2.5.5 Individuelle Determinanten – Motivation, Fähigkeiten und Flexibilität der beteiligten Personen

Die Geschäftsmodellflexibilität wird nicht nur von organisationalen sondern auch von individuellen Faktoren beeinflusst (vgl. Stock-Homburg, 2007, 820 ff.). Individuen können – neben Technologien und Routinen – sogar als das *„Gedächtnis einer Organisation"* (vgl. Wagner et al., 2005, 84) verstanden werden. Die individuelle Dimension steht in Verbindung mit dem Konzept der ‚Bricolage', der Fähigkeit, mit limitierten Mitteln neue strategische Wege zu erschließen (vgl. Schüssler, 2009, 150), was gerade für mittelständische Unternehmen einen zentralen Aspekt darstellt. Die Idee der ‚entrepreneurial bricolage' (vgl. Stones, 2005) beschreibt im Speziellen den reflexiven, kreativen Akteur, der es schafft, das Spannungsfeld aus strukturellen Grenzen und neuen Handlungsmöglichkeiten aufzulösen[35]. Parallel dazu integriert Bricolage den Gedanken der Emergenz von Strategien, so dass das intendierte strategische Handeln nicht überbetont und zudem Raum für den Gedanken der *„bounded rationality"* bzw. der ‚begrenzten Rationalität' der Beteiligten (vgl. March, 1978; Simon, 1956) gegeben wird. Demzufolge ist die Bricolage auch für Geschäftsmodellinnovationen relevant, da auch hier häufig mit begrenzten Ressourcen neue Handlungsmöglichkeiten geschaffen werden müssen. McGrath verweist in diesem Zusammenhang auf die ‚menschliche Seite der Geschäftsmodellinnovation' (McGrath, 2010, 260). Von zentraler Bedeutung sind demzufolge Wandlungsfähigkeit und Change Management sowie Führungsstärke und Flexibilität der Führungskräfte, um individuelle Resistenzen

---

35 Garud und Karnoe (2001, 2) charakterisieren Entrepreneurship wie folgt: *"Path creation does not mean entrepreneurs can exercise unbounded strategic choice. Rather, entrepreneurs are embedded in structures that they jointly create (Granovetter 1985) and from which they mindfully depart. Mindfulness implies the ability to disembed from existing structures defining relevance and also an ability to mobilize a collective despite resistence and inertia that path creation efforts will likely encounter. Indeed, entrepreneurship is a collective effort where paths are continually and progressively modified as new technological fields emerge."*

und hinderliche organisationale Routinen, Prozesse und Strukturen zu überkommen. HANS spricht vom *„Mythos des rationalen Menschen"* und vom *„Mythos einer veränderungsbereiten Organisation"* (vgl. Hans, 2007, 190).

> *„Das fehlende Verständnis der Unternehmensführung und die mangelnde Repräsentanz als Träger des Change ist ein wesentlicher Grund für das oftmals unbefriedigende Bild zur Unternehmenskultur und Fähigkeit zur Innovation in der aktuellen Unternehmenspraxis." (Hans 2007, 189)*

(1) Wandlungsfähigkeit und Change Management

Geschäftsmodellinnovationen erfordern also ein gewisses Maß an Wandlungsfähigkeit und Change Management (vgl. Adelhelm, 2012, 63 f.). Change kann sich auf einen ungeplanten aber auch auf einen *„geplanten Wandel"* eines Unternehmens beziehen (vgl. Steinle, 2005, 679). In beiden Fällen können Veränderungen bei den Mitarbeitern Widerstände und Ablehnung erzeugen. Führungskräfte müssen daher solche Veränderungen begleiten und gezielt steuern. Als übergeordnetes strategisches Ziel der Change Management-Aktivitäten werden insbesondere die Erhaltung oder Steigerung der Wettbewerbs- und Überlebensfähigkeit von Unternehmen genannt (vgl. Vahs und Leiser, 2003, 28). Darüber hinaus geht es um die Erhaltung der Effizienz und Effektivität.

> *„Ziel des Change Managements ist es, in allen vier zuvor genannten Veränderungsfeldern den Wandel ganzheitlich effizient und effektiv zu planen, umzusetzen, zu kontrollieren und zu stabilisieren." (Rank und Steinpflug, 2008, 6)*

Dabei soll das Change Management die Effektivität und die Effizienz des Veränderungsprozesses maximieren und die Widerstände bei den einzelnen Mitarbeitern minimieren (vgl. Rank und Steinpflug, 2008, 6). In der praktischen Umsetzung können Innovationsprojekte und Change Prozesse durch eine treibende Kraft (einen sogenannten Change Agent oder Promotor) gefördert werden (vgl. Gemünden und Hölzle, 2007; Hauschildt und Schewe, 2000; Pettigrew, 1987; Witte, 1973).

> *„Innovationen verdanken ihren Erfolg dem unbedingten Einsatz einzelner Personen. Sie bringen ihre Persönlichkeit, ihr Wissen, ihr Wollen in die Entscheidung und Durchsetzung des Neuen ein." (Hauschildt und Salomo, 2007, 209)*

Auch für Geschäftsmodellinovationen werden Change Agenten oder Promotoren als sinnvoll angesehen (vgl. McGrath, 2010, 257). Diese Change Agenten oder Promotoren sollte dabei passende Führungsqualitäten und unternehmerische Fähigkeiten besitzen, die im folgenden Kapitel näher beleuchtet werden.

(2) Führungsstärke, unternehmerische Fähigkeiten und dominante Managementlogiken

Bei strategischen Innovationen bzw. Geschäftsmodellinnovationen sehen sich Führungskräfte mit teils paradoxen Herausforderungen konfrontiert. Dies hat eine Zunahme der Rollen für die Führungspersonen zur Folge (vgl. Flyod und Lane, 2000, 154): Erstens müssen sie die derzeitigen Kompetenzen im bestehenden Geschäft möglichst effizient einsetzen und steuern (*competence deployment*), zweitens die bisherigen Strategien und Geschäftsmodelle in Frage stellen und Kompetenzen anpassen (*competence modification*) und drittens einer langfristigen Vision folgend neue Kompetenzen definieren und entwickeln (*competence definition*). Um die mit den Veränderungsprozessen verbundenen neuen Rollen ausfüllen zu können, brauchen Führungskräfte neben strategischer Sensitivität und interner Ressourcenverfügbarkeit vor allem Führungsstärke (vlg. Chesbrough, 2010, 361; Doz und Kosonen, 2008, 96). Damit ist die Fähigkeit einer Führungskraft gemeint, schnell aber durchdacht klare Entscheidungen treffen zu können, ohne durch persönliche Unsicherheiten, politischen Stillstand oder individuelle Unstimmigkeiten behindert zu werden. Zwischen den drei Dimensionen strategischer Sensitivität, interner Ressourcenverfügbarkeit und Führungsstärke bestehen Interdependenzen, die vom Management gestaltet werden müssen (vgl. Doz und Kosonen, 2010, 372).

Jedoch ist auch eine hochqualifizierte und kompetente Führungskraft von psychologischen und sozialen Faktoren und dem Wunsch nach Stabilität und linearem Denken beeinflusst (vgl. Smith et al., 2010, 452). In der Literatur nimmt man häufig auf die *„mentalen Landkarten"* von Entscheidungsträgern Bezug, die Innovationsaktivitäten beschränken können (vgl. Siggelkow, 2001, 839). Derartige mentale Landkarten – z. B. verstärkt durch ein erfolgreiches bestehendes Geschäftsmodell – können zu mangelnder strategischer Flexibilität führen[36]. Bettis und Prahalad verweisen in diesem Zusammenhang auf das Konzept der dominanten Managementlogiken (vgl. Bettis und Prahalad, 1995; Prahalad und Bettis, 1986[37]). Diese Art von Managementlogiken werden definiert als:

> *"(...) The way in which managers conceptualize the business and make critical resource allocation decisions be it in technologies, product development, distribution, advertising, or in human resource management." (Prahalad und Bettis, 1986, 490)*

Demzufolge werden Führungskräfte in ihren Entscheidungen von ihren kognitiven Grenzen limitiert, so dass häufig an ein in der Vergangenheit erfolgreiches Entscheidungsverhalten angeknüpft wird. Dies kann Geschäftsmodellinnovationen

---

36 Sliwka (2007, 1675) kommt zu dem Schluss, dass es in manchen Fällen des strategischen Wandels sinnvoll sein kann, einen hochqualifizierten Manager durch eine weniger qualifizierte neue Person zu ersetzen. Der Hintergrund ist, dass Manager nicht nur ein Interesse an dem langfristigen Erfolg eines Unternehmens sondern auch an ihrem eigenen Ruf und Status haben. Dies kann eine Barriere für sie darstellen kann, trotz offensichtlicher Notwendigkeit, eigene Entscheidungen aus der Vergangenheit anzupassen.

37 Prahalad und Bettis (1986) untersuchen Gründe für das Scheitern von Unternehmen, die ihre Tätigkeiten vom Kerngeschäft in neue Bereiche ausweiteten. Kernfragen dabe sind: (1) Wieso ist es für viele Unternehmen so schwer, sich zu verändern? (2) Wieso sind viele Unternehmen zwar fähig, Veränderungsbedarf aufgrund von Umweltentwicklungen zu erkennen, jedoch unfähig, auf diesen zu reagieren?

möglicherweise behindern (vgl. Chesbrough und Rosenbloom, 2002, 536; Chesbrough, 2010, 358). Das Geschäftsmodellskonzept per se kann dabei helfen, solch kognitive Grenzen zu durchbrechen, indem Geschäftsmodellprototypen und –ideen besser visualisiert und diskutiert werden können. Gerade etablierte Unternehmen stehen vor der Herausforderung, dominante Logiken auf der individuellen Managerebene zu überwinden, um neue strategische Wege zu ermöglichen (vgl. Markides, 1998, 37). Kognitive und kulturelle Beschränkungen bestehen in Unternehmen also oftmals darin, dass existierende (oftmals bis dato erfolgreiche) Logiken und strategische Pfade nur eingeschränkt auf ihre Sinnhaftigkeit für die Gegenwart und Zukunft überprüft werden. Um die notwendige Geschäftsmodellflexibilität für Innovationen zu entwickeln, sollten Manager jedoch ein Verständnis für die Unternehmenskultur und –werte entwickeln und organisationsübergreifend Veränderungsprozesse anstoßen. Ein zentraler übergeordneter Aspekt besteht zudem darin, dass Führungskräfte diese Aufgaben umsetzen sollten, bevor es zu spät ist: Häufig wird die Notwendigkeit der Innovation des Geschäftsmodells – auch von Führungskräften – sehr spät erkannt, so dass die eingeleiteten Maßnahmen überhaupt nicht mehr oder nur unter deutlich erhöhtem Ressourcenaufwand erfolgreich sein können.

II.3 Zwischenfazit der theoretisch-konzeptionellen Überlegungen

Der theoretisch-konzeptionelle Teil dieser Arbeit betrachtete mehrere Teilaspekte von Geschäftsmodellinnovationen. Zu Beginn konnte dargelegt werden, dass sich das Innovationsmanagement in Unternehmen vor allem dadurch gewandelt hat, dass zuvor primär geschlossene Innovationsprozesse aufgrund verschiedener Treiber und Restriktionen nun vermehrt in Interaktion mit der Außenwelt ablaufen. Dieser Paradigmenwechsel wird in der Literatur in jüngster Zeit zumeist mit dem Open Innovation-Konzept nach CHESBROUGH (2003a) in Verbindung gebracht. Darüber hinaus konnte gezeigt werden, dass Open Innovation weder ein passendes Muster für alle Innovationsherausforderungen von Unternehmen bieten kann noch in der Praxis scherenschnittartig als Gegensatz zu eher geschlossen ausgerichteten Innovationsstrategien durchgeführt wird. Dennoch ermöglicht Open Innovation eine neue, ganzheitliche Sicht auf Innovationen. Neben dem traditionellen Fokus auf Prozess- oder Produktinnovationen beschäftigen sich Wissenschaft und Praxis vermehrt mit dem Thema der strategischen Innovation. Ein Vertreter dieses Typus, der zunehmend an Bedeutung gewinnt, ist die Geschäftsmodellinnovation, die im Rahmen der vorliegenden Arbeit wie folgt definiert ist:

> *"Geschäftsmodellinnovationen liegen vor, wenn ein Unternehmen entweder völlig neuartige Geschäftsmodelle generiert oder völlig neuartige Wege entwickelt, ein bestehendes Geschäftsmodell zu differenzieren." (Adelhelm, 2012, 56)*

Gerade in sich stark verändernden Industrien (z.B. der Pharmaindustrie) ist eine solch dynamische Betrachtung von Geschäftsmodellen vonnöten, um angesichts des Innovationsdrucks passende strategische Ansätze für die Unternehmen zu entwickeln. Demgegenüber ist festzustellen, dass in der wissenschaftlichen Literatur bisher wenige Arbeiten vorliegen, die einen ganzheitlich-systematischen Blickwinkel auf Geschäftsmodellinnovationen einnehmen. Deshalb hat die vorliegende Arbeit das Ziel, einen Beitrag zur Entwicklung eines integrativen Gesamtkonzeptes für Geschäftsmodellinnovationen zu leisten (vgl. in der Zusammenfassung Kap. IV.3). Dabei sollen neben dem eigentlichen Innovationsprozess die wichtigsten Einflussfaktoren für Geschäftsmodellinnovationen untersucht werden. Im Kern werden als Resultat der Literaturanalyse die folgenden zentralen Faktoren für Geschäftsmodellinnovationen berücksichtigt[38]:

- Etablieren eines Geschäftsmodellinnovationsprozesses
- Nutzung von Trial-and-Error-Methoden
- Berücksichtigung von Open Innovation-Potenzialen
- Entwicklung von Strategien entlang der Einflussfaktoren für Geschäftsmodellinnovationen (Geschäftsmodellflexibilität)
- Verfolgung eines ausgewogenen strategischen Ansatzes im Spannungsfeld zwischen Erkundung neuer und Ausbeutung bestehender Geschäftspotenziale (‚ambidexterity')

Die vorangegangenen Ausführungen illustrieren, dass Geschäftsmodellinnovationen Einflussfaktoren aufweisen, die im Folgenden durch das Konstrukt der ‚Geschäftsmodellflexibilität' widergespiegelt werden. Im Rahmen der Analyse der Literatur wurden folgende externe und interne Determinanten der Geschäftsmodellflexibilität herausgefiltert:

- Externe Determinanten – Kontextfaktoren der Umwelt
- Historische Determinanten – Strategische Pfade, organisationale Routinen und Kernkompetenzen
- Strategische Determinanten – Fähigkeit zur Wahl der geeigneten strategischen Stoßrichtung sowie des richtigen Managementansatzes für neue Geschäftsmodelle
- Individuelle Determinanten – Motivation, Fähigkeiten und Flexibilität der beteiligten Personen

---

38 Vgl. u.a. Afuah, 2004; Chesbrough, 2010; Doz und Kosonen, 2010; Floyd und Lane, 2000; Markides, 1998; McGrath, 2010; Mitchell und Coles, 2003; Nelson, 2008; Sosna et al., 2010; Teece, 2010; Voelpel et al., 2004; Zajac et al., 2000; Zott und Amit, 2010.

Aufgrund der Bedeutung von Open Innovation-Strategien und von Branchenspezifika für die vorliegende Untersuchung finden wie erläutert nicht nur unternehmensinterne sondern auch -externe Determinanten Berücksichtigung. Daher werden nach einer Einführung zum empirischen Teil im Rahmen einer Vorstudie die branchenspezifischen Rahmenbedingungen eruiert, bevor im Rahmen der Hauptstudie zwei konkrete Fälle in pharmazeutische Unternehmen betrachtet werden.

III Explorative Empirische Studie

III.1 Grundlegendes Design und Methodik

Ausgehend von den Forschungsfragen wurden im ersten Kapitel dieser Arbeit die Forschungsziele definiert, um ein möglichst effizientes Vorgehen in der empirischen Studie zu gewährleisten. Die Forschungsziele haben einen stark explorativen Charakter, d.h. es steht im Vordergrund, neue Erkenntnisse und ein besseres Verständnis bezüglich Geschäftsmodellinnovationen zu gewinnen. Dabei sollen am Beispiel der Pharmabranche nicht nur grundlegende Geschäftsmodelle klassifiziert, sondern im Weiteren die Innovation von Geschäftsmodellen in einer dynamischen Betrachtung prozessual und kontextuell untersucht werden. Diese Ziele stellen somit die Basis für die zu wählende Forschungsmethode dar.

In diesem Zusammenhang wird grundlegend zwischen quantitativen und qualitativen Methoden der empirischen Sozialforschung unterschieden. Je nach Forschungsziel, Datenmaterial, Forschungsgegenstand, Art der Forschungsfragen und Wissenschaftsverständnis ist eine der beiden Methoden zu wählen (vgl. Bortz und Döring, 2006, 295). In der Forschungspraxis sind jedoch auch immer häufiger ‚mixed-methods'-Designs, also eine Kombination beider Methoden, zu beobachten. Der quantitative Ansatz nimmt eine Quantifizierung bzw. Messung von Teilen der Beobachtungsrealität vor und wertet die Daten statistisch aus. Dabei verfolgt die quantitative Forschungsmethodik einen deduktiven, erklärenden (explanativen) Weg zum Testen von Theorien (vgl. Bryman, 2008, 9). Klassischerweise beantworten quantitative Studien Fragen nach dem ‚Wer/Welche(r/s), Was, Wo, Wieviel' und verwenden Methoden wie z.B. Umfragen, Fragebogen, standardisierte Beobachtungen oder strukturierte Interviews (vgl. Bryman, 2008, 139 ff.).

Häufig haben diese Untersuchungen zum Ziel, vorab aufgestellte Hypothesen zu überprüfen und die Ergebnisse anhand einer repräsentativen Grundgesamtheit zu generalisieren. Dabei eignet sich das quantitative Forschungsdesign primär für Untersuchungsgegenstände, die bereits im Rahmen vergangener Studien erforscht und weitgehend durchdrungen wurden, so dass möglichst präzise Hypothesen und Ausgangsbedingungen vorliegen.

Wie eingangs beschrieben gibt es bisher wenige wissenschaftliche Arbeiten zum Untersuchungsobjekt. Außerdem sind die Forschungsziele der vorliegenden Arbeit als explorativ und weniger explanativ einzuordnen, da sie auf neue Kenntnisse bezüglich Geschäftsmodellinnovationen abzielen. Für die vorliegende Arbeit wurde – mit all seinen Vor- und Nachteilen[39] - die qualitative Forschungsmethode als Ansatz gewählt. Qualitative Studien eignen sich insbesondere zum Verstehen, Interpretieren, Klassifizieren sowie zum Generieren von Ansätzen für neue Theorien (vgl. Bryman, 2008, 365 ff.). Dazu wird in der Regel eine Vielzahl von Daten erhoben, wobei Methoden wie unstrukturierte oder halbstrukturierte Interviews, Beobachtungen, Fokusgruppen oder Dokumentenanalyse Anwendung finden. Qualitative Studien haben dabei nicht zum Ziel, belastbare, generalisierbare Ergebnisse zu liefern, sondern eher Phänomene zu erkennen und daraus Klassifizierungen, Theorieansätze und Schlussfolgerungen für Forschung und Praxis abzuleiten. Dabei soll der Forschungsgegenstand in seinem Kontext begriffen und möglichst flexibel vom Forscher interpretiert werden. Nichstdestotrotz kann als Orientierung auf ein konzeptionelles Grundgerüst zurückgegriffen werden, das die Forschungsfragen reflektiert und die empirische Untersuchung leitet.

Als vorteilhaft für die vorliegende Studie erweist sich ein qualitatives Vorgehen insofern, dass ein ganzheitliches Bild von Geschäftsmodellinnovationen erfasst

[39] Vgl. Erläuterungen zu den Vor– und Nachteilen der verschiedenen Forschungsdesigns u.a. bei Bryman, 2008, 22 ff..

werden kann, das durch den engen Austausch mit involvierten Unternehmen und Experten Tiefgang erhält. Demgegenüber bringen Kritiker der qualitativen Forschungsmethodik häufig als Argument vor, dass die Ergebnisse stark subjektiv eingefärbt und wenig generalisierbar sind. Um dem entgegen zu wirken, wurden erstens im Rahmen der Hauptstudie vielfältige Primär- und Sekundärdatenarten verwendet und Interviews unter Beteiligung anderer Forscher geführt. Zweitens wurden bei der Vorstudie nicht nur Unternehmensvertreter sondern auch verschiedene Vertreter der fünf deutschen Pharmaverbände interviewt und deren Veröffentlichungen als ergänzendes Material herangezogen.

Der empirische Teil der vorliegenden Arbeit untergliedert sich somit in zwei Studien: Eine Vorstudie, die es zum Ziel hat, sich dem Untersuchungsgegenstand der Geschäftsmodellinnovationen in deutschen Pharmaunternehmen aus verschiedenen Blickwinkeln zu nähern, und eine Hauptstudie, die im Rahmen einer Fallstudie zwei Fälle aus konkreten, mittelständischen Pharmaunternehmen beleuchtet und kontrastiert.

III.2 Vorstudie im Kontext der Pharmabranche

III.2.1 Gestaltung der Vorstudie

Die empirische Vorstudie dient also ersten Einblicken bezüglich Geschäftsmodellinnovationen im Kontext der Pharmaindustrie. Insbesondere werden auf Branchenebene grundlegende Geschäftsmodellarten und Kontextfaktoren zu Innovationen sowie Treiber, Hemmnisse, Trends und Herausforderungen für – speziell mittelständische – Pharmaunternehmen identifiziert. Dazu wurden mit sechs Vertretern der fünf Pharmaverbände in Deutschland halbstrukturierte Experteninterviews geführt, die zwischen 45 min und 2,5 Stunden dauerten (vgl. Tab. III-1). Die Durchführung der Interviews erfolgte im März 2010. Alle Gespräche fanden vor Ort bei den Gesprächspartnern entweder im Firmensitz oder zumeist in der Verbandsgeschäftsstelle statt. Die Interviews wurden von der Autorin (teilweise zusammen mit drei Kollegen) unter Verwendung eines Aufnahmegerätes (vgl. Lamnek, 2005, 25) geführt. Im Anschluss daran wurden die Gespräche wörtlich transkribiert, von den Interviewten validiert, ggf. korrigiert und abgelegt.

Interviewdatum/-ort	**Verband**	**Position des Interviewpartners**
08.03.2010, Berlin	ProGenerika	Bereichsleiter Markt und Wissenschaft
11.03.2010, Bonn	Bundesverband der Arzneimittelhersteller (BAH)	Referent für Gesundheitsökonomie / Grundsatzfragen Selbstmedikation
		Referentin für Arzneimittel in der GKV / Vertragswettbewerb
17.03.3010, Berlin	Verband der forschenden Pharmaunternehmen (VFA)	Geschäftsführer für Forschung, Entwicklung, Innovation sowie VFA bio
17.03.3010, Berlin	Deutscher Generikaverband	Geschäftsführer
18.03.2010, Berlin-Henningsdorf	Bundesverband der Pharmazeutischen Industrie (BPI)	Vorsitzender des Vorstands
18.03.2010, Berlin	Bundesverband der Pharmazeutischen Industrie (BPI)	Stellvertretender Hauptgeschäftsführer
		Geschäftsfeldleiter Biotechnologie/F&E

[Quelle: Eigene Darstellung]

Tab. III-1: Übersicht zu den Experteninterviews der Vorstudie

Es mag überraschend erscheinen, dass es in Deutschland fünf verschiedene Pharmaverbände gibt. Dies begründet sich vor allem in der Verschiedenartigkeit der Geschäftsmodelle und der zugrunde liegenden Interessen. Die Pharmabranche hat also eine heterogene Struktur. Die Pharmaverbandslandschaft in Deutschland hat sich insbesondere Mitte der 1990er Jahre durch das Aufkommen des Geschäftsmodells von Generika-Unternehmen gespalten. Die großen forschenden Pharmaunternehmen haben den VFA gegründet, die kleineren Generika-Firmen blieben im BPI.

> *"Es gibt eben nicht DIE Pharmaindustrie, und man kann nicht DIE Pharmaindustrie vertreten. Es gibt auch in der Branche durchaus so Bestrebungen: Die Zersplitterung der Verbände, das würde unnötig schwächen, wir bräuchten eine gemeinsame Spitze. Da habe ich gesagt, dann macht mal. Dann bekomme ich nicht fünf Meinungen, sondern 20 Meinungen am Schluss. So kann man viel besser damit umgehen, wenn es verschiedene Gruppen gibt." (V4)*

Die Primärdaten der Vorstudie zu Geschäftsmodellinnovationen im Kontext der Pharmabranche stammten somit vor allem aus diesen Verbandsinterviews. Zusätzlich wurden aus der Hauptstudie Auszüge aus vier Interviews mit Geschäftsführern mittelständischer Pharmafirmen integriert[40], wenn ein besonderes Augenmerk auf den Kontext und die Branchenspezifika bezüglich Geschäftsmodellinnovationen vorlag. Bevor zur Primärforschung jedoch neues Datenmaterial erhoben wurde, wurden bereits vorhandene wissenschaftliche aber auch branchen- und unternehmensinterne wie -externe Datenquellen in einer Sekundärdatenanalyse ausgewertet. Die Ergebnisse der Analyse lieferten zuerst Anhaltspunkte für den Interviewleitfaden (siehe Anhang 3) und anschließend flankierende Informationen zu den gewonnenen Primärdaten.

Anzumerken ist, dass der Leitfaden für die Vor- und Hauptstudie mehr Themen und Fragen umfasste, als die vorliegende Arbeit dies erfordert hätte. Dies ist begründet in der parallelen Mitarbeit der Autorin im Rahmen des OIL-Forschungsprojektes. Dadurch hatte das Projekt Einfluss auf die Datenbasis dieser Arbeit. Die Forschungsergebnisse und Konzepte wurden mit den Gesprächspartnern aus den Pharmafirmen besprochen. Die Zielsetzung des OIL-Projektes lag in der Erarbeitung eines ganzheitlichen Innovationsmanagementkonzeptes, das offene und geschlossene Innovationsansätze in einem IT-Tool bzw. Leitfaden inte-

---

40 Details zur Durchführung und Auswertung dieser Interviews sind im nachfolgenden Kapitel bezüglich der Hauptstudie zu finden.

griert. Die vorliegende Arbeit hingegen hatte den Aspekt der Geschäftsmodellinnovation im Fokus. In diesem Zusammenhang erfolgte die Literaturanalyse breiter und tiefgehender und das integrative Gesamtkonzept berücksichtigte zusätzliche Themen, insbesondere aus dem strategischen Management. Weiterhin wurde die Datenbasis mit einem anderen Schwerpunkt ausgewertet sowie eine zusätzliche Reihe von Interviews und Gesprächen geführt.

Die Analyse der Daten für die Vorstudie erfolgte mithilfe qualitativer Inhaltsanalyse (vgl. Mayring, 2000) unter Verwendung der Software ATLAS/ti[41]. Im Verlaufe dieses systematischen, regelgeleiteten qualitativen Verfahrens wurden Kategorien und Codes gebildet, um die Interviewaussagen entsprechend der Forschungsfragen auswerten zu können[42]. Zur Wahrung der Vertraulichkeit wurden die Interviews anonymisiert. Zitate aus den Experteninterviews mit den Pharmaverbänden sind durch das Präfix ‚V' gekennzeichnet und nach dem Zufallsprinzip von V1-V6 durchnummeriert.

Das vorliegende Kapitel gliedert sich in drei Abschnitte: Der erste Abschnitt befasst sich mit einer definitorischen Abgrenzung und Einordnung der Pharmaindustrie, einer Darstellung der derzeitigen Marktstrukturen und Geschäftsmodelle sowie dem branchenspezifischen Innovationsverständnis und -ansatz. Im zweiten Abschnitt folgt die Analyse der aktuellen Trends, wobei sowohl strukturelle Umgestaltungen als auch allgemeine Herausforderungen und Wachstumspotenziale für Unternehmen diskutiert werden. Zentrale Erkenntnis hierbei ist, dass der Marktdruck und die Wettbewerbsintensität in der Pharmaindustrie aufgrund ver-

41 Vgl. ATLAS.ti Handbuch: ATLAS.ti basiert auf der Grounded Theory und der qualitativen Inhaltsanalyse, versteht sich aber auch als ein universelles Werkzeug für den gesamten Bereich der qualitativen Sozialforschung (bis hin zu Schnittstellen zur quantitativen Sozialforschung).

42 Weitere Details zur Auswertung qualitativer Daten werden im Rahmen der breiter angelegten Hauptstudie erläutert.

schiedener Einflussfaktoren in den letzten Jahren erheblich gestiegen sind und sich diese Entwicklung weiter fortsetzen wird. In der Schlussfolgerung geraten Pharmaunternehmen vermehrt unter Druck, ihre Geschäftsmodelle anzupassen oder völlig neue Geschäftsmodelle zu entwickeln (vgl. Lonsert und Harms, 2008, 153 ff.). Diesem Thema widmet sich Abschnitt drei, der die Relevanz, Ausprägungen und Determinanten von Geschäftsmodellinnovationen für Pharmaunternehmen diskutiert. Das Kapitel schließt mit einem Zwischenfazit.

III.2.2 Marktcharakteristika

III.2.2.1 Hintergründe, Rahmenbedingungen und Ausgangslage

Der Begriff der Rahmenbedingungen wird in der Literatur weitgehend uneinheitlich verwendet (vgl. Pfeiffer, 2000, 64). Fasst man die Rahmenbedingungen definitorisch eher eng, sind die gesellschaftlichen, politisch-rechtlichen, technischen und wirtschaftlichen Bedingungen einer Industrie zu berücksichtigen, die durch ein einzelnes Unternehmen nicht direkt beeinflusst werden können (vgl. Kotler, 1982, 59 und 99 ff.). In der betriebswirtschaftlichen Literatur werden diese Bedingungen häufig auch als ‚Makroumwelt' bezeichnet (vgl. Kotler, 1982, 99). Nach PORTER lässt sich die enge Definition um die Strukturmerkmale einer Industrie erweitern, die bestehende und neue Marktteilnehmer, Substitute sowie die Marktmacht von Anbietern und Kunden umfassen (vgl. Porter, 1998, 4 ff.). In der vorliegenden Arbeit zur Pharmabranche wird dieses erweiterte Verständnis von Rahmenbedingungen verwendet.

Die Pharmaindustrie ist historisch stark von der Chemie geprägt. Dabei fokussierten Pharmaunternehmen ihre enormen Kapazitäten vor allem darauf, neue Chemikalien zu entwickeln, hatten dabei jedoch wenig Wissen über geeignete Anwendungen und Märkte. Entwicklungsprogramme für neue Arzneimittel rankten sich um wenige, traditionell definierte Krankheitsbilder. Erst um 1980 setzte ein starker Wandel dieses Selbstverständnisses ein (vgl. Crooke, 1999, 29). Zu diesem Zeitpunkt gewannen Einflüsse der Biologie und Biotechnologie an Bedeutung, so dass in der Pharmaindustrie vermehrt Chemikalien mithilfe von neuen biologischen Erkenntnissen synthetisiert wurden. Von ihrem technologisch-wissenschaftlichen Ursprung her gesehen ist die Pharmaindustrie Teil der Life Science-Branche, die in Deutschland als forschungsintensive „Zukunftsbranche" mit hohem Innovationspotenzial angesehen wird (vgl. Schumacher und Reiss, 2005, 30). Neben der Pharmaindustrie werden die Biotechnologie, Medizintechnik und Healthcare zu den Life Sciences gezählt, wobei das Pharmasegment den stärksten Anteil besitzt. Vor dem Hintergrund des zunehmenden Gesundheitsbewusstseins in der Bevölkerung, des demographischen Wandels und der medizinisch-technischen Fortschritte handelt es sich um einen Wachstumsmarkt.

Bevor auf die Rahmenbedingungen und die aktuelle Situation der Pharmaindustrie eingegangen wird, werden einige definitorische Grundlagen zum Arzneimittelbegriff, der Arzneimittelinnovation sowie zur grundlegenden Marktstruktur und Wertschöpfungskette der Branche gelegt. Der Arzneimittelbegriff ist durch das zugrundeliegende Arzneimittelgesetz (AMG) klar definiert:

> *„Arzneimittel sind Stoffe und Zubereitungen aus Stoffen, die dazu bestimmt sind, durch Anwendung am oder im menschlichen oder tierischen Körper Krankheiten, Leiden, Körperschäden oder krankhafte Beschwerden zu heilen, zu lindern, zu verhüten oder zu erkennen, die Beschaffenheit, den Zustand oder die Funktion des Körpers (...) erkennen zu lassen, vom menschlichen (...) Körper erzeugte Wirkstoffe oder Flüssigkeiten zu ersetzen, Krankheitserreger, Parasiten oder körperfremde Stoffe abzuwehren (...), die Beschaffenheit, den Zustand oder die Funktion des Körpers (...) zu beeinflussen." (§2, I, AMG 2007)*

Der Begriff Arzneimittel umfasst folglich rezeptpflichtige und rezeptfreie (over-the-counter = OTC) Medikamente. Um des Weiteren die beiden Segmente Originalprodukte und Generika unterscheiden zu können, ist es erforderlich, den Arzneimittelbegriff weiter zu differenzieren (vgl. Tab. III-2).

Rohstoffbasis	chemisch-synthetisch, Phytopharmaka, biotechnisch, gentechnisch
Therapiekonzeption	Schulmedizin, Homöopathie, Anthroposophie
Gefahrenpotenzial*	Verschreibungspflichtig (RX-Präparate), nicht verschrei-bungspflichtig (OTC- Medikamente), RX-OTC switch (RX Präparate, die frühzeitig zu OTC Produkten werden heißen OTX).
Vertriebsweg (vgl. § 43 AMG)	apothekenpflichtig (Besonderheit: alle RX-Präparate sind apothekenpflichtig), freiverkäuflich
Kostenträgerschaft	Kostenerstattung durch GKV bzw. PKV, Selbstzahlung (auch Selbstmedikation genannt)
Erstattungsfähigkeit	erstattungsfähig, nicht erstattungsfähig
Geistige Urheberschaft/ Patentrecht	Originator (Erstanmelder), Imitator (Zweitanmelder nimmt auf das Dossier nach Ablauf der Exklusivität Bezug und stellt Generika her)

[Quelle: in Anlehnung an Feldmann, 2007, 208 ff.]

Tab. III-2: Unterscheidungskriterien für Arzneimittel

Diese Unterscheidung nach Feldmann soll als Grundlage für die Abgrenzung von Originatorprodukten und Generika dienen. Originatorprodukte (auch als innovative, ethische Arzneimittel oder RX-Präparate bezeichnet) werden von den sogenannten forschenden Pharmaunternehmen (oder Originatoren) entwickelt, besitzen das höchste Innovationspotenzial und werden insbesondere durch das Gefahrenpotenzial, den Vertriebsweg und die Urheberschaft abgegrenzt. Im Bereich des Gefahrenpotenzials unterliegt ein neuer Wirkstoff immer der Verschreibungspflicht (vgl. Gassmann et al., 2008, 21 f.). Aus dem Gefahrenpotenzial ergibt sich die gesetzliche Bestimmung des Vertriebsweges. Alle verschreibungspflichtigen Arzneimittel sind apothekenpflichtig.

Der Pharmamarkt weist einige Besonderheiten auf, die im Folgenden näher beleuchtet werden sollen. So sind insbesondere Herstellung und Vertrieb in starkem Maße staatlich reglementiert, was u.a. dazu führt, dass sich die Struktur des Pharmamarktes wesentlich komplexer und komplizierter als in anderen Märkte gestaltet. Die pharmazeutische Industrie ist von Netzwerken mit vielen Akteuren und Einflussfaktoren gekennzeichnet. Dabei können die Marktteilnehmer nach NUSSER (2005, 17 f.) in vier Gruppen untergliedert werden: Wissenschaft und Ausbildung, Nachfragerseite und Begründer der Rahmenfaktoren des Pharmamarktes, industrielle Akteure und letztlich Wettbewerber und Kapitalmärkte. Abbildung III-1 stellt die Akteure und deren Beziehung zueinander dar.

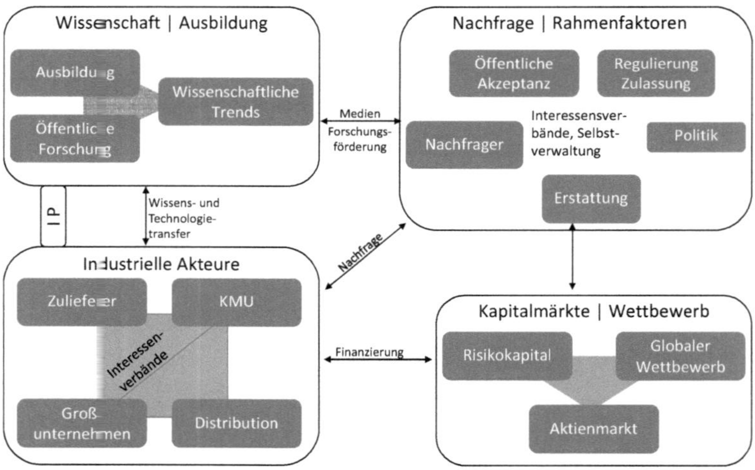

[Quelle: vgl. Nusser, 2005, 17]

Abb. III-1: Marktteilnehmer im Pharmainnovationssystem

Im ersten Bereich, dem der Wissenschaft, finden sich Personen und Institutionen wieder, die zum einen die Bildung gewährleisten und zum anderen die Forschung im öffentlichen Sektor ermöglichen. Die zweite Akteursgruppe, die der Nachfrager, sind Krankenhäuser und Ärzte. Diese werden ergänzt um Regulierungsbehörden, Zulassungsstellen und die allgemeine öffentliche Akzeptanz auf Seiten der Endverbraucher aber auch der Krankenkassen und der Erstattung der Produkte durch diesselben. Interaktionen zwischen der Gruppe der Nachfrager und der Wissenschaft erfolgen primär durch Medien und Berichterstattung sowie durch Förderung von Forschungsvorhaben über die Politik und öffentliche Institutionen. Der dritte Bereich, der der industriellen Akteure, setzt sich aus Arzneimittelherstellern, deren Zulieferern, Interessensverbänden und Distributoren zusammen. Diese Akteure sind bestrebt, neue Technologien und neues Wissen in international wettbewerbsfähige Produkte und Dienstleistungen umzusetzen. Die Arzneimittelhersteller können gleichermaßen mittelständische und große Unternehmen sein. Unter den Zulieferern finden sich neben traditionellen Lohnherstellern und F&E-Dienstleistern auch Biotechunternehmen. Die Distribution erfolgt meist über den Großhandel, Apotheken sowie Klinikapotheken. Interaktionsfelder der industriellen Akteure finden sich zu allen der drei weiteren Gruppen von Marktteilnehmern. Das Zusammenspiel aller entscheidet über den Innovationserfolg und die Leistungsfähigkeit der Branche (vgl. Nusser, 2005, 16).

Nach der Betrachtung der zentralen Akteure wird im Folgenden der Pharmamarkt mit seinen spezifischen Eigenschaften näher beleuchtet. Die pharmazeutische Industrie, im Besonderen die forschenden Unternehmen, bilden eine der umsatzstärksten Industrien im Hochtechnologiesektor. Auf zwei ausgewählte Marktcharakteristika soll aufgrund ihrer Bedeutung für die Unternehmen im Folgenden besonders eingegangen werden: das Patentsystem sowie die politisch-rechtlichen Rahmenbedingungen. Die forschenden Unternehmen sind darauf angewiesen, innerhalb der Patentlaufzeit die hohen Kosten für FuE, sowie für klinische Studien und die Zulassung von Arzneimitteln zu erwirtschaften. Im Kern honoriert das

Patentrecht den Aufwand der Entwicklung, so dass das Unternehmen über die Dauer der Patentlaufzeit von einer Monopolstellung profiitieren kann. Ein Verbandsvertreter brachte den Zweck von Patenten wie folgt auf den Punkt:

> *"Die Mitbewerber von den eigenen Plänen fernzuhalten, das ist das eigentliche kaufmännische Ziel eines Patents." (V2)*

Durch die Länge der Innnovationszyklen in der Pharmaindustrie ist der Patentschutz so wichtig wie in kaum einer anderen Branche. FuE-Bemühungen sind sehr kosten- und zeitintensiv mit einer hohen Quote an gescheiterten Projekten vor der Zulassung und unsicherem Erfolg beim Markteintritt. Patente müssen so früh wie möglich angemeldet werden, damit nicht Mitbewerber einsteigen und das Präparat dann nicht mehr zu schützen ist. Nach Patentablauf sinken die Preise für Arzneimittel erheblich, bedingt u.a. durch die Rabattverträge. Daher sind Innovationen im Pharmabereich enorm wichtig, für mittelständische und große, forschende Pharmaunternehmen gleichermaßen. Die Generikaunternehmen auf der anderen Seite können erst nach Ende des Patentschutzes eines Wirkstoffes in den Markt eintreten. Dies geschieht oft schon am Tag des Patentablaufes. Gerade an dem Punkt, an dem mehrere Generikaunternehmen einen Wirkstoff anbieten, sinkt der Preis dieses Wirkstoffes innerhalb kürzester Zeit. Der Wettbewerb auf dem Generikamarkt findet dabei im verschreibungspflichtigen Bereich nahezu ausschließlich über den Preis statt.

> *„Bei Generika ist natürlich der Preis eines der Hauptdifferenzierungsmerkmale." (V5)*

Die politisch-rechtlichen Rahmenbedingungen spielen als zweiter Aspekt eine wichtige Rolle in der Pharmabranche und geben häufig die Spielregeln für mögliche Geschäftsmodellinnovationen vor (vgl. 091021_A_O_8). Hier verfolgt der Gesetzgeber das Ziel, die Arzneimittelausgaben der gesetzlichen Krankenversicherung möglichst gering zu halten bzw. zu verringern. Als Mittel dazu dienen die

Vorgabe von Festbeträgen und eines globalen Budgets für Arzneimittel sowie die Forcierung der Substitutionsneigung der Ärzte. Diesen ist es als einzigen möglich, verschreibungspflichtige Medikamente zu verordnen. Die Substitutionsneigung der Ärzte beeinflusst der Staat durch die Vorgabe von individuellen Richtgrößen, Wirtschaftlichkeitsprüfungen und der Sanktionsmöglichkeit des Arzneimittelregresses. Um die dem Staat zur Verfügung stehenden Mittel effizienter zu verwenden, verstärkt der Gesetzgeber den Wettbewerb auf dem Pharmamarkt. Niedrigpreisanbieter bewährter Medikamente sollen die Möglichkeit erhalten, von diesem Wettbewerb zu profitieren. Deswegen wird eine kundenorientierte Preisgestaltung auf dem Arzneimittelmarkt angestrebt.

III.2.2.2 Branchenstruktur und Geschäftsmodelle

Die Beschreibung der Struktur und der Geschäftsmodelle in der Pharmabranche gestaltet sich als nicht einfach. Es gibt eine Vielzahl unterschiedlicher Unternehmen, die sich aufgrund ihrer hybriden Ausrichtung nicht immer einem Typus zuordnen lassen.

> *„Also das ist eher ein Kontinuum, als dass man da einfach drei Schubladen aufreissen und sagen kann, der lässt sich da irgendwie sauber einsortieren.“ (V3)*

Grundsätzlich kann in der Pharmabranche nach kleinen Biotech-Unternehmen, dem in Deutschland sehr breiten Mittelstand und – häufig multinationalen – Großkonzernen unterschieden werden. Belastbare quantitative Aussagen über die Struktur der Pharmaindustrie sind kaum möglich. Dies alleine deswegen, weil oft mit den Maßstäben anderer Branchen gemessen wird, aber in der Pharmaindustrie selbst große Unternehmen oft eher klassisch mittelständische Strukturen und Mitarbeiterzahlen aufweisen. Zudem sind viele Unternehmen in mehreren

Bereichen tätig, z.B. im OTC- und im Generikabereich und werden so doppelt gezählt. Teils lassen auch Apotheker einzelne Produkte zu und zählen zu den pharmazeutischen Unternehmern. Die Relevanz der Mischformen bzw. hybriden Geschäftsmodelle deckt sich auch mit den empirischen Ergebnissen von WILLEMSTEIN ET AL. (2007), wonach bei Pharmaunternehmen häufiger Diversifikationen in Form von inkrementalen Abwandlungen und Ergänzungen zum bestehenden Geschäftsmodell als radikal neue Geschäftsmodelle zu beobachten sind (vgl. Willemstein et al., 2007, 223). Im Rahmen der Gespräche mit den Pharmaverbandsvertretern gab es verschiedene Aussagen, die die Annahme unterstützen, dass in Deutschland von ca. 400-550 Pharmaunternehmen auszuzgehen ist, die den klassischen Vorstellungen eines Unternehmens (und z.B. nicht nur einer Apotheke, die eine Zulassung besitzt) entsprechen (vgl. V1; V3).

Eine erste Möglichkeit der Einordnung dieser Pharmaunternehmen ist die Charakterisierung nach dem Management und der Finanzierung. Kleine Biotech-Unternehmen werden zumeist von ihren Gründern bzw. Inhabern geführt, sind oft Venture Capital-finanziert und in hochinnovativen Bereichen der Forschung tätig. Der Mittelstand hingegen ist weniger geprägt durch seine Größe als durch die Eigentümerstruktur.

> *„(...) also dass wir keine Aktiengesellschaft haben mit einer relativ hohen Fluktuation der Eigentümer, sondern eher eine auf Langfristigkeit orientierte Eigentümerstruktur." (V3)*

Allerdings können diese sowohl inhabergeführten als auch eigenfinanzierten mittelständischen Unternehmen im Gegensatz zu den großen, meist fremdgeführten und -finanzierten Konzernen kaum die enormen finanziellen Investitionen stemmen, die inzwischen mit der Entwicklung neuer Arzneimittel verbunden sind (vgl. 100301_A_K_9).

Weiterhin unterscheiden sich die Geschäftsmodellklassen durch die Tätigkeitsschwerpunkte des Unternehmens im Innovationsprozess sowie die Positionierung innerhalb der Wertschöpfungskette. Biotech-Geschäftsmodelle beispielsweise sind durch eine Spezialisierung gekennzeichnet und zielen darauf ab, nur einzelne Segmente der Wertschöpfungskette wie Forschungsdienstleistungen abzudecken. Diese biopharmazeutischen und biotechnologisch orientierten Unternehmen gewinnen immer mehr an Bedeutung (vgl. Howells, 1996, 356). Sie konnten sich aber aufgrund hoher Markteintrittsbarrieren nicht immer leicht etablieren: Einerseits sahen sie sich mit enormen Entwicklungs- und Vermarktungskosten und somit Finanzierungskosten, andererseits mit hohen insbesondere nationalen, regulatorischen und marketingseitigen Anforderungen konfrontiert (vgl. Jacob und Kwak, 2003, 292). Einige Biotech-Unternehmen versuchen, sich nicht auf die komplette, kostspielige und riskante Entwicklung neuer Wirkstoffe zu konzentrieren, sondern Innovationen mit Dienstleistungen anzubieten und sich mittels originärer Kompetenzen vom Wettbewerb zu differenzieren, wie die Beispiele Rewo[43] oder Morphosys[44] zeigen. Im Mittelstand gibt es sowohl breit aufgestellte Generalisten als auch Spezialisten wie zum Beispiel Lohnhersteller, also Herstel-

43 *„Also nehmen wir einmal die **Rewo** zum Beispiel. Die Rewo war so ein Biotech Start-up, die einen Ansatz entwickelt haben, um Wirkstoffoptimierungen evolutiv zu machen, also Peptide zu optimieren. Deren Know-how lag aber nicht daran, Urologie zu betreiben oder Karzinome zu heilen, sondern diese Technologieplattform nämlich Optimierungen zu machen. Die haben sich da als spezifische Dienstleister etabliert. Die sind inzwischen auch von Bayer-Schering gekauft, weil die erkannt haben, dass das einfach ein Asset ist." (V3)*

44 *„Ein anderes Beispiel ist **Morphosys** in München. Deren Asset ist es, Antikörper herzustellen. Deren Thema ist es nicht, zu schauen, welches Target ist bei Darmkrebs interessant oder gegen Alzheimer oder sonst etwas. Deren Ziel ist es, einfach diese Antikörper herzustellen. Die platzieren sich da als Dienstleister in so einem Geschäft. (...) Also die kaufen eine Leistung dazu, aber im Grunde fundiert, auf der Basis, dass ich mir ein spezifisches wissenschaftlich-technisches Know-how einkaufe. Das ist ganz sicherlich ein Treiber. (V3) Morphosys ist hochinteressant für mich, ein schönes Geschäftsmodell, Lohnzuarbeiter für fast alle großen Firmen mit einer sicheren Einnahmebasis und parallel dazu eben eigene Entwicklung. Immerhin jetzt in Phase 2 für zwei oder drei Substanzen, wenn das was wird, wäre das eine tolle Sache. Wenn sie nicht von Novartis zum Beispiel übernommen werden, weil sie zu interessant geworden sind, was durchaus sein kann." (V6)*

ler, die primär nicht unter ihrem eigenen Namen am Markt auftreten. Großunternehmen hingegen zeichnen sich tendenziell durch eine generalistische Wertschöpfungsstrategie mit Fokus auf Vermarktungstätigkeiten aus.

Als weiteres Kriterium zur Klassifizierung von Pharmaunternehmen ist der jeweilige Produkt- und Marktfokus eines Unternehmens zu nennen. Im Konkreten sind hier vor allem die Art von Arzneimitteln und die Marktbereiche gemeint, in denen Unternehmen Arzneimittel anbieten. Neben forschenden Unternehmen nehmen Generikahersteller wachsende Marktanteile in Anspruch. Während die forschenden Unternehmen eigens oder in Kooperationen entwickelte Arzneimittel anbieten und aufgrund der hohen Investitionen stark auf den Patentschutz angewiesen sind, bringen Generikahersteller genau in dem Moment Produkte auf den Markt, in dem dieser Patentschutz ausläuft. Diese Generikaunternehmen traten ungefähr Mitte der Neunziger Jahre vermehrt auf den Markt und setzten die forschenden Unternehmen nach Ablauf der Patentlaufzeit sofort massiv unter Preisdruck. Die Preise für Arzneimittel sinken innerhalb von 2-3 Wochen auf 20 % des Ausgangsniveaus (vgl. V3). Die Positionierung als reines Generikaunternehmen bedeutet also, das Entwicklungsrisiko komplett auszuklammern und Arzneimittel zu kopieren. Die Zulassung läuft dann unter Bezug auf die Datenbasis des Originators. In Industrie und Gesellschaft werden gerade die forschenden Unternehmen häufig als die „(...) zum Wohle des Patienten arbeitenden Firmen“[45] angesehen. Letztendlich sollte man aber nicht aus dem Blick verlieren, dass es sich immer um Unternehmen handelt, die entweder durch Herstellung eines Präparates nach Patentablauf oder durch Erforschung eines neuen Wirkstoffes Geld verdienen wol-

45 *„Der Hauptgrund ist nun mal der, dass sie sich auch gerne selbst so sehen, dass sie diejenigen sind, die Tag und Nacht nur zum Wohle des Kranken forschen. Sie werden nicht viele treffen, die sagen, das tun wir nicht. (...) Aber ein Unternehmen ist zunächst einmal dafür da, möglichst viel Geld zu verdienen (...). Viele sagen, dieses Ideal, wir sind ja für die Patienten da, (...), das ist der Grund, warum sich viele als forschend bezeichnen, die es nie und nimmer sind.“* (V4)

len. Viele Experten und Beobachter im Gesundheitssystem haben immer wieder versucht, die beiden Unternehmenstypen ‚forschende Pharmaunternehmen' versus ‚Generikaunternehmen' stark polarisierend darzustellen. Jedoch kristallisiert sich nach mehr als 30 Jahren seit der Markteinführung des ersten Generikums heraus, dass Generika und Innovationen vielmehr zwei Seiten der gleichen Medaille sind (vgl. Späth, 2009, 17). Eine Sichtweise ist es, dass Generika für die Kostenträger die finanziellen Freiräume schaffen, um die Versicherten langfristig mit innovativen Arzneimitteln versorgen zu können. Innovationen schaffen andererseits zukünftige Geschäftsfelder für Generikaunternehmen. Insofern besteht die Chance, dass innovative Arzneimittel und Generika von diesen Synergieeffekten profitieren.

Eine weitere Unterscheidung nach Marktsegmenten kann zwischen verschreibungspflichtigen und rezeptfreien, sogenannten OTC-Produkten getroffen werden. Diese OTC-Produkte werden häufig auf dem Massenmarkt angeboten und nicht durch die Kassen erstattet. Sie müssen vom Patienten selbst bezahlt werden. Damit befinden sie sich in einem Markt, der stark von Markenstrategien abhängig ist. Diese Markenstrategien zielen direkt auf den Patienten als Kunden ab. Bei verschreibungspflichtigen Arzneimitteln hingegen sind in erster Linie nicht die Patienten ausschlaggebend. Die Abgabe solcher Produkte wird durch die Verschreibung der Ärzte sowie die Vorgaben der Krankenkassen und des Gesetzgebers bestimmt. Tendenziell lässt sich sagen, dass im einen Extrem Vorprodukte zumeist von Biotech-Unternehmen und im anderen Extrem Originalprodukte – aufgrund der langen und teuren Entwicklung – von großen Pharmakonzernen angeboten werden. Der Mittelstand offeriert primär Produkte dazwischen, d.h. OTC und Generika, und steht hierbei in den Marktsegmenten mit hohen Volumina zudem in Konkurrenz mit den Großkonzernen. In einigen Nischenindikationen treten Mittelständler auch mit eigenentwickelten Produkten am Markt auf (vgl. V6).

Die Beziehung der verschiedenen Geschäftsmodelle untereinander ist durch eine starke Komplementarität gekennzeichnet sein. ORSENIGO ET AL. sprechen in diesem Zusammenhang von eher generalistisch ausgerichteten Großunternehmen und eher spezialistisch ausgerichteten kleinen und mittelständischen Unternehmen (vgl. Orsenigo et al., 2001, 501).

Aufgrund der Relevanz des Mittelstandes in der Pharmabranche und des Fokus der Hauptstudie auf mittelständische Unternehmen soll im Folgenden etwas näher auf diese Geschäftsmodellklasse eingegangen werden. Wie bereits erwähnt ist das entscheidende Kriterium bezüglich des Mittelstandes die Langfristigkeit der Eigentümer- und Unternehmensstruktur. Häufig handelt es sich um Unternehmen, bei denen die Eigner in das laufende Management eingebunden sind. Einige Unternehmen besetzen seit mehreren Generationen die Firmenleitung aus der Familie, andere hatten zwischendurch eine Phase mit angestellten Geschäftsführern und kehren in der Enkelgeneration wieder auf die Geschäftsführer aus der Familie zurück. Wiederum andere – wenn auch anteilsmäßig wenige – arbeiten nur mit fremden Geschäftsführern, wobei die Familie dann häufig über eine Art Beirat die Strategie des Unternehmens mitbestimmt. Eigentümerfamilien sind zudem eher geneigt, schlechte Zeiten "durchzustehen" (V3). Aufgrund dieser prägenden Eigenschaft der Eigentümer- und Managementstruktur werden oftmals auch größere Pharmaunternehmen – wie z.B. B. Braun[46] in Melsungen – dem Mit-

---

[46] *„Hier kann man sich auch streiten, ob nicht so ein Unternehmen wie **B. Braun** auch Charakteristika für ein Familienunternehmen hat, weil es der Familie Braun nach wie vor gehört. Georg Braun ist im Prinzip die entscheidende Person, er hat das letzte Wort in entscheidenden Fragen. Auch wenn die 38.000 Mitarbeiter haben und vier Milliarden Umsatz*

telstand zugeschrieben. Ähnlich ist dies bei Firmen, die sich im Besitz von Stiftungen befinden, z.B. Fresenius oder Novo[47]. Im Gegensatz zu Aktiengesellschaften sind diese Unternehmen auf Langfristigkeit ausgerichtet; sie wachsen häufig relativ kontinuierlich, ohne in Fusionen aufzugehen oder sich zu spalten. Dieses langfristige Geschäftsmodell steht weniger unter dem direkten Druck von Investoren, die auf dem Aktienmarkt schnell das Geld abziehen können, wenn Forschungsprojekte scheitern. Aus der Höhe der Kosten und Aufwendungen für pharmazeutische Innovationen ließe sich schlussfolgern, dass der Mittelstand im Allgemeinen geringe Chancen in der Branche besitzt. Der Anteil an Unternehmen mit weniger als 500 Beschäftigten widerlegt diesen Eindruck jedoch. Eine Besonderheit der mittelständischen Unternehmen bildet dabei der Binnenfokus ihres Umsatzes: Eine Vielzahl erwirtschaftet ihre Erträge im Inland und ist demnach für die deutschen Rahmenbedingungen besonders sensibel.

Im Rahmen der empirischen Vorstudie wurden Aussagen, Kriterien und Hinweise gesammelt, die angereichert um die Ergebnisse der Literaturanalyse und die Daten der Hauptstudie die Grundlagen für die Geschäftsmodellklassen in der Pharmaindustrie liefern (vgl. Kap. IV.1) Diese Klassen können die Realität zwar nur vereinfacht darstellen, sind aber zumindest für eine Mehrheit der Unternehmen zutreffend.

machen und damit eigentlich in ihrer Dimension von dem weit weg sind, was man heute unter Mittelstand versteht." (V3)

47 *„Die Krüger-Fresenius-Stiftung hält ja einen Großteil der Anteile an* ***Fresenius****. Das ist selbst bei* ***Novo*** *ein interessanter Fall. Das ist eine dänische Stiftung, wo die Eigentümer mal ihre Anteile in eine Stiftung überführt haben. Damit aber eine ganz andere Langfristigkeit da ist, bei so einer Stiftung, das ist natürlich aufgrund ihres satzungsgemäßen Zwecks, meistens eine gemeinnützige Orientierung dahinter, ja auf einen Ewigkeitscharakter ausgestattet nach dem Stiftungsrecht. Das heißt, deren Legitimation als Organisation hängt am Halten dieser Anteile." (V3)*

III.2.2.3 Innovationen in der Pharmaindustrie: Bedeutung und Managementansätze

Die pharmazeutische Industrie begründet sich nach wie vor stark auf Innovationen im Arzneimittelbereich. Die durchschnittlichen Kosten für ein neu entwickeltes Medikament betragen 800 Mio. Dollar (vgl. DiMasi et al., 2003, 180). Die Firmen sind zur Absicherung der notwendigen Umsätze daher an lang anhaltenden Schutzrechten und Patenten interessiert. Diese garantieren die alleinige Vermarktung und somit hohe Umsätze, bevor Generikahersteller mit Produktkopien in den Markt eintreten. Die Amortisation des langfristigen Forschungs-, Entwicklungs- und Zulassungsprozesses eines Medikaments über den generierten Umsatz ist gerade einmal für ein Drittel der Präparate möglich (vgl. Thierolf, 2002, 362).

Dabei können Innovationen und das Innovationsverhalten der Pharmaunternehmen sehr unterschiedliche Gestalt annehmen. Sie sind abhängig von den Rahmenbedingungen, von der Größe und Struktur des Unternehmens und vor allem vom Marktsegment, in dem sich das Unternehmen bewegt. Für forschende Pharmaunternehmen sind Innovationen im Bereich der Entwicklung neuer Wirkstoffe von besonderer Bedeutung. Wohingegen FuE-Kosten und die Anzahl der erforderlichen Studien kontinuierleich ansteigen, nehmen jedoch seit Jahren die Zulassungsraten eher ab. Große Pharmaunternehmen setzen bisher stark auf die Entwicklung von Blockbustern: Das sind Arzneimittel für weit verbreitete Krankheiten, die große Umsätze erwarten lassen aber durch komplexen Studien auch mit hohen Investitionen verbunden sind. Blockbuster weisen zudem einen Jahresumsatz von mehr als 1 Mrd. US-Dollar vor (vgl. Labbé, 2002, 374). Um die Umsätze eines Blockbuster-Medikamentes zu generieren, bedarf es eines sehr großen Marktanteils und einer möglichst großen Anzahl von Patienten, die das entsprechende Medikament verschrieben bekommen.

Forschung lief in den großen Pharmakonzernen noch in den 1980er Jahren hauptsächlich in-house ab. Vor dem Hintergrund des Shareholder-Value-Konzeptes der 90er Jahre wurde verstärkt nach dem Nutzen der zentralen Forschungseinrichtungen gefragt und diese entsprechend verkleinert (vgl. V3). Forschungsbudgets wurden in diesem Zusammenhang für den Einkauf von Lizenzen und die Beobachtung der Forschung anderer, kleiner Unternehmen bereitgestellt. Entwicklungen wurden so von außen übernommen und nicht mehr ausschließlich intern durchgeführt.

Im Generikabereich spielen andere Arten von Innovationen eine Rolle. Der Fokus liegt auf Innovationen in den Bereichen Galenik, Darreichung und Applikationen. Durch den Preisdruck auf dem Markt und die Rabattverträge mit den Krankenkassen sind gerade verbesserte, insbesondere billigere Herstellungsverfahren von Bedeutung. Galenische Weiterentwicklungen finden im derzeitigen wirtschaftlichen Umfeld immer weniger statt. Im Generikabereich beziehen sich Innovationen häufig also weniger auf das Kernprodukt als vielmehr auf die Verfahrenstechnik (vgl. V4).

Im klassischen Mittelstand ist das Innovationsverhalten ein anderes. Dort geht es nicht in erster Linie um Innovationen und neue Therapien, sondern um planbare Geschäftsmodelle. D.h. man versucht die hohen Entwicklungsrisiken zu minimieren, indem man, u.a. mittels Einlizensierungen, auf bekannte Wirkstoffe und eingeführte Arzneimittel setzt. Entwicklungen und Innovationen, auch in Kooperation mit Hochschulen und Biotech Start-ups, finden eher im galenischen Bereich statt. Aufgrund der enorm hohen Entwicklungskosten für neue Arzneimittel müssen sich Mittelständler eher kleine Felder oder Nischenmärkte suchen, in denen sie forschen. Ein Beispiel dafür sind die sogenannten ‚Orphan Drugs‘ (Arzneimittel für seltene Krankheiten), bei denen die sehr teuren klinischen Studien nicht so umfassend durchgeführt werden müssen wie bei klassischen Krankheitsbildern. Ein anderes Innovationsfeld liegt bei der Entwicklung neuer Indikationsbereiche für bereits bestehende Wirkstoffe. Auch bezüglich neuer Darreichungsformen bestehen für Mittelständler Nischen, die ihr Überleben am Markt garantieren können. Zudem werden Mittelständler als Dienstleister, Zulieferer oder Lohnhersteller für andere Unternehmen tätig. Sie setzen aber auch auf eigene Konzepte und Dienstleistungen, um ein Arzneimittel mit maximalem Nutzenpotenzial für den Patienten oder Arzt zu entwickeln. Reine Forschungstätigkeiten bilden bei mittelständischen Unternehmen eher die Ausnahme, was in erster Linie auf den Kostenfaktor zurückzuführen ist. Häufig greift man auf fertige Dossiers oder Zulassungen am Markt zurück (vgl. V4).

Wie in einem reifer werdenden Markt üblich ging die Pharmabranche in den letzten beiden Jahrzehnten durch eine Periode der Fusionen, Aufkäufe, Internationalisierung, Konsolidierung, des Abbaus und der sich verändernden Regularien. Darüber hinaus nimmt vor dem Hintergrund der Reduzierung bzw. Streuung des Innovationsrisikos die Notwendigkeit von Open Innovation-Aktivitäten für alle Pharmaunternehmen zu. Eng damit verbunden ist die steigende Bedeutung von Innovationskooperationen im Pharmasektor. Erfolgreiche Pharmaunternehmen haben die Notwendigkeit erkannt, im Rahmen des Medikamentenentwicklungsprozesses vermehrt externes Wissen und Ressourcen einzubeziehen. Kooperationen gibt es darüber hinaus in den verschiedensten Bereichen und zwischen den verschiedensten Firmen. Neben den Dienstleistern, die für ihren Auftraggeber einzelne Teile der Wertschöpfungskette übernehmen, gibt es auch Kooperationen im Bereich der FuE oder Vertrieb. Auch hat sich gezeigt, dass große Pharmaunternehmen versuchen, durch kooperative Geschäftsmodelle unter Einbezug kleiner Biotech- aber auch mittelständischer Pharmaunternehmen schneller und beweglicher zu werden, während die jeweiligen ‚Juniorpartner' diese Kooperationen dazu nutzen können, wertvolle Erfahrungen zu gewinnen und ihre Innovationsfähigkeit zu steigern (vgl. Pisano, 1990, 174). Durch Fortschritte in der Medizin, in Biotechnologie und Gentechnik kommt es darüber hinaus zu einer zunehmenden Spezialisierung sowohl von Fachkräften als auch von Unternehmen. Den Grund dafür sieht ein Verbandsvertreter vor allem in der wachsenden Komplexität des relevanten Wissens:

> *„Alle drei bis fünf Jahre verdoppelt sich das Wissen dieser Welt. Das kann niemals eine Firma bei sich haben. Allein das ist schon für mich der offensichtlichste Grund, warum man sich unbedingt von draußen Wissen holen muss." (V6)*

Gerade die nicht klar berechenbaren politischen Rahmenbedingungen erfordern auch neue Vermarktungskooperationen zwischen den Pharmaunternehmen, die Produkte in verschiedenen Ländern gemeinsam auf den Markt bringen. Trotzdem sollte eine Grundkompetenz im Unternehmen vorhanden sein bzw. verbleiben, um zumindest den Wert der Kooperation beurteilen zu können. Pharmaunternehmen kooperieren häufig auch im Bereich ihrer Kernkompetenzen.[48] Dies gilt sowohl für die Beantragung von Fördermitteln, für die man sein Wissen offen legen muss, als auch für das Engagement von Beratern in neuen Unternehmens- und Forschungsfeldern. Rein virtuelle Firmen, die alle Aktivitäten über Kooperationen abwickeln, gibt es eher selten (vgl. V6). Zwar haben Pharmaunternehmen also damit begonnen, den FuE-Prozess aufzuspalten, um externe Partner in den Innovationsprozess einzubinden. Trotzdem besteht weiterhin ein enormes unge-

48 *„Die Konzerne kooperieren selbst in Kernbereichen ihres Geschäfts. So gründeten zum Beispiel die US-Konzerne GlaxoSmithKline und Pfizer im der Aids-Forschung das Joint Venture ViiV. Zwar hatten beide Firmen bereits signtfikante Forschungsabteilungen aufgebaut. Da das HI-Virus aber besonders schwer anzugreifen ist, entschloss man sich 2009, die Kräfte zu bündeln. „Dass sich zwei Unternehmen in einem so kompetitiven Bereich zusammenschließen, ist ein Novum", sagt Matthas Krings von der Berliner Beratungsfirma Catenion. Eine Strategie mit guten Erfolgsaussichten. Das belegt eine Studie des amerikanischen National Bureau of Economic Research unter gut 900 Pharmafirmen. Die Analyse zeigt, dass Produkte, die in einer Partnerschaft entwickelt werden, eine höhere Wahrscheinlichkeit haben, zugelassen zu werden."* (brand eins, 12. Jg, H. 07/2010, 64)

nutztes Potenzial durch die Praktizierung des Open Innovation-Ansatzes, was aus Tabelle III-3 ersichtlich wird. Denn es werden z.B. mehr als 50 % der Patente im Bereich der chemischen und pharmazeutischen Industrie nicht genutzt.

	Internal use (%)	Licensing (%)	Cross-licensing (%)	Licensing and use (%)	Blocking competitors (unused) (%)	Sleeping patents (unused) (%)	Total (%)
Electrical Engineering	49.2	3.9	6.1	3.6	18.3	18-9	100.0
Instruments	47.5	9.1	4.9	4.3	14.4	19.8	100.0
Chemical and Pharm	37.9	6.5	2.6	2.5	28.2	22.3	100.0
Process Engineering	54.6	7.4	2.0	4.9	15.4	15.7	100.0
Mechanical Engineering	56.5	5.8	1.8	4.2	17.4	14.3	100.0
Total	50.5	6.4	3.0	4.0	18.7	17.4	100.0

Distribution by technological class. Number of observation = 7711

[Quelle: Giuri et al., 2007, 1118]

Tab. III-3: Nutzung von Patenten

Schlussendlich kann man sagen, dass – gerade aufgrund der immer komplexer werdenden Innovationsprozesse in der pharmazeutischen Industrie (vgl. Chiaroni et al., 2008, 7) – das Open Innovation-Paradima bereits Eingang in die Innovationsstrategien vieler Pharmaunternehmen gefunden hat. Nichtsdestotrotz gibt es noch offene Potenziale sowohl in strategischer als auch operativer Hinsicht. Die bisherigen Aktivitäten lassen sich in ihrer Häufung nach den Phasen im Innovationsprozess differenzieren (vgl. Bianchi et al., 2010, 5 f.): Während in der FuE-Phase eher Outside-in Ansätze überwiegen, dominieren in späteren Innovationsphasen Inside-Out Ansätze.

III.2.3 Aktuelle Trends und Herausforderungen

Ein Trend in der Pharmabranche sind die verschärften Bedingungen im Innovationsbereich, die zu der sogenannten „innovation productivity gap" geführt haben (Gassmann et al., 2008, 158). Sinkenden Umsätzen stehen – bedingt durch komplexer werdende klinische Studien, Krankheitsbilder und eine abnehmende Produktivität der FuE-Abteilungen – steigende FuE-Kosten gegenüber. Auslaufende Patente und darauf folgend stark sinkende Einnahmen schmälern also den Umsatz der Unternehmen nachhaltig (vgl. Gassmann et al., 2008, 3). Bisher wurden abgelaufene Patente durch neue abgelöst und die FuE hierzu durch das alte Präparat finanziert. Eine weitere Herausforderung bezüglich Innovationen ist die mangelnde Effizienz des pharmazeutischen Entwicklungsprozesses. Insbesondere liegt die Fehlerquote in den späten Phasen des pharmazeutischen Entwicklungsprozesses relativ hoch, was die Notwendigkeit innovativer Verbesserungen unterstreicht. Von zentraler Bedeutung wird es also in Zukunft sein, die Innovationsprozesse in den Unternehmen weiterzuentwickeln (vgl. Porsche, 2008, 1314).

Weiterhin bewirken Veränderungen im Gesundheitssystem aber auch in wissenschaftlicher und technologischer Hinsicht seit mindestens zwei Jahrzehnten einen starken Druck auf die Wettbewerbsposition von Pharmaunternehmen (vgl. Jacob und Kwak, 2003, 291). Die wesentlichen Themen auf dem Pharmamarkt waren daher in den letzten Jahren neben der Innovationsfähigkeit der Unternehmen insbesondere gesetzliche Vorgaben, Erstattungsfähigkeit, Zulassung und Investitionen in Innovationen. Aufgrund der hohen Entwicklungskosten für neue Arzneimittel und der genannten Marktbeschränkungen müssen Pharmaunternehmen, insbesondere kleine und mittelständische Firmen, ihre Innovationsfelder mehr und mehr nach Bereichen aussuchen, in denen die Studien überschaubar (und finanzierbar) gehalten werden können (vgl. V2). In diesem Zusammenhang sind außerdem die Regulationsmechanismen auf dem Pharmamarkt zu nennen, die an Bedeutung gewonnen haben. Neben den Herausforderungen bezüglich neuer gesetzlicher Regelungen spielen besonders die Vorgaben der Krankenkassen eine Rolle für die Pharmaindustrie. Während die Unternehmen bei den patentgeschützten Arzneimitteln derzeit noch weitgehende Freiheiten in der Preisgestaltung haben und bei den frei verfügbaren OTC-Produkten Wettbewerb zwischen den Unternehmen herrscht, beeinflussen die Krankenkassen über die Rabattverträge den Markt der verschreibungspflichtigen Medikamente. So haben die Branchenführer des Generikamarktes wichtige Rabattverträge mit Krankenkassen abschließen können. Für die Zukunft ist aber davon auszugehen, dass nicht nur bei Generika sondern auch bei patentgeschützten Arzneimitteln in die Preisbildung eingegriffen wird. Zunehmende Sparzwänge bei den Krankenkassen lassen Nutzenbewertungen in diesem Marktsegment erwarten. Der Gesetzgeber beschneidet die Preise zudem durch Festbetragsregelungen und die Aut-Idem-Regel. Festbeträge sind gesetzlich vorgeschriebene Obergrenzen für die Erstattung von Arzneimitteln durch die Krankenkassen. Außerdem darf ein Medikament vom Apotheker durch ein wirkstoffgleiches, billigeres ersetzt werden, sofern dies vom Arzt nicht ausdrücklich ausgeschlossen wurde (Aut-Idem-Regel). In den beiden für den Mittelstand besonders relevanten Marktbereichen – Generika und OTC – existieren also zusätzliche neue Herausforderungen: 60% aller Produkte am Markt und 84% aller Substanzen sind mittlerweile mit Rabattverträgen versehen (vgl. V5). Die Rabattverträge führen zu einem enormen Preis- und Kostendruck für die Pharmaunternehmen. Durch die Rabattverträge wird ein großer Teil der inländischen und ausländischen Wettbewerber für meist zwei Jahre vom Markt ausgeschlossen. Nach zwei Jahren wird neu ausgeschrieben. Die Frage ist, ob sich für ein Unternehmen entsprechende Investitionen lohnen, wenn unklar ist, ob man auch in Zukunft wieder den Zuschlag bekommt (vgl. V3). Besonders für mittelständische Unternehmen, die nur wenige Substanzen in ihrem Portfolio haben, ist das Überleben in diesen Fällen schwierig. Eine der wenigen effizienten Strategien ist es wiederum, im Rahmen von Spezial- oder Nischenanwendungen – auch gegen günstigere ausländische Anbieter – Kompetenzen aufzubauen und somit leichter in die Rabattverträge zu kommen.

Für die mittelständischen Unternehmen im OTC-Markt hingegen hat es 2004 mit dem Ausschluss rezeptfreier Arzneimittel aus der Erstattung große Einbrüche gegeben. Diese resultieren insbesondere aus dem Produktspektrum der Unternehmen im Bereich der OTC mit Fokus auf pflanzliche und homöopatische Arzneimittel. Durch den Erstattungsausschluss mussten die Unternehmen in diesen Bereichen ihre Markenstrategien komplett ändern. Ein Marketingswitch war nötig vom Arzt auf den Anwender. Für die meisten Mittelständler ist das aufgrund des deutlich erhöhten Aufwandes (z.B. Direktwerbung wie Fernsehspots) nur begrenzt machbar. Insbesondere mittelständische Unternehmen, die sich sowohl im OTC- als auch im verschreibungspflichtigen Generikamarkt bewegen, bekommen nun also von beiden Seiten Druck. Wobei viele Mittelständler sich stärker auf den OTC-Markt konzentrieren, um von Ausschreibungen für Rabattverträge unabhängig zu sein (vgl. V1). Im Bereich der Originalprodukte, die zumeist nicht zu den Kernmärkten von mittelständischen Unternehmen gehören, ist der Patentschutz als zentrale Herausforderung zu sehen. Gerade für mittelständische Unternehmen stellen die dafür erforderlichen Patentgebühren ein erhebliches Hindernis dar. Mit dem Europäischen Patentübereinkommen und dem Europäischen Patentamt in München wurde die Erteilung eines Patents von der Einreichung, über die Prüfung bis zur Erteilung erleichtert. Danach zerfällt das Patent aber wieder in die einzelnen nationalen Patente. Damit sind die Unternehmen bei juristischen Streitigkeiten wieder mit nationaler Rechtsprechung konfrontiert, die teils sehr unterschiedlich ist (vgl. V3). Für die Zukunft werden im europäischen Markt eine einheitliche europäische Patentrechtsprechung und eine Vereinfachung des Anmeldeprozesses angestrebt, insbesondere bei den Übersetzungsanforderungen, die die Anmeldung eines Patents sehr teuer machen. Möglich wäre eine Lösung, bei der dem Anmelder des Patents überlassen bleibt, ob er beim Europäischen Patentamt beim bisherigen (teureren) Recht bleibt, oder ein europäisches (billigeres) Patent anmeldet, mit dem man im Zweifelsfall mit einem einzigen Prozess angreifbar ist. Mittelständler begrüßen gerade die Idee der Möglichkeit sich zwischen den Optionen des nationalen Patents oder EU-Patents entscheiden zu können, weil so eine bessere Risiko- und Kosten-Nutzen-Abwägung möglich ist.

Eine weitere Herausforderung für die forschende Pharmaindustrie liegt in den neuen Anforderungen für Arzneimittel: Die leicht zugänglichen Targets sind erforscht und neue müssen unter teils großem Aufwand erschlossen werden. Die großen Volkskrankheiten sind zum großen Teil durch Arzneimittel abgedeckt - dort laufen aber die Patente aus. Hoher Innovationsdruck mit großem Aufwand bei der Forschung und gleichzeitig drohende Umsatzeinbußen erfordern Rahmenbedingungen, die ein relativ stabiles Preisniveau sichern. Dies ist derzeit nicht gegeben, weil die Kassen und die Politik seit Jahren versuchen, die Kosten im Gesundheitsbereich durch das Senken der Arzneimittelkosten einzudämmen (vgl. V3). Dies führt zu einem hohen Kostendruck im Arzneimittelbereich. Wenn die Arzneimittelpreise weiterhin gesenkt werden, wird es für viele Unternehmen extrem schwierig werden, weiter wirtschaftlich zu arbeiten. Die Preisbildung von Arzneimitteln und deren Erstattung wird somit eine der wichtigsten Herausforderungen der nächsten Jahre werden. Gerade bei Antikörpern stehen die Krankenkassen vor enormen finanziellen Belastungen, die auch die Pharmaindustrie und deren Geschäftsmodelle betreffen.

> *„Man muss ja auch einen Weg finden, damit irgendwie umzugehen. Ich meine auch (...) Pharmaunternehmen haben kein Interesse, das System an einen Punkt zu fahren, wo es kollabiert. Das macht ja keinen Sinn, dann haben wir selbst kein Geschäftsmodell mehr." (V3)*

Als Zukunftsperspektive wäre denkbar, dass es eine Grundversorgung gibt und darüber hinaus Wahlleistungen gegen Aufzahlung angeboten werden, die stärker individualisiert sind. In einigen Bereichen besteht bereits die Bereitschaft zuzuzahlen, aber dieses Bewusstsein ist noch nicht in breitere Schichten der Gesellschaft vorgedrungen und wird von der Politik noch nicht offen angesprochen - dies müsse in Zukunft aber geschehen (vgl. V1).

Zusammenfassend stellen sich die derzeitigen Trends und Herausforderungen in der Pharmaindustrie wie folgt dar:

- Seit mehr als einem Jahrzehnt leidet die pharmazeutische FuE unter abnehmendem Erfolg. Bei stetig steigenden FuE-Kosten sinken von Jahr zu Jahr die Neuzulassungen von innovativen Medikamenten (sog. **„Innovationslücke“**).
- Charakteristisch für neue Medikamente in den letzten Jahren sind eine **abnehmende Effizienz (Wirksamkeitsrate)** und zunehmende Sicherheitsrisiken wie bedrohliche Nebenwirkungen. Blockbuster Medikamente zeigen eine Wirksamkeit im Durchschnitt bei nur 25-60% der Patienten (vgl. Aspinall und Hamermesh, 2007, 112).
- Der Markt der verschreibungspflichtigen Medikamente ist ein stark **regulierter** Markt. Neuartige Medikamente wie z.B. aus dem Bereich der Biotechnologie sind teurer in der Entwicklung und Herstellung, was zu erhöhten Forderungen der Krankenkassen an die Wirksamkeit solcher Medikamente führt.
- Die Bedrohung durch **Patentauslauf umsatzstarker Medikamente** in den nächsten Jahren lässt den Handlungsbedarf in der Pharmaindustrie wachsen. Die sich verringernde exklusive Laufzeit von neuen Medikamenten trägt dazu bei, dass das Blockbustermodell an Bedeutung verliert.

- Der **Wettbewerbsdruck** auf den etablierten Pharmamärkten nimmt zu. Die Anwendungsfelder von Produktentwicklungen überschneiden sich immer häufiger, und nach Patentablauf steigt der Konkurrenzdruck durch Generikaprodukte.
- Die **Konvergenz verschiedenster Technologien** (z.B. Biologie, IT, Nanotechnologie) erfordert interdisziplinäre Kooperationen und bietet enorme Chancen für innovative Entwicklungen.
- Eine stetig alternde Bevölkerung führt zu **Veränderungen für das Gesundheitssystem** und damit auch für die Pharmaindustrie. Die Bedeutung des Segmentes der Bevölkerungsgruppe mit einem Alter von > 65 Jahren wächst stetig und damit auch die Bedeutung von chronischen und altersbedingten Erkrankungen (z.B. Alzheimer) (vgl. Trilling, 2003, 220).
- Es sind in den vergangenen Jahrzehnten starke **Veränderungen der politischen Rahmenbedingungen** zu beobachten, beispielsweise die aktuelle Diskussion über Rabattverträge. Dies stellt insbesondere den innovativen Mittelstand vor Herausforderungen.
- Zudem hat sich die **Rolle des Kunden und der verschiedenen Stakeholder** verändert. Bis Mitte der Achtziger Jahre war die Marktmacht der Abnehmer in Deutschland vergleichsweise gering (vgl. Pfeiffer, 2000, 74). Der Patient hat heute an Bedeutung gewonnen, und sein Wunsch, das medizinische Wissen zu erweitern, ist stetig gewachsen (vgl. Trilling, 2003, 175). Dieser Trend hat auch in der Arzneimittelvermarktung Konsequenzen: Es ist eine Polarisierung zwischen hochwertigen, serviceunterstützten Produkten und preiswerten Massenartikeln zu beobachten. Vermarktungsseitig gewinnen des Weiteren (online-) Apotheken an Bedeutung, so dass das Marketing der Pharmaindustrie neben dem Arzt und Patienten den Apotheker als Kunden ins Visier nimmt.

III.2.4 Geschäftsmodellinnovationen

III.2.4.1 Relevanz von Geschäftsmodellinnovationen

In Branchen wie der Pharmaindustrie haben Geschäftsmodelle in jüngster Vergangenheit nicht nur als Analyseeinheit sondern auch als eigenständiges Innovationsobjekt stark an Bedeutung gewonnen (vgl. u.a. Lonsert und Harms, 2008, 153 ff.; Best, 2007, 12 f.). Dies hat neben unternehmensabhängigen Faktoren vor allem branchenspezifische Gründe, die im vorangegangenen Kapitel bereits angesprochen wurden.

Die Geschäftsmodelle der Pharmaunternehmen waren bis Mitte der 1990er Jahre stark an Blockbustern orientert. Diese Blockbustermedikamente repräsentierten somit die zentralen Treiber für Wettbewerbsvorteile, wobei die pharmazeutische Wertschöpfungskette zumeist komplett vertikal integriert war. Präparate wurden für die Mehrheit der Bevölkerung hergestellt, ohne auf individuelle Problemlösungen einzugehen, wie dies z.B. in der personalisierten Medizin notwendig ist (vgl. Meinhardt und Schweizer, 2002, 97).

Aufgrund der im vorigen Kapitel vorgestellten Trends und Herausforderungen wie steigende Marktreife, längere Entwicklungszeiten und explodierende Entwicklungskosten sind im Rahmen bestehender Geschäftsmodelle häufig nur noch inkrementale Technologie- und Produktinnovationen mit einem geringen Grenznutzen für die Kunden möglich. Daher müssen die Unternehmen für die Zukunft neue Geschäftsmodelle definieren.

> *„Zusammenfassend muss man also feststellen, dass in den nächsten 10 bis 15 Jahren kaum ein Stein auf dem anderen stehen wird und die Industrie gut daran tut, sich bereits jetzt darauf einzustellen.“ (Lonsert und Harms 2005, 26 ff.)*

Demzufolge wird es für (Pharma-) Unternehmen immer wichtiger, die eigene Innovationsfähigkeit zu steigern. In diesem Zusammenhang gelten die gezielte Öffnung der Innovationsprozesse sowie die Entwicklung innovativer Geschäftsmodelle als zentrale Erfolgsfaktoren (vgl. Porsche, 2008, 1314). Vor allem ist die stark mittelständisch geprägte Pharmaindustrie auf den Austausch mit Externen (z.B. Kunden oder Forschungseinrichtungen) und die effizientere Nutzung alternativer Geschäftsmodelle angewiesen, um trotz ihres Ressourcenmangels Innovationen zu generieren und Wettbewerbsvorteile zu erhalten.

Welche Möglichkeiten haben Pharmaunternehmen also, diesen Herausforderungen und Wachstumspotenzialen adäquat zu begegnen? Grundsätzlich lassen sich die zur Verfügung stehenden Optionen in eine eher defensive und eine eher offensive Strategie einteilen (vgl. Drews, 1998, 237). Die defensive Strategie besteht darin, am bisherigen Geschäftsmodell festzuhalten und sinkende Gewinnmargen durch größere Absatzmengen bzw. niedrigere Preise sowie minimalem (Innovations-)Aufwand zu kompensieren. Um hierbei erfolgreich zu sein, müssen Unternehmen eine maximale Marktdurchdringung mit ihren Produkten erreichen. Angesichts der beschriebenen wachsenden Bedeutung von Rabattverträgen ist das Absatzrisiko aufgrund der ‚hopp-oder-top-‘Entscheidungen durch die Kassen jedoch gestiegen. Je nach Situation kann ein Unternehmen für zwei oder drei Jahre zum Lieferantenkreis zählen oder völlig ausgeschlossen werden. Lediglich durch Mittel wie Bietergemeinschaften zwischen den Bewerbern lässt sich dieses Absatzrisiko etwas mindern. Die offensive Strategie hingegen beruht auf der Überzeugung, dass das Unternehmen mit einem überzeugenden Angebot auch in restriktiven oder spezialisierten Märkten langfristig Erfolg haben kann. Grundlage dessen sind Innovationen: Dies können im engeren Sinne klassische produktbezogene Innovationen, d.h. medizinisch und wirtschaftlich überzeugende Arzneimittel, andererseits aber auch im weiteren Sinne Geschäftsmodellinnovationen sein. Vor allem bei letzterem Ansatz geht es darum, neue Wege zu identifizieren, durch optimale Gestaltung der Wertschöpfung (value creation) und Wertabschöpfung (value capture) das beste Angebot für den Kunden zu erschaffen.

III.2.4.2 Zukünftige Geschäftsmodelle

Die Pharmaindustrie hat sich seit vielen Jahren am Blockbuster-Geschäftsmodell orientiert. Die Identifizierung der Kunden für ein Medikament, also die Segmentierung des Marktes, erfolgte bisher anhand von oft einfach erkennbaren Symptomen, meist ohne tieferes Verständnis der molekularen Grundlagen einer Krankheit. Medikamente werden in großem Mengen nach dem Prinzip ‚eines für alle' („one size fits all") verschrieben (vgl. Lesko, 2007, 808). Historisch gesehen hat das Blockbustermodell den großen Pharmaunternehmen, aber auch den vor- und nachgelagerten kleineren Partnern, jährliche Wachstumsraten im zweistelligen Bereich beschert und sie zu einem der stärksten Industriezweige weltweit werden lassen. Lange Jahre hat die Pharmaindustrie dieses Modell des Massenmarketings realisiert und mit den hohen Umsätzen u.a. die hohen, ständig steigenden Kosten der Entwicklung von neuen innovativen Medikamenten finanziert. Das Streben nach Blockbuster-Medikamenten hat die Pharmaunternehmen stärker auf chronische Erkrankungen fokussieren lassen, da hier anders als z.B. bei Infektionskrankheiten eine dauerhafte oft mehrjährige Behandlung erfolgt und damit hohe Umsätze garantiert sind. Dadurch haben sich das Indikationsspektrum und das Portfolio der Pharmaunternehmen seit 1980 drastisch reduziert, und die meisten großen Unternehmen dieser Branche konzentrieren sich heute auf ähnliche Hauptindikationen, wie beispielsweise Onkologie oder Anti-Infektiva. Das Pharmamarketing für solche Massenmärkte war die letzten 25 Jahre geprägt durch eine große Zahl an Außendienstmitarbeitern und hohe Marketing- und Vertriebskosten, die z. T. ein Drittel der Gesamtkosten dargestellt haben (vgl. Trilling, 2008, 40). Eine Positionierung im Markt erfolgte durch ein in seiner Klasse überlegenes Produkt in Kombination mit einer zeitlich begrenzten Marktexklusivität durch Patentschutz. In ihrer jetzigen Struktur können die Pharmaunternehmen nur schlecht mit den geschilderten Herausforderungen umgehen - sie müssen sich ändern. Der klassische Pharmaaußendienst z.B. wird nicht mehr gebraucht oder wird zwecks Kostenreduktion immer mehr von Externen übernommen (vgl. V5). Das zugrunde liegende Blockbustermodell funktioniert also nicht mehr in ausreichendem Maße.

> *"Ich würde sagen, dass die Pharmaindustrie momentan vor einer großen Herausforderung steht. Momentan sieht es so aus, dass nicht genügend neue Blockbuster nachkommen, um diese Lücke im Umsatz wieder aufzufüllen. (V3)*

Für die Zukunft ist also festzustellen, dass Pharmaunternehmen einerseits aufgrund der Marktentwicklungen andererseits zur optimalen Gestaltung der eigenen Wettbewerbsvorteile ihre Geschäftsmodelle anpassen müssen. Daher ist es sinnvoll, die Entwicklung innovativer Geschäftsmodelle für die verschiedenen Geschäftsmodellklassen differenziert zu betrachten, wenn auch Mischformen eine gewisse Relevanz haben (werden)[49]. Im Folgenden werden zuerst große Un-

[49] Sowohl bei großen Pharmaunternehmen als auch bei Mittelständlern – wie die Medice Arzneimittel Pütter GmbH & Co. KG in Iserlohn – sind gemischte Geschäftsmodelle zu beobachten. Beispielsweise ist Medice breit aufgestellt mit eigenen Produkten aber auch OTC-Produkte im Bereich der Medizinprodukte und Arzneimittel.

ternehmen, anschließend am Rande Biotech-Unternehmen und zuletzt – aufgrund des Schwerpunktes der vorliegenden Arbeit – in ausführlicher Art und Weise mittelständische Unternehmen mit möglichen zukünftigen Geschäftsmodellausprägungen zusammenfassend dargestellt.

- **Große Pharmakonzerne**

Auch wenn sich die Struktur der deutschen Pharmaindustrie in den letzten beiden Jahrzehnten immer wieder verändert hat, ist auch in Zukunft eine Balance aus forschenden Pharmaunternehmen und Generikaunternehmen zu erwarten. Die großen forschenden Pharmaunternehmen versuchen vermehrt, das Risiko von Fehlschlägen in der Forschung durch ein breiteres Portfolio auszugleichen (vgl. V3). Sie stellen sich breiter auf und gehen auch in den Generikamarkt. Einschränkend ist jedoch zu erwähnen, dass die Tendenz der forschenden Unternehmen, wie vor 10-15 Jahren mit eigenen Generika auf den Markt zu gehen, eher abnimmt. Die jeweiligen Unternehmenssparten wurden häufig wieder verkauft, einerseits, weil die Unternehmen den Anforderungen auf dem Generikamarkt nicht gerecht wurden, andererseits, weil es für die Unternehmen einen Reputationsproblem war, die teuren Arzneimittel plötzlich auch billig anzubieten. Eher zu beobachten ist, dass forschende Unternehmen bekannte Generikaunternehmen zukaufen. Diese werden dann zumeist als selbständige Einheiten geführt (vgl. V4). In der Folge nehmen reine Forschungsaktivitäten relativ gesehen weniger Raum ein als zuvor. Die großen Pharmaunternehmen diversifizieren ihre Innovationsaktivitäten also erheblich. Ein Praxisbeispiel bezüglich des neuen, diversifizierteren Geschäftsmodells mit einer breiteren Angebotspalette ist die Firma Bayer Schering, die aufbauend auf ihren Kompetenzen im Bereich der Diagnostik für Diabetiker nun in das Insulingeschäft eingestiegen ist (vgl. Pressemitteilung Bayer Schering Pharma vom 09.07.2009, sowie Interview V6).

> *„Eine Idee, wie die Firmen einen Mehrwert generieren und vom reinen Produktverkäufer eben weit darüber hinaus zum Service Provider werden. Das ist eine interessante Geschichte, und bisher kenne ich noch kein solches Modell." (V6)*

Konkret könnten sich die großen Pharmaunternehmen zukünftig in die Richtung entwickeln, dass sie Entwicklungen bewerten und die globalen Zulassungsprozesse organisieren, um ein Produkt innerhalb kürzester Zeit auf den Markt zu bringen, um die Refinanzierung der Entwicklung (sowie der nicht marktfähigen Fehlschläge) vor Ablauf des Patents zu ermöglichen. Als Zulieferer für diese Entwicklungen kommen vermehrt innovative kleine Biotech- und mittelständische Unternehmen ins Spiel, während sich die Großen auf die Vermarktung konzentrieren (vgl. V3).

- **Biotechunternehmen**

Biopharmazeutisch und biotechnologisch orientierte Unternehmen gewinnen immer mehr an Bedeutung (vgl. Howells, 1996, 356). Sie konnten sich aber aufgrund hoher Markteintrittsbarrieren nicht immer leicht etablieren: Einerseits sahen sie sich mit enormen Entwicklungs- und Vermarktungskosten und somit Finanzierungskosten, andererseits mit hohen insbesondere nationalen, regulatorischen und marketingseitigen Anforderungen konfrontiert (vgl. Jacob und Kwak, 2003, 292). Einige Biotech-Unternehmen versuchen, sich nicht auf die komplette, kostspielige und riskante Entwicklung neuer Wirkstoffe zu konzentrieren, sondern Innovationen mit Dienstleistungen anzubieten und sich mittels originärer Kompetenzen vom Wettbewerb zu differenzieren, wie die Beispiele Rewo oder Morphosys zeigen.

*„Also nehmen wir einmal die **Rewo** zum Beispiel. Die Rewo war so ein Biotech Start-up, die einen Ansatz entwickelt haben, um Wirkstoffoptimierungen evolutiv zu machen, also Peptide zu optimieren. Deren Know-how lag aber nicht daran, Urologie zu betreiben oder Karzinome zu heilen, sondern diese Technologieplattform nämlich Optimierungen zu machen. Die haben sich da als spezifische Dienstleister etabliert. Die sind inzwischen auch von Bayer-Schering gekauft, weil die erkannt haben, dass das einfach ein Asset ist." (V3)*

*„Ein anderes Beispiel ist **Morphosys** in München. Deren Asset ist es, Antikörper herzustellen. Deren Thema ist es nicht, zu schauen, welches Target ist bei Darmkrebs interessant oder gegen Alzheimer oder sonst etwas. Deren Ziel ist es, einfach diese Antikörper herzustellen. Die platzieren sich da als Dienstleister in so einem Geschäft (...) Also die kaufen eine Leistung dazu, aber im Grunde fundiert, auf der Basis, dass ich mir ein spezifisches wissenschaftlich-technisches Knowhow einkaufe. Das ist ganz sicherlich ein Treiber. (V3) Morphosys ist hochinteressant für mich, ein schönes Geschäftsmodell, Lohnzuarbeiter für fast alle großen Firmen mit einer sicheren Einnahmebasis und parallel dazu eben eigene Entwicklung. Immerhin jetzt in Phase 2 für zwei oder drei Substanzen, wenn das was wird, wäre das eine tolle Sache. Wenn sie nicht von Novartis zum Beispiel übernommen werden, weil sie zu interessant geworden sind, was durchaus sein kann." (V6)*

Dass die Biotech-Unternehmen bei ihren Aktivitäten vermehrt auf Kooperationen und interorganisational ausgerichtete Geschäftsmodelle setzen, ist ein zunehmend bedeutendes Phänomen. Ein solches Beispiel ist die Firma Mologen, ein Spin-off der Freien Universität Berlin (vgl. Zollenkop, 2008, 13). Ursprünglich in der Bioinformatik tätig, erweiterte das Unternehmen seine Aktivitäten in Richtung molekulare Medizin. Im Feld der genetischen Immunisierung dehnte man die Produktpalette von human- auf tiermedizinische Produkte aus. Als Bioinformatikunternehmen verfügte Mologen über ein vollintegriertes Geschäftsmodell, wohingegen die Expansion in Richtung molekulare Medizin zu einem zuerst spezialisierten und dann interorganisational ausgerichteten Geschäftsmodell führte. Im Rahmen von Kooperationsprojekten konzentrierte sich Mologen anfangs auf die Herstellung seiner eigenen patentierten, DNA-basierten Produkte. Im Laufe der Zeit übernahm das Unternehmen bei Kooperationen jedoch die Koordinatorenrolle in der Wertschöpfungskette bezüglich Entwicklung, Marketing und Vertrieb. Während die Geschäftsmodellelemente ‚Angebot' und ‚Management der

Wertschöpfung' in wechselseitiger Abhängigkeit weiterentwickelt und verändert wurden, ist der Ertragsmechanismus von Mologens Geschäftsmodells transaktionsbasiert geblieben.

- **Mittelständische Unternehmen**

Die mittelständische Struktur der Pharmaindustrie in Deutschland ist weltweit einzigartig: kein anderes Land weist eine so stark vom Mittelstand geprägte Pharmabranche auf. Dabei beobachten Experten einen zunehmenden Druck auf die traditionellen mittelständischen Geschäftsmodelle sowie eine wachsende Marktkonzentration.

> *„Die Frage ist eben, ob man am Endprodukt überhaupt noch interessiert sein darf als Mittelständler. Jetzt kommen wir wieder auf die unterschiedlichen Welten, im Generikabereich wage ich zu bezweifeln, dass sie mit einem Produkt im Markt noch glücklich werden (...) Das ist ein radikaler Schnitt. Innovationen interessieren nicht mehr, Differenzierungen auf Produktebene sind kaum noch möglich, um nicht zu sagen eigentlich gar nicht mehr möglich. Die paar Sachen, in den Momenten, wo es noch um Differenzierungen geht, haben Sie noch 30 oder 40 Prozent vom Markt, das teilen Sie sich mit den starken Marken, die auf Platz 1, 2 und 3 sind und Sie kommen vielleicht auf Platz 6. Das ist Schrott, das ist schwierig. Vielleicht male ich das zu düster, aber es ist schon eine Herausforderung." (V5)*

Mittelständler versuchen schon jetzt aus dem verschreibungspflichtigen Bereich in die OTC- oder Lebensmittelprodukte, bzw. in den regionalen oder Nischenmarkt, auszuweichen. Im Generikabereich scheint sich in Zukunft der Markt zu bereinigen. Wie bezüglich der großen Pharmakonzerne bereits erwähnt, müssen die mittelständischen Unternehmen vermehrt kooperieren – alleine schon deshalb, um die Volumina bewältigen zu können, die in Ausschreibungen bezüglich der Rabattverträge verlangt werden (vgl. V5). Viele mittelständische Unternehmen haben es in der Vergangenheit versäumt, sich strategisch auf Veränderungen im Markt und den Rahmenbedingungen einzustellen (vgl. V1).

Es bleibt also festzuhalten, dass sich die mittelständischen Pharmaunternehmen in den nächsten Jahren im Rahmen ihrer Möglichkeiten weiterentwickeln und wandeln müssen. Eine Chance für den Wandel von Geschäftsmodellen sind Nischen, besonders indikationsspezifischen Nischen. Hier geht der Trend weg von der reinen Herstellung und dem Großhandelsvertrieb von Arzneimitteln hin zum Angebot eines Dienstleitungspakets und von Serviceleistungen im Rahmen eines interorganisationalen Geschäftsmodells. Gerade für mittelständische Unternehmen gibt es große Potenziale, nicht nur ein Produkt herzustellen, sondern daraus auch weitere Angebote zu entwickeln (vgl. V3). Mittelständler können dabei ihre Flexibilität nutzen und näher am Verbraucher sein. Zudem haben Dienstleistungen einen geringeren Investitionsaufwand als die Entwicklung neuer Präparate. Bei Dienstleistungen spielen darüber hinaus Marktkenntnisse auf regionaler Basis eine bedeutende Rolle. Auf dem regionalen Markt können sich KMU besser spezialisieren als große Unternehmen, die eher global handeln. Mittelständler werden sich aus Bereichen fern halten, in denen sie mit großen Pharmaunternehmen konkurrieren müssen (vgl. V6). Insbesondere gehen die mittelständischen Unternehmen in Nischen im Sinne innovativer Spezialmärkte, z.B. Zelltherapien, Orphan Drugs oder der Bereich der personalisierten Medizin (vgl. V2; V6). Weitere Möglichkeiten für den Mittelstand sind neue Indikationen für bekannte Wirkstoffe zu entwickeln und dafür eine Zulassung zu beantragen. Für die entsprechende Indikation kann dann nur dieses Arzneimittel verschrieben werden und nicht substituiert werden (vgl. V5). Als ein Praxisbeispiel für erfolgreiche Geschäftsmodellinnovationen ist die Firma Rentschler zu nennen, die sich vom klassischen Pharmaunternehmen zu einen hochspezialisierten Lohndienstleister gewandelt hat. Unter dem Gesichtspunkt der Langfristigkeit der Investitionen wurde der klassische Bereich verkauft und das Unternehmen innerhalb einer Marktnische völlig neu ausgerichtet.[50]

> *„Das eine ist das Extrembeispiel von* ***Nikolaus Rentschler****, der die Firma Rentschler übernommen hat und im OTC-Bereich und alles, was irgendwo im Markt unterwegs sofort verkauft hat und den ganzen Laden zu einem reinen Forschungs- und Biotechnologie Verfahrenstechnik-Bereich umgebaut hat. Also der sich wirklich einen Teil in der Wertschöpfungskette rausgesucht hat und gemeint hat, da werde ich jetzt stark und das hat er auch gepackt. Allerdings mit sehr viel Geld auch von außen. Ich möchte nicht wissen, was der noch an Eigenkapitalquote jetzt wirklich von seiner Familie Rentschler noch in dem Laden drin hat." (V5)*

Innovationen, Alleinstellungsmerkmale und Nischenmärkte gewinnen gerade vor dem Hintergrund des Preisdrucks im generischen Bereich durch Rabattverträge an Bedeutung. Wobei sich immer die Frage nach der Finanzierung stellt – diese hängt nicht zuletzt von der langfristigen Ausrichtung des Unternehmers ab. Unabhängig davon, welchen Weg das Unternehmen wählt, hängt die Innovationsfähigkeit von den jeweiligen Finanzierungsrisiken, der Risikoeinstellung und dem Marktzugang ab. Gerade mittelständische Unternehmen mit mittleren Umsätzen (100-150 Mio. Euro) sollten nach valide einschätzbaren Umsatzträgern suchen und diese weiterentwickeln (vgl. V3).

Es zeichnen sich bei mittelständischen Pharmaunternehmen zwei übergreifende Trends ab. Einerseits fokussieren sie sich auf die eigene Kernkompetenzen und das Bewahren des Bestehenden. Folglich wählen diese großteils inhabergeführten und -finanzierten Unternehmen häufig eine risikominimierende, inkrementale Innovationsstrategie. Andererseits erkunden sie neue Märkte und Strategien, primär durch ein interorganisational geprägtes Geschäftsmodell. Dadurch können im Rahmen von Kooperationen die Projektrisiken auf mehrere Unternehmen verteilt werden.

---

50 Als weiteres Beispiel für fokussierte Geschäftsmodelle kann die Firma Riemser als Lohnhersteller aufgeführt werden (vgl. V5).

Insgesamt lässt sich sagen, dass pharmazeutische Geschäftsmodelle verstärkt die vielfältigen Wertschöpfungspartner berücksichtigen und somit interorganisationaler und vernetzter gestaltet werden sollten (vgl. u.a. Piachaud, 2004, 78 ff.). Dies kann entlang des Innovationsprozesses geschehen, wie verschiedene Beispiele für große Pharmaunternehmen zeigen (vgl. van Arnum, 2003, 7). Die Vernetzung ihres Geschäftsmodells ermöglicht es den Unternehmen, schneller und kostengünstiger FuE zu betreiben sowie die Produkte effizienter zu vermarkten. Entsprechend wichtig ist es für das Innovationsmanagement in der Pharmabranche, an der Veränderung etablierter Strukturen und der Erschließung alternativer Innovationsformen – wie z.B. (offene) Geschäftsmodellinnovationen – zu arbeiten (vgl. Lonsert und Harms, 2005, 29). Denn die Bedeutung von z.B. Kooperationen wird vor dem Hintergrund der immer weiter steigenden Komplexität von Innovationsprojekten zunehmen. Gerade im Bereich von präklinischer und klinischer Forschung aber auch der nachgelagerten Innovationsstufen gibt es viele spezialisierte Dienstleister. Die Anforderungen in bestimmten Bereichen sind so hoch geworden sind, dass ein einzelnes Unternehmen das nicht mehr vorhalten kann. Dies betrifft kleine, mittelständische wie auch große Pharmaunternehmen gleichermaßen. Denn selbst große Unternehmen wie Bayer Schering Pharma können die von den Behörden verlangten großen klinischen Studien und immer komplexere Auflagen oft nicht mehr allein bewältigen (vgl. V3). Unabhängig von den aktuellen Trends, Herausforderungen und Geschäftsmodellanpassungen ist eine zentrale Erkenntnis der Vorstudie, dass die meisten Quellen und Experten auch in Zukunft von den drei derzeitigen grundsätzlichen Geschäftsmodellklassen ausgehen (Biotech, Mittelstand, große Pharmaunternehmen).

III.2.4.3 Determinanten: Treiber und Hemmnisse

Trotz der diagnostizierten Schwierigkeiten etablierter Pharmaunternehmen, ihr Geschäftsmodell anzupassen bzw. zu innovieren, konnten auch Erfolgsbeispiele von (mittelständischen) Unternehmen gefunden werden. Diese zeichnen sich vornehmlich eher durch eine stufenweise als radikale Anpassung an neue Umstände und Marktgegebenheiten aus, wobei beispielsweise Strategien der Internationalisierung, der Angebotsdiversifizierung oder der Risikostreuung durch Kooperationen gewählt wurden. Es gibt Stimmen in der Branche, die Pharmaunternehmen im Allgemeinen ein sehr gutes Management und den Mittelständlern im Speziellen große Flexibilität attestieren (vgl. V2). Andere wiederum beklagen das mangelnde systematische Innovationsmanagement, aber auch ein fehlendes strategisches Vorgehen (vgl. V5). Lediglich einige wenige mittelständische Unternehmen scheinen sich in diesen Bereichen bereits professionalisiert zu haben, wobei zu beobachten ist, dass in den (häufig inhabergeführten) Unternehmen diese Themen stark an Einzelpersonen, inklusive dem Geschäftsführer, hängen (vgl. V3; V5). Diese Einzelpersonen werden als starke Treiber für innovative Ansätze gesehen. Dabei haben sie aber immer wieder mit dem Hindernis begrenzter Ressourcen und Finanzen zu kämpfen (vgl. V6). Die hohe Eigenfinanzierungsquote im Mittelstand stellt dabei zwei Seiten einer Medaille dar: Einerseits kann dadurch eine gewisse Stabilität und langfristige strategische Orientierung gewährleistet werden, andererseits erschwert sie größere Investitionen für neue Geschäftsmodelle (vgl. V3). In großen Mengen Fremdkapital einzusetzen, wird in vielen Unternehmen als „No-Go“ (V3) angesehen. Sich auf neue Themen einzulassen und innovative Geschäftsmodelle zu entwickeln, stößt in den Unternehmen auch auf gewisse „mentale Grenzen“ (V3). Es gibt immer wieder kleine aber auch große Unternehmen im Pharmamarkt, die sich vor den Entwicklungen am Markt verschließen und möglichst lange an bewährten strategischen Pfaden festhalten und keine Veränderungen zulassen.

> *"Der Weitblick der Unternehmen für solche Themen ist nicht so ausgeprägt, wie wir uns das wünschen würden. Wir sind auch überrascht, wie ahnungslos selbst große Unternehmen, selbst größte Unternehmen jetzt im Hinblick auf die gesundheitspharmapolitische Entwicklung eigentlich sind. (...) Es gibt hier genug Unternehmen, denen wir das sagen und die eigentlich auf dem Standpunkt stehen, das kriegen wir schon irgendwie abgebogen, das wird schon. (...) Also man darf das nicht noch vorantreiben mit irgendwelchen Vorschlägen oder so, man neigt oftmals dazu, solche Probleme auszuschließen. Die sehen es nicht kommen, und wenn es dann da ist, dann wird es schwierig." (V1)*

Häufig werden die fehlende Systematik und der fehlende strategische Weitblick auf Defizite im strukturierten Innovationsmanagement zurückgeführt (vgl. V4), wobei hierbei sowohl Defizite auf operativer als auch auf strategischer Ebene (vgl. V1) genannt werden. Gerade maximal 40% der Unternehmen könnten überhaupt Prozesse und Strukturen im Sinne eines Innovationsmanagements attestiert werden (vgl. V2). Starke Einzelpersonen, häufig die Gesellschaftergeschäftsführer, werden als Promotoren von Innovationen herausgestellt. Sie können – abhängig von ihrer Persönlichkeitsstruktur und den strategischen Ziele – jedoch auch zum Hemmnis für (Geschäftsmodell-)Innovationen werden. Selbst kleine Einschnitte in das Geschäftsmodell, wie beispielsweise Portfoliobereinigungen oder das Erschließen neuer Märkte, können durch strategisch inflexible, starke Geschäftsführer behindert werden (vgl. V5). Und bei größeren Veränderungen des Geschäftsmodells wie Kooperationen oder gar Zusammenschlüssen hat der Geschäftsführer eine noch tragendere Rolle inne. Persönlichkeitsbedingt können diese interorganisationalen Geschäftsmodelle also dadurch erschwert werden, dass man weder Macht und Einfluss abgeben noch neue Wege beschreiten möchte (vgl. V6). Ein Hinderungsgrund für enge Kooperationen ist häufig der Wunsch, die Unabhängigkeit des Unternehmens zu bewahren und möglichst viele Kompetenzen in-house zu halten. Auch Fragen des geistigen Eigentums können zum Hindernis werden: Gerade in staatlich geförderten Forschungsprojekten muss häufig viel Knowhow offengelegt werden, so dass für die Firmen das Risiko des Wissensabflusses groß ist (vgl. V3). Hilfreich bei dieser eher konservativen Grundhaltung könnten motivierende Erfolgsbeispiele oder das Aufbrechen der starren Reglementierungen im Markt sein (vgl. V6). Darüber hinaus können die Zulassungsbehörden mit ihrem Anspruch, dass ein Unternehmen im Rahmen eines Projektes den Komplettüberblick und die Kenntnis des Gesamtvorgangs haben muss, kooperative Strategien von Unternehmen erschweren (vgl. V4). Wie im Kapitel II.2.5.2 bereits herausgestellt können solch externe Faktoren – wie die Rolle von Zulassungsbehörden aber auch Preisregularien oder andere politische Restriktionen – als starke Determinanten für Geschäftsmodellinnovationen angesehen werden.

III.2.5 Zwischenfazit

Die Zukunft des pharmazeutischen Marktes lässt sich anhand mehrerer Dimensionen beschreiben, die von der Entwicklung des politischen Umfelds mit dem darin verankerten Versicherungssystem sowie von dem Gesundheitsbewusstsein der Gesellschaft abhängig sind (vgl. Trilling, 2003, 175). Weiterhin hat sich die Pharmabranche seit Anfang der 1980er verstärkt mit der Biotechnologie- oder Healthcarebranche vernetzt. Dadurch haben sich die Innovationsanforderungen grundlegend geändert (vgl. Howells, 2002, 355). Verstärkt wird der Innovationsdruck dadurch, dass viele Pharmasegmente bereits eine hohe Marktreife erreicht haben. Deshalb sind Innovationen vermehrt nicht nur im Rahmen von Produkten und Prozessen sondern auch bezüglich neuer Geschäftsmodelle notwendig. Gestiegene FuE-Kosten, sinkende Zulassungsraten, verschärfte Regularien und wachsender Wettbewerbsdruck gestalten dieses ohnehin schwierige Unterfangen noch komplexer.

Trotz dieser Veränderungen und Herausforderungen kann auch in Zukunft von den drei existierenden Geschäftsmodellklassen (große Pharmakonzerne, kleine Biotech- und mittelständische Unternehmen) ausgegangen werden. Dabei wird ihre Beziehung untereinander durch eine starke Komplementarität gekennzeichnet sein: eher generalistisch ausgerichtete Großunternehmen und eher spezialisierte kleine und mittelständische Unternehmen, wobei auch Mischformen zu beobachten sein werden. In ihrer Ausprägung werden sich die Geschäftsmodelle jedoch wandeln. Bei den mittelständischen Unternehmen zeichnen sich insbesondere zwei Strategien ab: Einerseits die Fokussierung auf eigene Kernkompetenzen und das Bewahren des Bestehenden, wodurch die großteils inhabergeführten und –finanzierten Unternehmen eine risikominimierende, inkrementale Innovationsstrategie – insbesondere in wettbewerbsärmeren Nischen – verfolgen. Diese zeichnen sich vornehmlich eher durch eine stufenweise als radikale Anpassung an neue Umstände und Marktgegebenheiten aus, wobei beispielsweise Strategien der Internationalisierung, der Diversifizierung des Angebots oder der Risikostreuung durch Kooperationen gewählt werden. Andererseits gibt es einzelne mittelständische Unternehmen, die im Rahmen neuer Märkte und Strategien ‚radikalere' Wege wählen. Primär erfolgt dies durch ein interorganisational geprägtes Geschäftsmodell, wobei die Projektrisiken im Rahmen von Kooperationen auf mehrere Akteure verteilt werden. Im Rahmen der Vorstudie wurden zudem wichtige Determinanten für Geschäftsmodellinnovationen identifiziert. Externe Einflussfaktoren seitens Markt und Rahmenbedingungen sind darüber hinaus Determinanten für Geschäftsmodellinnovationen, die insbesondere im Rahmen der Kapitel II.2.5.2/III.2.2 bereits beleuchtet wurden. Die wichtigsten Determinanten auf organisationaler und interorganisationaler Ebene – insbesondere für mittelständische Unternehmen – lauten in der Zusammenfassung wie folgt:

Treiber

- langfristige strategische Orientierung und nachhaltiges Verfolgen neuer Ziele
- starke Einzelpersonen als Promotoren (die eine mögliche begrenzte Veränderungsbereitschaft kompensieren können)

Hemmnisse

- Verhaften in bestehenden strategischen Pfaden
- mangelndes systematisches Innovationsmanagement, aber auch fehlendes strategisches Vorgehen
- mentale Grenzen und begrenzte Veränderungsbereitschaft sowohl bei Führungskräften als auch bei Mitarbeitern
- begrenzte Ressourcen, z.B. finanzielle Mittel für Investitionen
- mangelnde Bereitschaft, Macht und Einfluss zu teilen
- Angst vor ungewolltem Wissensabfluss
- operative Schwächen beim Management von Kooperationen

III.3 Hauptstudie: Fallstudie in zwei mittelständischen Pharmaunternehmen

III.3.1 Gestaltung der Hauptstudie

Bei der Bearbeitung explorativer Forschungsfragen können nach Yin u.a. Fallstudien (‚Case Studies') verwendet werden (vgl. Yin, 2003, 5). Diese Methode wurde für das explorative Forschungsdesign der Hauptstudie gewählt. Hintergründe dazu werden im folgenden Abschnitt erläutert.

III.3.1.1 Fallstudienforschung und -design im Rahmen der qualitativen Methodik

Die wichtigsten Gründe für die Wahl der Fallstudienmethode sind die Art der Forschungslücken und die daraus resultierenden Forschungsfragen. Fallstudien zeichnen sich insbesondere dadurch aus, dass sie eine sehr detaillierte Untersuchung von Phänomenen in ihrer natürlichen Umgebung erlauben (vgl. Yin 2003, 21 f.). Insbesondere ist diese Methodik empfehlenswert für Forschungsarbeiten, die nach dem ‚Wie' und ‚Warum' fragen (vgl. Bortz und Döring, 2006, 113). Nach SIGGELKOW erlauben es illustrative Fälle zudem, konzeptionelle Ansätze zu entwickeln, die dem Leser den Forschungsgegenstand näher bringen und gleichzeitig Interdependenzen zu Kontextfaktoren aufzeigen und dynamische Entwicklungen offen legen (vgl. Siggelkow, 2007, 22). Diese Bedingungen und Möglichkeiten treffen auf die vorliegenden Forschungsfragen und den Kontext zu. Dass die wissenschaftliche Literatur außerdem bislang nur sehr wenige Erklärungsansätze für das Management von Geschäftsmodellinnovationen bietet, ist ein weiteres Argument für die explorative Fallstudienmethode.

Es gibt verschiedene Arten von Fallstudien (vgl. Yin, 2003, 40 ff.), wobei in der vorliegenden Arbeit das multiple, erklärende Fallstudiendesign gewählt wird. Eine multiple Fallstudie basiert – im Gegensatz zur singulären Fallstudie – auf mehreren Fällen, die nach verschiedenen Kriterien unterschieden werden können. Das Ziel der multiplen Fallstudie besteht darin, eine breitere Basis an Informationen für eine Analyse zu erreichen. Es wird angenommen, dass die Gesamtheit der

Einzelfälle weniger aussagekräftig als das resultierende Gesamtbild nach dem Vergleich der Fälle untereinander ist. Die erklärende Fallstudie basiert auf der Analyse von Ursache-Wirkungs-Zusammenhängen und ist geeignet, einen Theorieansatz zu entwickeln oder zu verbessern. Beim Einsatz von Forschungsfallstudien in wissenschaftlichen Untersuchungen sollte sichergestellt werden, dass auch basierend auf wenigen Fällen wissenschaftliche Grundsätze gewährleistet bleiben. Die Datensammlung und –analyse muss demzufolge mehreren Kriterien genügen:

- Durch nachvollziehbare Datendokumentation und transparente Analyse muss die *Objektivität* gewährleistet sein. Die Objektivität kann dadurch erhöht werden, dass die Wahl der Methodik und der Kriterien plausibel gemacht wird und darüber hinaus Primärdaten im Rahmen der sogenannten Triangulation mit anderen Datentypen kombiniert werden.
- Eine sorgfältige Dokumentation, auch mithilfe von Protokollen, steigert die *Reliabilität*. Dabei sollen Fehler minimiert und vorgefertigte Schlussfolgerungen vermieden werden (vgl. Yin, 2003, 39).
- Zur Sicherstellung der *Validität* sollten mehrere Datenquellen verwendet, Beweis- und Argumentationsketten entwickelt und Feedbackschleifen eingebaut werden. Eine Auswertung und ein Vergleich ähnlicher Fälle erhöht die Validität, wenngleich auch keine wirkliche Repräsentativität oder gar Generalisierbarkeit möglich ist (vgl. Yin, 2003, 37).

Abschließend ist anzumerken, dass das qualitative Fallstudiendesign trotz der genannten Vorteile und Charakteristika einige Herausforderungen mit sich bringt. Einerseits gestaltet sich die Erhebung und Auswertung der Daten teilweise als schwierig und sehr aufwändig. Andererseits wird eine große Menge an brauchbaren und weniger brauchbaren Daten generiert, weshalb PETTIGREW von der Gefahr der „data asphyxiation" (Pettigrew, 1990, 281), dem möglichen Ersticken in Daten, spricht. Im Folgenden wird ein adäquates Vorgehen zur Bearbeitung der Fallstudie erläutert, das sowohl die genannten Vorteile nutzen als auch den Herausforderungen und möglichen Gefahren entgegenwirken soll.

III.3.1.2 Vorgehen im Rahmen der Fallstudie

Im Rahmen der Verwendung von Fallstudien zur „Theorieentwicklung" (Eisenhardt, 1989, 533 ff.) wird für die vorliegende Arbeit ein mehrstufiges Vorgehen gewählt, das sich an EISENHARDTS vorgeschlagenem Prozess orientiert:

- **Definition des Ausgangspunktes**

Zur Entwicklung geeigneter Forschungsfragen wurden neben der beschriebenen systematischen Literaturanalyse Erkenntnisse aus Besuchen wissenschaftlicher Konferenzen sowie Treffen mit mittelständischen Pharmaunternehmen und Branchenvertretern genutzt. Darüber hinaus dienten einzelne Pilotinterviews mit Unternehmen sowie eine umfassende Branchenanalyse dazu, ein Gefühl für wichtige Aspekte bezüglich Datenerhebungstechnik, Themen, Fallstudiendesign und Datenquellen zu entwickeln. Diese Informationen waren als Flankierung des Vorgehens bei der Literaturanalyse, Fallauswahl, Leitfadengestaltung und Datenauswertung behilflich (vgl. Eisenhardt, 1989, 536; Wrona, 2005, 20). Schlussendlich übernehmen diese Vorüberlegungen eine erkenntnisleitende Funktion und sensibilisieren den Forscher für die wichtigsten Facetten des zu untersuchenden Phänomens (vgl. Wrona, 2005, 23).

- **Auswahl der Fälle**

Entscheidend ist, dass die Fälle bewusst und nicht zufällig ausgesucht werden. Die Wahl soll sich nämlich auf thematisch wertvolle Fälle konzentrieren. Dabei kommt die Frage nach der geeigneten Fallzahl auf: Eine ideale Anzahl von Fällen gibt es jedoch nicht (vgl. Eisenhardt, 1989, 545). Dies unterstreicht die Ausgangsaussage, die wenigen Fälle – gerade aufgrund der geringen Stichprobengröße – systematisch auszuwählen. Nach YIN liefert eine multiple Fallstudie in der Regel einen höheren Erkenntnisgewinn (vgl. Yin, 2003, 46); jedoch muss immer abgewägt werden, ob zusätzliche Fälle tatsächlich einen Mehrwert zur Erklärung des Forschungsgegenstandes liefern oder nicht doch nur bereits Bekanntes replizieren (vgl. Dyer und Wilkins, 1991, 614 ff.). Vorab ist außerdem zu bemerken, dass bezüglich der Auswahl der Branche zur Untersuchung der Forschungsfragen insbesondere zwei Kriterien relevant waren: Veränderung der strategischen Rahmenbedingungen in der Branche und Relevanz von Geschäftsmodellinnovationen für die einzelnen Unternehmen. Diese Aspekte wurden mithilfe der Analyse von Primär- und Sekundärdaten bereits im Rahmen der empirischen Vorstudie zu Geschäftsmodellinnovationen im Kontext der Pharmabranche (Kapitel III.2) erörtert. In der vorliegenden Arbeit wurde bei der eigentlichen Fallauswahl innerhalb der Pharmabranche nach der Strategie des „theoretischen Sampling" (Yin 2003, 51 f.) vorgegangen. Nachdem hierbei zwei Fälle identifiziert werden konnten, die für die Fragestellung typisch und geeignet sind, wurde überprüft, ob sie in ihrer Ausprägung – nach dem Prinzip der minimalen oder maximalen Kontrastierung - entweder sehr ähnliche oder sehr unterschiedliche Daten aufweisen (vgl. Wrona, 2005, 23). Um die Forschungsfragen zielgerichtet zu untersuchen, wurden in der vorliegenden Fallstudie zwei Fälle aus etablierten, mittelständischen Pharmaunternehmen (im Folgenden zwecks Wahrung der Anonymität bzw. Vertraulichkeit Pharma A und Pharma B genannt) mit funktionierenden, bestehenden Geschäftsmodellen ausgewählt, die dennoch vor der Aufgabe standen, neue Geschäftsmodellansätze zu entwickeln. Dabei handelt es sich bei der vorliegenden Fallstudie um eine ex-post Analyse: Es werden bereits abgeschlossene Geschäftsmodellinnovationsfälle analysiert. Wie bei der Fallauswertung deutlich werden wird[51], weisen die beiden Fälle sowohl Ähnlichkeiten als auch Unterschiede auf, was wiederum das entscheidende Selektionskriterium für die empirische Untersuchung darstellte. Es handelt sich um Fälle mit ähnlichen Charakteristika und Kontext (z.B. mittelständische, deutsche Pharmaunternehmen; eingebettet in eine Konzernstruktur; vergleichbare Unternehmensgröße) aber polarisierenden Elementen zur minimalen oder maximalen Kontrastierung (z.B. bezüglich Geschäftsmodell; strategischen Managementprozessen; Anlass, Art und Ansatz der Geschäftsmodellinnovationen; bestimmten Kontextfaktoren). Ein Überblick zu den beiden Fällen findet sich in Tabelle III-4.

Fallname	Unternehmen	Kurze Beschreibung
Dienstleister	Pharma A	Aufbau und Exploration (Neuorganisation, neues Geschäftsmodell) gefolgt von Ausbau und Exploitation (Diversifizierung: neuer Standort, neuer Markt (Biotech))
Hersteller	Pharma B	Inkrementale Geschäftsmodellinnovationen durch Diversifizierung bestehender Kernkompetenzen (Bonbonherstellung) gefolgt von Diversifizierung des Kundensegmentes (Ausbau des Geschäftsmodells für konzernfremde Kunden)

[Quelle: Eigene Darstellung]

Tab. III-4: Charakterisierung der beiden Fälle in der Forschungsfallstudie

Damit liefert die Fallstudie Erkenntnisse, die sowohl die Homogenität als auch die Heterogenität der empirischen Phänomene ins Blickfeld rücken. Abschließend soll nochmals darauf hingewiesen werden, dass das Ziel von qualitativen Forschungsfallstudien nicht die Repräsentativität der Ergebnisse ist, sondern eine hinreichende Variation. Es sollen bei der Fallauswahl theoretisch bedeutsame Merkmalskombinationen berücksichtigt werden (vgl. Kelle und Kluge, 1999, 51). Nach Abschluss dieses Schrittes wird nun die Erhebung der Daten beschrieben.

51 Vgl. die Auswertung innerhalb und zwischen den beiden Fällen in den Kapiteln III.3.2 und III.3.3.

- **Datenerhebung**

Zur Datenerhebung sollen verschiedene Methoden verwendet werden, die eine Triangulation der Daten ermöglichen. Als Instrumente kommen nach YIN beispielsweise Beobachtungen, Interviews, Dokumente, Archivdaten und Notizen in Frage (vgl. Yin, 2003, 85 ff.). Erhoben wurden für die vorliegende Fallstudie primär qualitative Daten. Dies ist einerseits dem explorativen Charakter der Studie geschuldet und andererseits der Tatsache, dass die untersuchten mittelständischen Unternehmen nicht berichtspflichtig sind. Zahlenmaterial gibt es daher inhaltlich und zeitlich nur begrenzt. Darüber hinaus geben die Unternehmen interne Unterlagen zu strategischen Managemententscheidungen aus Vertraulichkeitsgründen nur selten weiter. Zu guter Letzt können ‚weiche' Faktoren wie organisatorische und individuelle Kontextbedingungen der Geschäftsmodellflexbilität lediglich qualitativ sinnvoll erfasst werden. Im Zentrum der empirischen, qualitativen Erhebung standen problemzentrierte, leitfadengestützte Interviews (vgl. Witzel, 2000) als ein Typus der offenen, halbstrukturierten Befragung. Damit soll der Gegensatz zwischen Theoriegeleitetheit und Offenheit aufgehoben werden (vgl. Wrona, 2005, 25). Der Gesprächspartner wird mithilfe eines Interviewleitfadens zu bestimmten Themen und Fragestellungen befragt, kann jedoch die Antwort selbst frei gestalten. Im weiteren Verlauf des Gesprächs entscheidet der Interviewer, welche vertiefenden Fragen er zur Ausdifferenzierung der Informationen stellt. Der Leitfaden für die Interviews der Hauptstudie wurde anhand der Einblicke aus den vorangegangenen Schritten der Fallstudienentwicklung erstellt (siehe Anhang 4). Die Interviewpartner stammen aus den beiden Fallstudienunternehmen des pharmazeutischen Mittelstandes, wobei einerseits Führungskräfte der Konzernebene (hier: leitende Manager der übergeordneten Konzernorganisation) und der oberen Ebene (hier: Geschäftsführer der untersuchten Unternehmen, die rechtlich selbständig, aber Teil des Konzerns sind) und andererseits Fach- und Führungskräfte der mittleren Ebene interviewt wurden, um eine möglichst breite Perspektive auf das Forschungsthema zu erhalten. Die insgesamt 19 Interviews wurden durch die Autorin (und teilweise zwei bis drei weiteren Kollegen) zwischen Oktober 2008 und März 2010 an den Standorten der Firmen geführt. Sie dauerten zwischen einer halben und zwei Stunden und wurden mit einem Unternehmensrundgang beendet. Einen Überblick zu den Interviews gibt Darstellung III-6. Die Interviews wurden mit Zustimmung der Gesprächspartner mittels eines digitalen Diktiergeräts aufgenommen und wörtlich transkribiert und validiert. Zusätzlich wurden kurze Notizen zu Beobachtungen erstellt, die bei der anschließenden Auswertung hilfreich waren.

Im Sinne der Datentriangulation wurden zusätzlich zu den Interviews Daten aus anderen Quellen und Dokumenten ausgewertet. Dazu zählen Zeitungsartikel, Geschäftsberichte (wenn vorhanden), interne Geschäftspräsentationen und –dokumente, Unternehmensbroschüren, Websites sowie Branchenpublikationen. Speziell zur Sammlung weiterer unternehmensbezogener Daten wurden die beiden Datenbanken ECONIS[52] und LEXIS NEXIS[53] genutzt. Mit den Firmennamen als Suchbegriffe wurden für den Zeitraum 1999-2010 je 20-30 verwertbare Fachpublikationen gefunden. Weiterhin wurden Beobachtungen und Notizen aus jeweils fünf Strategie- und Innovationsworkshops in den Unternehmen verwendet, an denen die Autorin zwischen August 2008 und Juni 2010 teilnehmen konnte.

- **Datenanalyse**

Im Rahmen der Analyse wird zuerst jeder Fall für sich ausgewertet und interpretiert, bevor zur Suche nach fallübergreifenden Eigenschaften und Mustern die

[52] Economics Information System: Online-Katalog der Deutschen Zentralbibliothek für Wirtschaftswissenschaften (ZBW) – Leibniz-Informationszentrum Wirtschaft (http://www.zbw.eu/).

[53] Datenbank mit Presse-, Firmen- und Finanzinformationen, Informationen zu Personen aus Wirtschaft, Politik und Zeitgeschehen, Wirtschaftsanalysen, Länderberichte und juristische Informationen.

„Cross-Case Analysis" (vgl. Yin, 2003, 116 ff.) durchgeführt wird. Ausgangspunkt der Datenauswertung mithilfe der qualitativen Inhaltsanalyse (vgl. Mayring, 1997) bilden neben den zusätzlich genannten Dokumenten und Quellen primär die transkribierten Interviews. Wie bereits im Rahmen der Vorstudie erwähnt, werden mit dem regelgeleiteten Verfahren qualitative Informationen schrittweise verdichtet. Dazu werden die Dokumente kodiert, d.h. einzelnen Begriffen und Sätzen werden Codes zugewiesen. Die Codes sind dabei in theorienahe, eher deduktiv abgeleitete Oberkategorien und anschließend deduktiv oder induktiv abgeleitete Unterkategorien und Schlagwörter unterteilt. Das deduktive Vorgehen stellt sicher, dass bereits bestehendes Wissen in die empirische Auswertung einfließt; beim induktiven Vorgehen hingegen werden Kategorien und Themen direkt aus den erhobenen Primärdaten abgeleitet, was den explorativen Charakter der Zielsetzung widerspiegelt. So kann sichergestellt werden, dass erste in der Literatur vorhandene Forschungsergebnisse zu Geschäftsmodellinnovationen entsprechend Eingang in das zu entwickelnde Konzept finden, jedoch auch neue Charakteristika erfasst werden können. Die Erkenntnisse der qualitativen Inhaltsanalyse aus den Interviews mit den Unternehmensvertretern fließen vor allem in die Hauptstudie ein und werden teilweise direkt oder indirekt zitiert. Um die Anonymität der Befragten und der Unternehmen zu wahren, werden bei Zitaten aus den Interviews folgende spezielle Abkürzungen verwendet:

1. Datum: YYMMTT
2. Pharmaunternehmen: A, B
3. Art des Interviewpartners: Konzernmanagement – K, Oberes Management – O, Fach- und Führungskraft der mittleren Ebene – F
4. Nummer Gespräch im Unternehmen – fortlaufend nummeriert

Nach dieser Benennungslogik sowie der Liste der Interviews aus Tabelle III-5 ergeben sich z.B. Zitate wie ‚vgl. 081103_A_F_2'.

Datum	Unternehmen	Art des Interviewpartners	Funktion	Nummer Gespräch im Unternehmen
03.11.2008	A	O	Geschäftsführung	1
03.11.2008	A	F	Leitung Geschäftsentwicklung	2
04.11.2008	A	F	Controlling & Assistenz der Geschäftsleitung	3
04.11.2008	A	F	Key Account Manager International Licensing & Service	4
04.11.2008	A	F	Leitung Arzneimittelzulassung	5
04.11.2008	A	F	Fachreferenz Geschäftsentwicklung	6
18.06.2009	A	O	Geschäftsführung	7
21.10.2009	A	O	Geschäftsführung	8
01.03.2010	A	K	Geschäftsführender Gesellschafter	9
16.03.2010	A	F	Leitung Geschäftsentwicklung	10
16.03.2010	A	F	Fachreferenz Geschäftsentwicklung	11
10.10.2008	B	F	Leitung Entwicklung und Qualitätssicherung	1
10.10.2008	B	F	Projektmanagement „Neue Produkte"	2
10.10.2008	B	O	Geschäftsführung	3
04.06.2009	B	O	Geschäftsführung	4
04.06.2009	B	O	Geschäftsführung	5
30.10.2009	B	F	Leitung Entwicklung und Qualitätssicherung	6
06.11.2009	B	O	Geschäftsführung	7
11.03.2010	B	K	Vorsitzender der Geschäftsführung	8

[Quelle: Eigene Darstellung]

Tab. III-5: Überblick zu den Interviews im Rahmen der Hauptstudie

Wo sinnvoll und erforderlich, werden die Interviewaussagen und qualitativen Informationen im Rahmen der Auswertung kommentiert und interpretiert. Diese kritische Reflexion ist insbesondere dann notwendig, wenn der Eindruck besteht, dass Beobachtungen und Aussagen nicht übereinstimmen, vom eigentlichen Handeln abweichen oder beispielsweise ex-post Rationalisierungen von Entscheidungen vorgenommen werden. Die Ergebnisse der Analyse werden für jeden Fall einzeln dargestellt. Auf Grundlage dieser Fallanalysen werden die Fälle abschließend anhand der entwickelten (Sub-)Kategorien miteinander verglichen. Sinn und Zweck ist es, Kategoriensysteme und Muster zu entwickeln, die die Homogenität, Varianz und Heterogenität der Fälle widerspiegeln (vgl. Keller und Kluge, 1999, 67 ff.). Damit sollen Dimensionen zu Verallgemeinerung von Fallspezifika entwickelt werden, die die Grundlage für die Konzepte und Schlussfolgerungen bilden.

- **Entwickeln von theoretisch-konzeptionellen Ansatzpunkten und Bezug zur Literatur**

In einem iterativen Prozess werden theoretisch-konzeptionelle Ansatzpunkte herausgebildet. Die Analyseschritte zum einzelnen Fall und über beide Fälle hinweg liefern die notwendigen Grundlagen. In möglichst enger Anlehnung an die empirischen Daten werden festgestellte Phänomene systematisch verglichen, ausgewertet und in Theorieansätze überführt. Dabei werden die Ergebnisse aus der Literaturanalyse miteinbezogen.

- **Abschluss**

Der iterative Theorie- und Datenabgleichprozess sollte abgeschlossen werden, wenn kein weiterer Mehrwert durch die Analyse zu erwarten ist. Als Ergebnis der Fallstudie kombiniert mit der Literaturanalyse werden in der Regel Konzepte (im Rahmen dieser Arbeit die Ausarbeitung des Gesamtkonzeptes für Geschäftsmodellinnovationen), konzeptionelle Strukturen oder Theorieansätze erarbeitet.

III.3.2 Ergebnisse der Hauptstudie: Falldokumentation und Einzelfallanalyse

Zuerst werden die beiden Fälle der Fallstudie getrennt voneinander dargestellt und analysiert, bevor sie in einer fallübergreifenden Analyse kontrastiert sowie Ähnlichkeiten und Unterschiede herausgearbeitet werden. Um die Vergleichbarkeit zu gewährleisten, wird dabei eine einheitliche Struktur gewählt. Dabei wird zu Beginn das jeweilige Unternehmen inklusive seines grundlegenden Geschäftsmodells charakterisiert, um die Ausgangslage darzustellen. Anschließend daran werden der Innovationsmanagementansatz und die implizite Rolle von Open Innovation skizziert, was Aufschluss über den grundsätzlichen Umgang mit Innovationen geben soll. Im darauf folgenden Gliederungspunkt werden die zentralen Dimensionen der jeweiligen Geschäftsmodellinnovation(en) ausführlich erläutert, bevor im letzten Teil jeder Fall analysiert und mit seinen wichtigsten Aspekten zusammengefasst wird. Dazu werden die Geschäftsmodellinnovationsfälle anhand der Konzepte und Determinanten aus der Literaturanalyse ausgewertet.

III.3.2.1 Pharma A

III.3.2.1.1 Unternehmensbeschreibung, Geschäftsmodell und zugrunde liegende Strategie

Bei ‚Pharma A' handelt es sich um ein mittelständisches deutsches Pharmaunternehmen mit etwa 180 Mitarbeitern. Das Unternehmen wurde zu Beginn des Jahres 2005 als GmbH aus einem traditionsreichen Familienbetrieb heraus gegründet und gehört nun als autonome Einheit zu einer aus drei Schwesterunternehmen bestehenden Unternehmensgruppe. Aus den Interviewaussagen resultiert, dass der wichtigste Treiber für die Aufteilung des Mutterkonzerns die Auslastung der Produktionskapazitäten war, die ein weiteres Wachstum nicht mehr zuließ. Der

Firmenverbund fokussiert seine Geschäftsaktivitäten heute auf F&E-, Produktions- und Vermarktungsdienstleistungen, insbesondere bezüglich steriler Arzneimittel. Dabei sind in der Gruppe zwei grundlegende Arten von Geschäftsmodellen vertreten: einerseits das Dienstleistungsgeschäftsmodell (zwei Unternehmen, u.a. Pharma A), andererseits das Eigenvermarktungsgeschäftsmodell (ein Unternehmen). Wohingegen sich die Schwesterunternehmen auf die Aspekte der Vermarktung und der Produktion von Arzneimitteln konzentrieren, geht es bei Pharma A vor allem um Forschungs-, Entwicklungs- und Supply Chain-Management. Im Prinzip wurde das Geschäftsmodell der Pharma A in seinen Grundzügen bereits Anfang der Neunziger Jahre entwickelt, jedoch noch nicht als eigenständiges Unternehmen. Damals gab es zwei Schwerpunkte: Erstens den Schwerpunkt der reinen Auftragsfertigung für andere Pharmaunternehmen auf Bestellung und zweitens den Schwerpunkt der proaktiven Akquisition von Kundenaufträgen für die Fertigung. Darauf aufbauend entstand die Idee, mit der Entwicklung vorgefertigter generischer Produkte ein breiteres Angebot für solche Kunden zu generieren, die sich auf die Vermarktung konzentrieren (vgl. 090618_A_O_7). Im Konkreten bedient Pharma A primär europäische und amerikanische Kunden, die in der Pharma-, Chemie-, Biotech- oder Kosmetikbranche beheimatet sind. Die Leistungen von Pharma A umfassen dabei Produktentwicklungen und Laborleistungen, klinische und biologische Studien, Zulassungsservice inklusive Pflege bestehender Zulassungen und Versorgung mit Wirkstoffen und Fertigprodukten. Die derzeitigen Schwerpunkte des Unternehmens liegen in der kundenbezogenen Auftragsentwicklung, Abwicklung eigener Projekte und in der Produktpflege.

Zur Minimierung des Risikos und auch zur optimalen Nutzung von Synergieeffekten innerhalb der Unternehmensgruppe und darüber hinaus hat man begonnen, das Geschäftsmodell von Pharma A als stark „virtuelles Geschäftsmodell" (091021_A_O_8) mit diversen externen Partnern zu gestalten. Dabei werden alle

Leistungen – außer der Zulassung – in der Regel von Externen bezogen. Somit bildet man selbst nur einen sehr kleinen Ausschnitt aus der Wertschöpfungskette ab und verlagert einen Teil der Innovationsrisiken auf die Partner. Kennzeichnend für das Geschäftsmodell ist also die Tatsache, dass Pharma A sich nicht nur auf die eigenen Kompetenzen und Angebote beschränkt, sondern dass man mit Partnern vor- und nachgelagerter Wertschöpfungsstufen eine koordinierende Rolle einnimmt. Um diese Kooperationen im Rahmen des virtuellen Geschäftsmodells ausüben zu können, spielen professionelles Projektmanagement sowie geeignete Mitarbeiter eine zentrale Rolle.

> *„Es geht hier um ein intensives Projektmanagement mit ganz viel Knowhow und Erfahrungen, die man dazu braucht, um das wirklich erfolgreich zu gestalten. (...) Dazu braucht man die Schlüsselressourcen dieses Geschäftsmodells - wirklich sehr gut ausgebildete Mitarbeiter. Das heißt, wir haben ja hier knapp 200 Mitarbeiter, aber wir haben bestimmt so die Größenordnung von gut 160 Akademikern." (090618_A_O_7)*

Im Jahr 2006 erwarb Pharma A eine 100%ige Beteiligung an einer Forschungseinrichtung in Osteuropa, um das eigene Angebot an Entwicklungs- und Labordienstleistungen zu erweitern. Die nächsten Schritte des Ausbaus des Geschäftsmodells folgten, um erstens – im Sinne des oben beschriebenen stark virtuellen Geschäftsmodells – ein Paket an Dienstleistungen für den Pharmamarkt anzubieten und zweitens einen Zugang zum Biotechmarkt zu bekommen. Mit dem Dienstleistungsangebot möchte man ein „Sorglos-glücklich-Paket" (100301_A_K_9) für Pharmakunden schnüren, so dass Pharma A als Partner für alle Fragen von der Entwicklung bis zur langfristigen Zulassungspflege wahrgenommen wird. Derzeit ist man dabei, sich mit den ensprechenden Entwicklungen auf dem Biotechmarkt zu etablieren und das eigene Portfolio abzurunden.

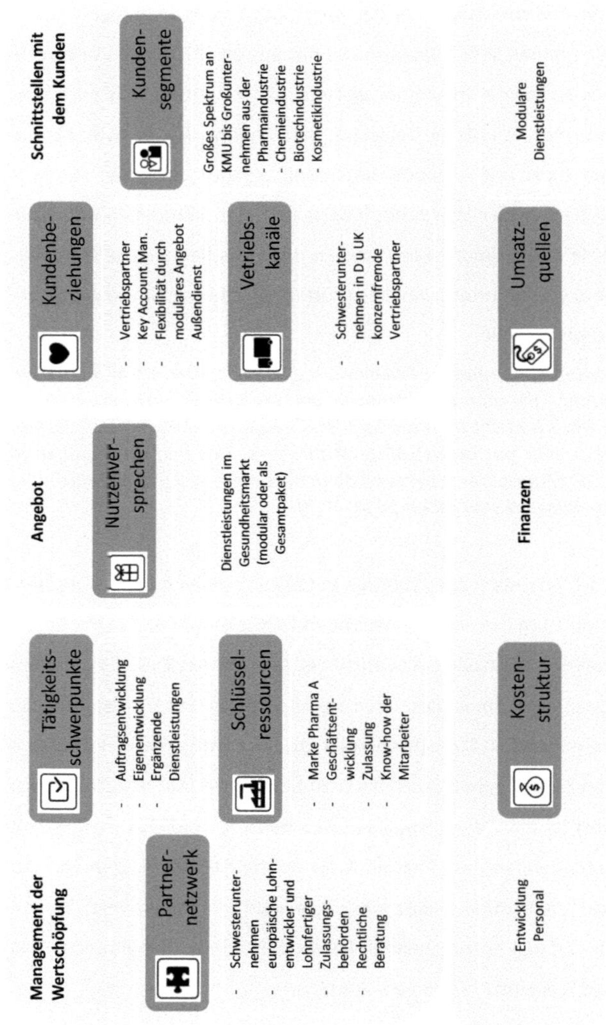

[Quelle: Eigene Darstellung in Anlehnung an Osterwalder und Pigneur, 2010, 18 f.]
Abb. III-2: Bestehendes Geschäftsmodell von Pharma A

Aus Sicht der Geschäftsführung haben also sowohl das Geschäftsmodell (vgl. Abb. III-2) als auch die derzeitigen Produktions- bzw. Forschungskapazitäten das Potenzial, schnell zu wachsen. Das Wachstum wird jedoch vor allem durch die finanziellen Kapazitäten eines Mittelständlers begrenzt. Aufgrund der Tradition als Familienunternehmen ist zudem die Aufnahme von Beteiligungskapital nicht vorgesehen. Der Führungsstil im Unternehmen kann basierend auf den Ergebnissen der teilnehmenden Beobachtung als offen beschrieben werden, die Mitarbeiter werden weitgehend an Entscheidungen beteiligt. Wie Pharma A in der Vergangenheit und heute Innovationen des Geschäftsmodells vorbereitet und bereits vorangetrieben hat, soll nach einer Analyse des betrieblichen Innovationsmanagementansatzes erläutert und diskutiert werden.

III.3.2.1.2 Innovationsmanagement und Rolle von Open Innovation

Pharma A bewegt sich mit seinem derzeitigen Geschäftsmodell vor allem in der Generikaindustrie. Wie in der Vorstudie beschrieben, beziehen sich Innovationen in diesem Segment weniger auf radikal neue Produkte sondern vielmehr auf Schrittinnovationen oder Prozessinnovationen; so auch bei Pharma A.

> *„Aber ich würde einmal sagen, wir haben hier eigentlich nichts, was wirklich in dem Sinne, wie man das bezeichnet, was wirklich echt innovativ ist. Also kein Quantensprung, den wir hier bearbeiten, sondern Schrittinnovation. Insofern ist meine Einschätzung: Wir gehören zur Generikaindustrie und ich glaube, dazu kann man auch stehen. Das ist ja nichts Ehrenrühriges." (100301_A_K_9)*

Nichtsdestotrotz wird versucht, für den Kunden einen zusätzlichen Mehrwert (added value) durch kleine Veränderungen der Darreichungsform oder der Verpackung im Vergleich zum Originalpräparat zu generieren. Darüber hinaus soll in Zukunft eine noch stärkere Differenzierung des Angebots, vor allem durch den

Ausbau des eigenen intellektuellen Kapitals (IP) erzielt werden, um sich langfristig besser gegen den Wettbewerb durchzusetzen.

> *„(...) Dadurch, dass wir einen Strategiewechsel anstreben. Eben weg vom nur Recherchieren und Patente umgehen, hin zu eigene Patente anmelden, denke ich, dass wir schon noch professioneller werden wollen und müssen. Und deswegen denke ich, dass wir in zehn Jahren sicherlich das eine oder andere Patent angemeldet haben werden. Und da auch in Richtung Innovation ein bisschen intensiver werden müssen. Ein bisschen mehr Druck auf Forschung legen, ein bisschen mehr Druck auf innovative Formulierungen, innovative Wirkstoffherstellung. (...) Es soll ein neues Standbein werden." (1003_6_A_F_11)*

Bezüglich des bestehenden Innovationsmanagements zeichnet sich Pharma A durch einen bereits relativ systematischen Ansatz aus. Kern dessen ist ein strukturierter Innovationsprozess, den eine innovative Idee bzw. eine Innovationsprojekt schrittweise durchläuft (vgl. Abb. III-3).

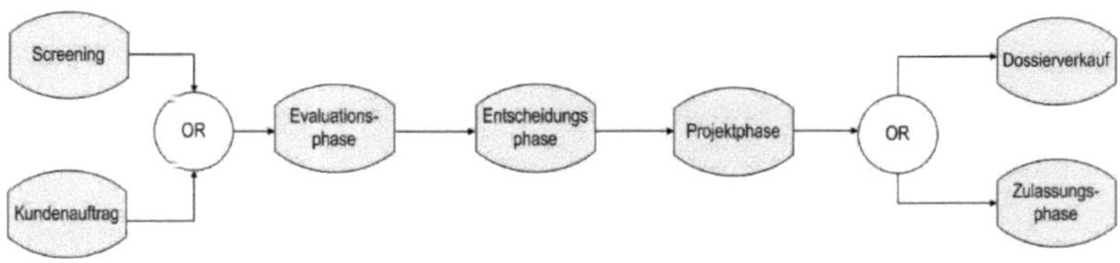

[Quelle: Eigene Darstellung]

Abb. III-3: Übersicht zu den Schritten im Innovationsprozess bei Pharma A

Um immer genügend Ideen in der Pipeline zu haben, wird regelmäßig ein internes Ideenscreening durchgeführt. Die identifizierten Ideen werden von Experten im Unternehmen weiter selektiert und anschließend dem Leitungskreis vorgelegt. Dieses Managementgremium wählt die Ideen mit dem höchsten Erfolgspotenzial aus und beauftragt ein interdisziplinäres Team damit, ausführliche Businesspläne zu erstellen.

Die am Prozess beteiligten Abteilungen steuern folgende Informationen bei:

- Markt-, Wettbewerbs- und Patentsituation;
- potentiellen Kunden, Rohstofflieferanten und Herstellern sowie
- erwarteten Kosten und notwendigen Ressourcen

bei. Die Ergebnisse dieser Recherche bilden wiederum den Ausgangspunkt für die Marketing- und Zulassungsstrategie. In die Ausarbeitung der Businesspläne fließen auch die Erfahrung mit zurückliegenden Projekten und Produkten ein. Die fertigen Businesspläne werden von einem Gremium bewertet, das sich aus Geschäftsführung, Abteilungsleitern und Projektverantwortlichen zusammensetzt, wobei als zusätzliche Entscheidungshilfe eine Portfolioanalyse dient. Jede Idee wird mit speziellen, auf das Unternehmen angepassten Kriterien bewertet und im Zusammenhang mit anderen Innovationsprojekten analysiert. So möchte man ein ausgewogenes Innovationsportfolio gewährleisten. In einer zweidimensionalen Matrix werden die beiden Aspekte ‚eigene Wettbewerbsstärke' und ‚Marktattraktivität' betrachtet. Zur Messung der eigenen Wettbewerbsstärke bezüglich eines Innovationsprojektes werden unter anderem die eigene Entwicklungsexpertise, die Ressourcenverfügbarkeit oder die Passung mit der Unternehmensstrategie bewertet. Die Marktattraktivität hingegen wird mittels Faktoren wie Marktgröße und -trend, Innovationspotenzial oder Kundenpotenzial errechnet. Die Portfolioanalyse dient dem Managementgremium als Orientierungshilfe und Diskussionsgrundlage. Entscheidungen, zugrunde liegende Kriterien sowie deren Bewertung lassen sich somit retrospektiv lückenlos nachvollziehen. Dies ist besonders wichtig, wenn Ideen zurückgestellt und später aufgrund veränderter Unternehmens- und Marktbedingungen neu bewertet werden. Komplett aussortiert werden nur Ideen, die sich als völlig ungeeignet herausstellen. Die erfolgversprechenden Ideen werden anschließend in Innovationsprojekte überführt. Grundlage für das weitere Vorgehen ist ein systematisches Projektmanagement mit eindeutiger

Aufgabenverteilung und zielgerichteter Zeitplanung. Dabei werden die Zeitschienen mit den Produktions- und Liefermöglichkeiten der Lieferanten und den Bearbeitungszeiträumen der Zulassungsbehörden abgestimmt.

Open Innovation-Ansätze werden insbesondere in Form von Kooperationen mit Partnern vor- und nachgelagerter Wertschöpfungsstufen genutzt. Als wichtigste Barriere für Open Innovation wurde bei Pharma A die Angst vor Wissensabfluss genannt. Man versucht, dem durch Geheimhaltungsabkommen (Secrecy Agreements) entgegen zu wirken.

> *„Wir schützen uns natürlich, in dem wir bei jedem Erstkontakt als Allererstes immer ein Secrecy Agreement schließen und wir gehen ja davon aus, dass man sich dadurch schützen kann. Es ist natürlich so, dass man nie weiß, welche Informationen weitergegeben werden und welche nicht. Wir geben auch nicht Informationen an Neukontakte weiter, da halten wir uns sehr bedeckt und bei Leuten, die wir gut kennen, mit denen wir schon andere Projekte durchlaufen haben oder eine Projektentwicklung verkauft haben, da sind wir dann schon offener." (081104_A_F_4)*

Man hat jedoch erkannt, dass diese Geheimhaltungsabkommen in der Realität nicht immer ausreichen, um Interessenskonflikte zu beheben. Gerade wenn der Kooperationspartner ein ähnliches Geschäftsmodell hat wie Pharma A, sind häufig „höhere Schutzwälle" (081103_A_O_1) notwendig.

III.3.2.1.3 Geschäftsmodellinnovationen bei Pharma A: Ansätze und Determinanten

Das Geschäftsmodell der Pharma A ist bis heute in mehreren Phasen aufeinander aufbauend (weiter-)entwickelt worden:

1. 2005: Aufspaltung des Mutterunternehmens in drei Schwesterunternehmen und somit Etablierung von Pharma A als rechtlich selbständiges Unternehmen

2. 2006: Erweiterung des Geschäftsmodells durch Zukauf eines osteuropäischen Forschungs- und Entwicklungsstandortes
3. Bis heute: Steigerung der Effizienz im bestehenden Geschäftsmodell und Erschließung neuer Geschäftsfelder, v.a. der Biotechnologie

1. 2005: Aufspaltung des Mutterunternehmens in drei Schwesterunternehmen und somit Etablierung von Pharma A als rechtlich selbständiges Unternehmen

Vor 2005 lagen die Schwerpunkte des Gesamtunternehmens auf der Auftragsfertigung von Arzneimitteln für andere Pharmaunternehmen und auf der Eigenentwicklung von generischen Produkten, um die bestehenden Produktionskapazitäten vollständig auszulasten. Um die Jahrtausendwende erreichte das Unternehmen mit beiden Ansätzen die volle Auslastung der Produktion, und es bestand der Bedarf, ein neues Geschäftsmodell zu entwickeln.

> *„Das heißt, es war nicht realisierbar, Produkte zu entwickeln in der alten Konstruktion, im alten Geschäftsmodell, das nicht diese Basis hatte, eine Produktion in der eigenen Fabrik zu haben. Das gaben die Systeme insgesamt überhaupt gar nicht her." (090618_A_O_7)*

Die Entwicklung eines neuen Geschäftsmodells basierte auf dem Entwurf des derzeitigen Geschäftsführers von Pharma A, der damals als Abteilungsleiter für Marketing und Vertrieb zuständig war. Zielsetzung des Geschäftsmodells war insbesondere, Markt- und Wachstumspotenziale für die Zukunft zu erschließen. Das Konzept selbst wurde ohne die Mitarbeit weiterer Ebenen erstellt. Gerade die Einbindung unterer Managementebenen oder operativer Mitarbeiter wurde damals als nicht zielführend betrachtet mit der Begründung, dass diese häufig nicht genügend von der jetzigen Situation bzw. dem heutigen Geschäftsmodell abstrahieren könnten (vgl. 090618_A_O_7). Man wollte die neutralen Fakten zu Papier bringen, ohne im ersten Schritt die personelle oder strukturelle Ebene zu betrachten. Der Entwurf wurde Anfang 2004 den Gesellschaftern vorgelegt, die aus Sicht des Geschäftsführers als traditionell sehr konservativ einzuschätzen sind. Das Konzept wurde angenommen. In der Umgestaltung des Unternehmens wurde innerhalb von neun Monaten eine eigenständige GmbH als Finanzholding etabliert, unter der drei eigenständige GmbHs – unter anderem die Pharma A GmbH – gegründet wurden.

2. 2006: Erweiterung des Geschäftsmodells durch Zukauf eines osteuropäischen Forschungs- und Entwicklungsstandortes

Das ursprünglich stark interorganisational, auf Kooperationen in der Generikaindustrie ausgerichtete Geschäftsmodell von Pharma A barg nur begrenzte Differenzierungs- und Margenpotenziale für das Unternehmen in sich. Daher entschied man im Jahr 2006, mit dem Zukauf eines osteuropäischen Forschungs- und Entwicklungsstandortes die eigene Wertschöpfung kostenoptimal auszubauen. Einschränkend dazu ist zu erwähnen, dass der Aufkauf nicht strategisch geplant und eingeleitet worden war sondern mehr und minder zufällig entstand.

> *„Daraufhin war es mehr ein Zufallsprodukt, dass uns durch einen externen Berater dieser Standort in Osteuropa angeboten wurde. Das passiert ja eigentlich wöchentlich, dass uns irgendwelche Unternehmen angeboten werden, die zur Übernahme anstehen. Das ist halt so, und wir gucken uns das auch alles immer interessiert an und sagen, ob es passen oder interessant sein könnte." (091021_A_O_8)*

Diese Chance wurde primär deswegen positiv evaluiert, da der Standort als ehemaliges staatliches Forschungsinstitut komplementäre Forschungskompetenzen zu niedrigen Kosten bot. Insbesondere die Tatsache, dass dort Erfahrung mit innovativen Produkten vorhanden waren – d.h. nicht mit Generika, sondern mit neuen Wirkstoffe, die auch teilweise lizensiert wurden – war ausschlaggebend. Die notwendigen Forschungs- und Entwicklungskapazitäten mit einer eigenen Klinikstation sowie Analytik- und Entwicklungsressourcen waren zudem schon vorhanden. Der neue Standort war also als klassischer Dienstleister breit aufgestellt (vgl. 081103_A_F_2). Nach einer kurzen Evaluierungsphase entschied Pharma A zusammen mit den Gesellschaftern des Mutterunternehmens, das Unternehmen aufzukaufen. Mit diesem Schritt bot sich Pharma A also die Möglichkeit, das eigene Geschäftsmodell gezielt abzurunden. Zusammenfassend waren insbesonders vier Aspekte entscheidend (vgl. 091021_A_O_8): das fachkompetente Personal, die komplementären Kompetenzen, die Erfahrung vor Ort und ein gutes Kosten-Leistungs-Verhältnis.

Da das Unternehmen zuvor noch keine Erfahrungen mit Akquisitionen in dieser Größenordnung hatte, gab es einige Hürden bis zum eigentlichen Kauf zu überwinden. Zwar wurden auch externe Berater genutzt, aber insgesamt ist der Prozess nicht reibungslos abgelaufen (vgl. 091021_A_O_8). Im Nachhinein hat es sich beispielsweise als problematisch herausgestellt, dass kein durchgängig Verantwortlicher für das Akquisitionsprojekt bestimmt worden war. Erschwerend kamen interkulturelle und historische Aspekte hinzu; man hatte es sich zu Beginn leichter vorgestellt, eine ehemals sozialistische Organisation mit ihrer Belegschaft in ein westeuropäisches, mittelständisches Unternehmen zu integrieren. Auch mangelnde Veränderungsbereitschaft auf der individuellen Ebene behinderte das Zusammenwachsen der beiden Unternehmen. Nach einiger Zeit konnte jedoch der eigentliche Integrationsprozess erfolgreich abgeschlossen werden, wobei es sich als hilfreich herausgestellt hatte, die Belegschaft teilweise auszutauschen und um neue, auch international erfahrene Mitarbeiter aufzustocken (vgl. 091021_A_O_8). Somit konnten verkrustete Strukturen leichter aufgebrochen werden. Insgesamt war jedoch mehr Geduld notwendig als anfangs gedacht: Der erwartete Turnaround im Ertrag wurde bei Pharma A nicht nach 2 sondern erst nach 3,5 Jahren geschafft. Für die nächsten Jahre ist es der Plan, die teils noch ungenutzten Kapazitäten und Kompetenzen am osteuropäischen Standort im Rahmen des Geschäftsmodells besser zu nutzen.

> *„Wir haben fast 20.000 m² Forschungsfläche vor Ort, von denen wir vielleicht 15% im Moment wirklich nutzen, da gibt es also große Ausbaureserven, da könnte man mit mehr finanziellem Einsatz und Risikokapital sicherlich viel mehr machen und viel schneller etwas machen." (090618_A_O_7)*

Der Forschungs- und Entwicklungsstandort von Pharma A wurde Anfang 2009 erfolgreich von der amerikanischen FDA (Food and Drug Administration) auditiert, so dass die dort erbrachten Dienstleistungen nun auch auf dem amerikanischen Markt angeboten werden können. Weiterhin hat der Standort das nationale GMP (Good Manufacturing Practice)-Zertifikat erhalten, was ermöglicht, dass dort nun auch Freigaben für den europäischen Markt erstellt werden können.

Zusammenfassend lässt sich festhalten, dass der Zukauf des Standortes insbesondere Auswirkungen auf die eigenen Tätigkeitsschwerpunkte und die Kostenstruktur im Geschäftsmodell hatte (vgl. Abb. III-4, wichtige Änderungen fett markiert). Im zweiten Schritt können wegen der neuen Angebotsbreite auch neue Kundensegmente angesprochen und somit neue Umsätze getätigt werden.

Weitere Investitionen zum Ausbau des Geschäftsmodells von Pharma A sind geplant, vor allem was zusätzliche Dienstleistungen in den relevanten Pharma- und Biotechsegmenten anbelangt. Wie Pharma A das Geschäftsmodell somit von einem reinen Generikaangebot hin zu innovativeren Dienstleistungen für (biotechnologische) Originalpräparate entwickelt, wird im folgenden Abschnitt diskutiert.

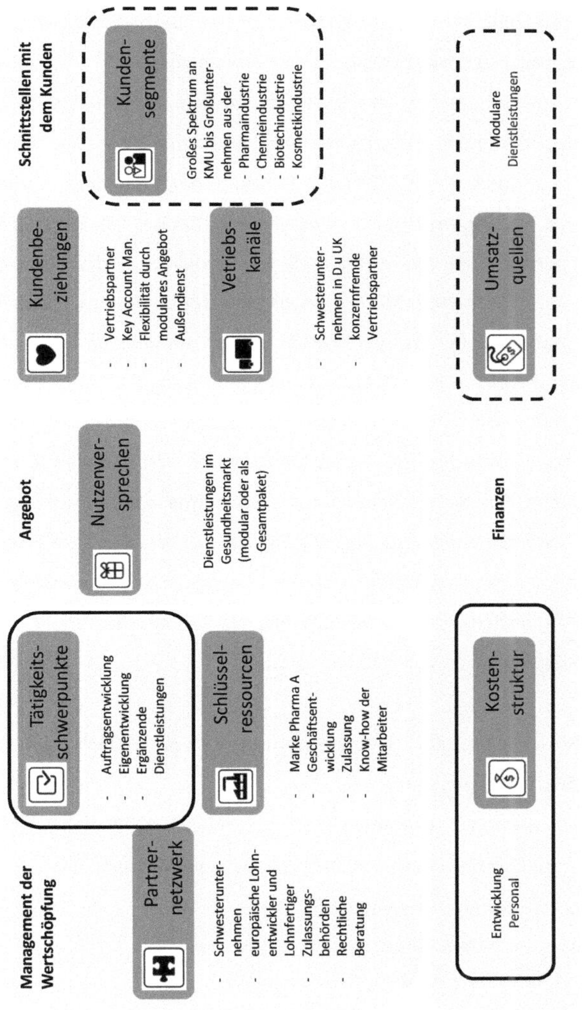

[Quelle: Eigene Darstellung in Anlehnung an Osterwalder und Pigneur, 2010, 18 f.]

Abb. III-4: Zentrale Auswirkungen des Aufkaufs des FuE-Standortes auf das Geschäftsmodell von Pharma A

3. Bis heute: Steigerung der Effizienz im bestehenden Geschäftsmodell und Erschließung neuer Geschäftsfelder, v.a. der Biotechnologie

Die Biotechnologiebranche hat sich in den letzten zwanzig Jahren von einer sehr starken Technologieorientierung hin zu einer Produktorientierung entwickelt. Dies geschah einerseits durch den wachsenden Reifegrad der Technologien und andererseits aufgrund der Forderung seitens der Venture-Capital-Gesellschaften nach einer Wertsteigerung durch die Vermarktung von Produkten. Zudem hat die Konsolidierung der Branche dazu geführt, dass vermehrt nach Venture-Capital-unabhängigen Geschäftsmodellen mit geringerem Investitionsaufwand – vor allem im Dienstleistungsbereich, z.B. Auftragsforschung oder -produktion – gesucht wird. Als Erfolgsfaktoren dafür sind eine solide Technologieplattform, eine entsprechende IP-Strategie sowie professionelles Management und nachhaltige Finanzplanung zu nennen. Aus diesen Gründen hat sich Pharma A dazu entschlossen, ein geeignetes Geschäftsmodell zur Auftragsentwicklung basierend auf einer entsprechenden Technologieplattform aufzubauen. Entscheidende Kriterien hierbei sind die Nähe zum bisherigen Dienstleistungsangebot des Unternehmens sowie überschaubare Kapitalkosten und Risikofaktoren.

DasGeschäftsmodell ist wie folgt zu charakterisieren (vgl. 090618_A_O_7, 091021_A_O_8, 100301_A_K_9):

- Zielkunden: ausgewählte Unternehmen insbesondere im Biotechsektor aber auch in der Chemie- oder Kosmetikindustrie, kein Massenmarkt
- Eigene Tätigkeitsschwerpunkte/Angebot:
  - Forschungs- und Entwicklungsleistung bis zur klinischen Phase I
  - Herstellung von biopharmazeutischen Wirkstoffen
  - Entwicklung von Technologien zur Verbesserung der Herstell- und Entwicklungsprozesse
  - Organisation der Supply Chain
  - Produktpflege nach der Zulassung

- Partnernetzwerk:
  - Produktionspartner (ggf. aus dem Unternehmensverbund)
  - Wissenschaftliche Einrichtungen
  - Vermarkter (ggf. aus dem Unternehmensverbund)
- Finanzierung: zusätzlich externe Investoren notwendig

Insbesondere die Herstellung von biopharmazeutischen Wirkstoffen und die Entwicklung von Technologien zur Verbesserung der Herstell- und Entwicklungsprozesse stellen eine Erweiterung des derzeitigen Geschäftsmodells dar. Eine zentrale Komponente des Biotech-Geschäftsmodells sind wiederum vertikale aber auch horizontale Kooperationen, ohne die das Vorhaben nicht realisierbar wäre (vgl. 091021_A_O_8). Einbezogen werden auch Wettbewerber, die durchaus eine ähnliche Unternehmensstruktur haben können. Der Mehrwert könnte darin bestehen, dass diese Wettbewerber ähnliche Kunden in anderen Regionen beliefern und komplementäre Kompetenzen haben (vgl. 100301_A_K_9).

Zur Realisierung des Geschäftsmodells wurden mehrere Schritte festgelegt. Parallel zum ständigen Ausbau der notwendigen Ressourcen, Kompetenzen und Qualitätszertifikate (z.B. GMP) werden vor allem die Herstellungs- und Entwicklungskapazitäten für die Wirkstoffe und Produkte etabliert. Wie erwähnt erfolgt dies sowohl in-house als auch zusammen mit geeigneten horizontalen und vertikalen Partnern. Zudem hat Pharma A in 2009 eine enge Kooperation mit einem Unternehmen des biotechnologischen Sektors gestartet, um diesen Markt für sich zu erschließen. Der Kooperationspartner bietet durch sein Angebot biopharmazeutischer Dienstleistungen im Bereich der Auftragsherstellung besondere Synergien und Potenziale. Gleichzeitig werden Kunden akquiriert und erste Kundenaufträge angenommen. Um die (Anfangs-)Finanzierung zu gewährleisten, wurden zusammen mit Universitäten Forschungsgelder der Europäischen Union eingeworben (vgl. 091021_A_O_8).

> *„Wir fangen jetzt erst an, über geförderte Wissenschaftsprojekte uns an das Thema ran zu tasten. Es geht darum, bestimmte Gerätschaften anzuschaffen und Know-how aufzubauen (...). Das ist schon wichtig, dass man, wenn man einen Kunden einfangen will, sagen kann, sieh mal, ich habe das schon einmal gemacht." (100301_A_K_9)*

Geplant ist nun, mithilfe dieser ersten Kooperationsprojekte mit Industrie- und Wissenschaftspartnern das biotechnologische Geschäftsmodell weiter auszubauen und anhand realer Kundenprojekte praktisch zu erproben. Die Vision ist, sich als das „Kompetenzzentrum für die Pharmaindustrie und Biotechnologie in Europa" zu positionieren (vgl. 081103_A_O_1). Die Auswirkungen auf das bestehende Geschäftsmodell von Pharma A waren enorm (vgl. Abb. III-5, wichtige Änderungen fett markiert).

Durch die Ausweitung des Angebots mussten vor allem die Wertschöpfung neu organisiert und aufgrund der gestiegenen Kosten mögliche Invesitionen kalkuliert werden. Im zweiten Schritt hat die Innovation Auswirkungen auf die relevanten Kundensegmente, passende Vertriebspartner und die Umsatzquellen. Pharma A sieht neben dem Ausbau der biotechnologischen Aktivitäten des Unternehmens noch weitere Optionen, das Geschäftsmodell effizienter zu gestalten bzw. anzupassen. Aus Sicht der Geschäftsführung bieten das Geschäftsmodell und die derzeitigen Produktions- bzw. Forschungskapazitäten Wachstumspotenziale.

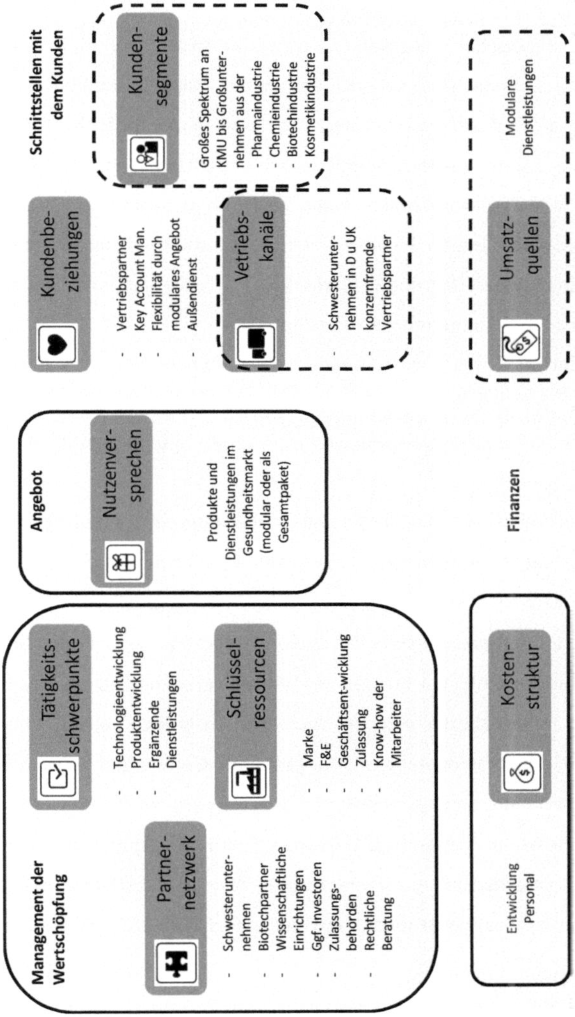

[Quelle: Eigene Darstellung in Anlehnung an Osterwalder und Pigneur 2010, 18 f.]

Abb. III-5: Zentrale Auswirkungen durch die Erschließung neuer Geschäftsfelder (v.a. der Biotechnologie) auf das Geschäftsmodell von Pharma A

Wie bei vielen mittelständischen Unternehmen ist das Wachstum von Pharma A jedoch durch die eigenen finanziellen Kapazitäten begrenzt. Man entscheidet sich bewusst für ein langsames Wachstum, um den Eigenkapitalanteil möglichst hoch zu halten. Ein weiterer Aspekt ist die Zusammenarbeit in der Unternehmensgruppe. Zwischen den Schwesterunternehmen finden zwar bereits zahlreiche Kooperationen statt; es gestaltet sich für Pharma A jedoch nicht immer einfach, den optimalen Mittelweg zwischen Nutzung der Synergien in der Gruppe und Fokussierung auf die eigenen Kernkompetenzen zu finden.

> *„Wir sehen aber auch, dass sich so eine gewisse Silomentalität entwickelt hat. Also, dass die Kollegen der einen Firma den anderen nichts mehr gesagt hatten. Man hat nicht mehr miteinander gesprochen. Nach dem Motto du bist der Wettbewerber oder das darf ich dir nicht sagen." (100301_A_K_9)*

Daher hat man insbesondere seit 2008 in der Unternehmensgruppe ein stärkeres Augenmerk darauf gelegt, die Aktivitäten in den einzelnen Unternehmen auch auf Konzernebene zu betrachten. Das Ziel ist es, einerseits die Ressourcen und Synergien optimal zu nutzen und andererseits die Reibungen dort zu reduzieren, wo die Schwesterunternehmen z.B. bei Kunden als Wettbewerber auftreten. Auch Kooperationspartner außerhalb der eigenen Unternehmensgruppe spielen eine große Rolle, um das Geschäftsmodell optimal zu gestalten. Gerade in der Zusammenarbeit mit Externen hat man zwar bereits viel dazu gelernt, möchte sich diesbezüglich aber noch besser aufstellen (vgl. 100316_A_F_10). Insgesamt sieht man sich bezüglich der Ertragsentwicklung auf einem guten Weg, das Geschäftsmodell auf eine solide Basis mit Investitionsrücklagen zu stellen (vgl. 090618_A_O_7).

Zuletzt sollen zusammenfassend die zentraler Treiber und Hemmnisse beleuchtet werden, die bei den verschiedenen Arten der Geschäftsmodellinnovation bei Pharma A gewirkt haben. Als ein Erfolgsfaktor in der langfristigen Umsetzung des skizzierten Geschäftsmodells wird die richtige Operationalisierung desselben angesehen: die konsequente Dokumentation in Business Plänen als Teil der strategischen Planung, das Übersetzen in taktische und operative Zielsetzungen und die langfristige Nachverfolgung der Ziele (vgl. 090618_A_O_7). Sehr früh wurden die Vision und der strategische Plan entwickelt, das Pharma-Biotech-Kompetenzzentrum in Europa zu werden. Die daraus abgeleiteten Arbeitspakete wurden bis auf die untere Mitarbeiterebene weitergegeben. Mithilfe eines strukturierten, turnusmäßigen Strategieentwicklungsprozesses unter Beteiligung verschiedener Managementebenen und externer Berater konnten die langfristige Nachverfolgung des entwickelten strategischen Plans und die notwendigen Anpassungen an neue Gegebenheiten sichergestellt werden. Diese ausgewogene Kombination aus Stabilität und Flexibilität wurde als ein weiterer Treiber für erfolgreiche Geschäftsmodellinnovationen identifiziert.

> *„Natürlich muss man eine gewisse Flexibilität auch in seinem Dienstleistungsspektrum haben, man muss sich schon sehr auf den Markt einstellen, der Markt ist genauso schnell im Pharmabereich heute oder sagen wir in dem gesamten Dienstleistungssektor, wie in der IT-Branche, oder was auch immer." (090618_A_O_7)*

Dabei hat sich als nächster Treiber herauskristallisiert, dass man sich bei der Konzeption neuer Geschäftsmodelle nicht nur von den eigenen Kompetenzen leiten ließ. Man denkt bei Pharma A in ‚virtuellen', interorganisational ausgerichteten Geschäftsmodellen, wodurch die eigenen bestehenden Kernkompetenzen zwar eine leitende Funktion erfüllen, jedoch externer Partner und Dienstleister in neuen Geschäftsmodellen gleichermaßen eine Rolle spielen. Diese Herangehensweise ermöglicht es dem Unternehmen über bestehende Kapazitäts- und Ressourcengrenzen sowie Wertschöpfungsketten hinweg neue Geschäftsmodelle zu gestalten.

Doch auch im Falle von Pharma A hat sich die Flexibilität bezüglich neuer Geschäftsmodelle bisher immer in gewissen Grenzen bewegt. Anders gesagt, wurde mit jeder Geschäftsmodellinnovation an Bestehendes angeknüpft, weshalb die Innovationen als Schrittinnovationen im Rahmen eines organischen Wachstums – „(...)eine logische Weiterentwicklung von etwas (...), was schon da war" (100301_A_K_9) - zu bezeichnen sind. Dies war für das Unternehmen eher vereinbar mit der konservativen Grundhaltung und Mentalität der Gesellschafter und der Belegschaft, als wenn radikale Sprünge durchgeführt worden wären.
Gerade die Gesellschafter bzw. das obere Management scheinen darüber hinaus bei der Weiterentwicklung des Geschäftsmodells eine zentrale Rolle zu spielen. Nur wenn sie letztendlich überzeugt sind und die weitere Umsetzung der strategischen Pläne vorantreiben, kann die Geschäftsmodellinnovation – auch gegen mögliche interne Widerstände oder bei verzögertem Erfolg – zum Ziel geführt werden. Dieser Aspekt gewinnt eine noch größere Bedeutung, wenn das neue Geschäftsmodell verstärkt interorganisational ausgerichtet sein soll. Denn hier ist es neben der Überzeugung und Offenheit des jeweiligen Managements unabdingbar, dass am Ende ein spürbarer Mehrwert für beide Partner zu erwarten ist. Dies könnte bei inhabergeführten Unternehmen eine besondere Herausforderung darstellen, insbesondere dann, wenn im Rahmen des interorganisationalen Geschäftsmodells auch Unternehmensverflechtungen oder –aufkäufe angedacht sind. Derartige Kooperationen erfordern ein gewisses Maß an Grundvertrauen und hängen am Ende an der Verständigung einzelner Menschen. Bei den häufig inhabergeführten mittelständischen Pharmaunternehmen ist diese subjektive Vertrauensebene von zentraler Bedeutung, da „(...) der Inhaber immer irgendwo eine Angst hat, dass er am Ende nicht mehr Inhaber ist" (100301_A_K_9).

Neben diesen Treibern existieren auch Hindernisse für Geschäftsmodellinnovationen, wie sie sich im Falle von Pharma A gezeigt haben. Als wichtigstes Hemmnis wurden von verschiedenen Befragten die finanziellen Restriktionen des (mittelständischen) inhabergeführten Unternehmens genannt. Insbesondere ist man abgeneigt, möglicherweise notwendiges Fremdkapital zu nutzen; positive Investitionsentscheidungen werden nur gefällt, wenn genügend Eigenkapital vorhanden ist (vgl. 090618_A_O_7). Im Vordergrund steht die zu bewahrende Tradition als Familienunternehmen, weshalb die derzeitige Gesellschaftstruktur durch die Aufnahme von Beteiligungskapital nicht verändert werden soll. Hinzu kommt, dass gerade in der Generikaindustrie die Zeitspanne, in der das Produkt am Markt erfolgreich platziert werden kann, sehr kurz ist. Daher sind innerhalb kurzer Zeit enorme Marketingaufwendungen notwendig, die Pharma A nicht immer aufbringen kann. Demzufolge konzentriert man sich auf Nischenprodukte, wo der Wettbewerb nicht so groß ist und man seine Flexibilität als mittelständisches Unternehmen nutzen kann (vgl. 100301_A_K_9). Als inhabergeführtes Familienunternehmen – wie im Falle von Pharma A – kann man zwar einerseits von Vorteilen wie Stabilität und langfristige strategische Orientierung (vgl. 100301_A_K_9) profitieren, andererseits muss man aber auch potentielle Nachteile wie strategische Inflexibilität, Risikoaversion und eine konservative Grundhaltung (vgl. 090618_A_O_7) kompensieren. Darüber hinaus verlangen Geschäftsmodellinnovationen oftmals, dass sich Unternehmen neu aufstellen und die eigene Identität weiterentwickeln können. Dies wird aus verschiedenen Gründen bei Pharma A als Herausforderung angesehen.

> *„Und Sie wissen selbst, wenn Sie versuchen etwas neu zu positionieren, das wird äußerst kritisch und sie verlieren häufig die Identität und sie verlieren sozusagen auch ein Stück dessen, was sie aufgebaut haben.“ (090618_A_O_7)*

Die hierbei angesprochenen bestehenden Kernkompetenzen können so nicht nur Wettbewerbsvorteile bringen, sondern auch eine Einschränkung bezüglich neuer

Geschäftsmodelle darstellen. Daher ist ein langer Atem notwendig, um neue Kernkompetenzen aufzubauen und diese erfolgreich am Markt zu platzieren. Hemmnisse für Geschäftsmodellinnovationen sind jedoch nicht nur auf der organisationalen sondern auch auf der individuellen Ebene zu suchen. Diese können sich in einer diffusen Ablehnung jeglicher Veränderung oder aber auch in einer konkreten Wahrung des Bestehenden und der eigenen Position bzw. Stati äußern (vgl. 090613_A_O_7). Insbesondere in Phasen, in denen das bestehende Geschäft (noch) sehr gut läuft, ist die Notwendigkeit zu Neuem bzw. zum Wandel schwer zu vermitteln (vgl. 100301_A_K_9). Sowohl auf Management- als auch auf Mitarbeiterebene ist eine nachhaltige Überzeugungsarbeit notwendig, um die notwendigen Veränderungen tatsächlich umzusetzen. Verschiedene Positionen müssen in das neue Konzept integriert werden, wobei es am Ende immer Gewinner und Verlierer der Veränderung geben wird.

Nach den verschiedenartigen Phasen der Geschäftsmodellinnovation ist die zentrale Erkenntnis von Pharma A, dass jedes noch so gute Geschäftsmodell weiterentwickelt, diversifiziert und immer wieder erneuert werden muss.

> *„Viele Dinge, viele Wertschöpfungsketten, die wir vor zwei oder drei Jahren betrieben haben, funktionieren heute schon gar nicht mehr so, wie so vor zwei oder drei Jahren funktioniert haben. Also es ist ein ständiger Wandel.“ (100301_A_K_9)*

Gerade als mittelständisches Unternehmen scheint man den Weg der kleinen Schritte mit überschaubaren Risiken zu bevorzugen.

III.3.2.1.4 Analyse und Zusammenfassung des Falls

Man kann das – bei Pharma A sogenannte – ‚virtuelle‘ Geschäftsmodell als interorganisational ausgerichtetes Geschäftsmodell bezeichnen. Die Besonderheit besteht jedoch darin, dass Pharma A nicht nur mit externen Partnern zusammenarbeitet, sondern gegenüber dem Kunden als Komplettanbieter und Koordinator des Wertschöpfungsprozesses auftritt. Dabei ist das Geschäftsmodell aber nicht vollständig virtuell, d.h. man deckt mit den eigenen Kernkompetenzen Teile der Wertschöpfungskette selbst ab. Dies entspricht nach SCHWEIZER (2005) und HEUSKEL (1999) dem Orchestrator. Man bietet Produkte entsprechend der eigenen Kernkompetenzen an, ist jedoch als Koordinator auch an vor- und nachgelagerten Gewinnpotenzialen beteiligt. Bei Pharma A kann dies z.B. derart erfolgen, dass man dem Kunden gegenüber ein Komplettpaket aus Entwicklung, Produktion und Vertrieb anbietet, Teile der Leistung jedoch bei Partnerunternehmen einlizensiert oder einkauft. Bezüglich des Innovationsmanagements und der Open Innovation-Strategie kann Pharma A bereits einen weitgehend systematischen Ansatz vorweisen (vgl. Abb. III-6). Neben strukturierten Ideenbewertungs- und Produktentwicklungsphasen können als besondere Stärken von Pharma A die klare strategische Ausrichtung, die Erstellung von Business Plänen für innovative Ideen, der gut gefüllte Ideenpool sowie die flache Organisationsstruktur herausgestellt werden. Zudem wird der Innovationsprozess durch eine offene Unternehmenskultur sowie das Engagement und die Unterstützung durch die Geschäftsführung getragen. Zur Optimierung des Innovationsmanagements könnten Experten und vorhandene Kapazitäten aus anderen Teilen der Unternehmensgruppe noch intensiver genutzt werden. Synergien in den Portfolios sollten abgestimmt und voll ausgeschöpft werden, um gemeinsam die Wettbewerbssituation zu verbessern.

Darüber hinaus ist die Open Innovation-Strategie von Pharma A als ausbaufähig zu beschreiben. Bereits vorhandene Ansätze zur Integration externen Know-hows, Entwicklungs- und Produktionskapazitäten könnten verbessert werden. Dazu sollte der Innovationsprozess so gestaltet werden, dass Kooperationsmöglichkeiten und andere Open Innovation-Ansätze systematisch von der Phase der

Ideenfindung bis hin zur Vermarktung identifiziert werden können. Open Innovation kann nur erfolgreich sein, wenn der Ansatz als integraler Bestandteil eines gut strukturierten und tief im Unternehmen verankerten ganzheitlichen Innovationsmanagements verstanden wird (vgl. Adelhelm et al., 2011, 36; Chesbrough 2003a; Pisano, 1990, 153).

Positiv	Neutral	Negativ
• objektives Instrument zur Aufbereitung und Bewertung von Ideen mit definierten Kriterien (BP & Portfolio) • hohe Qualitätsstandards & strukturierte Arbeitsschritte • offene, innovationsfreudige Unternehmenskultur • abteilungsübergreifende Zusammenarbeit	• Ideengenerierung • Zertifizierung • flache Organisations-struktur, kurze Entscheidungswege	• eingeschränkte Einbeziehung der anderen Konzernteile • Schnittstellenkoordination, • mangelhafter Ideeneingang externer Ideen • Wissensmonopole (z.B. Produkt-, Projekt-, Kunden- und Lieferantenwissen)

[Quelle: Eigene Darstellung]

Abb. III-6: Bewertung des Innovationsmanagements bei Pharma A

Die ausführlich vorgestellten Geschäftsmodellinnovationen im Falle von Pharma A sollen im Folgenden – unter anderem unter Nutzung der Determinanten aus der Literaturanalyse – ausgewertet und zusammengefasst werden (vgl. Abb. III-7). Dabei ist es sinnvoll, die verschiedenen Phasen der Geschäftsmodellinnovation in eine Aufbau- und Explorationsphase einerseits (vornehmlich bis 2005) und Ausbau- und Exploitationsphase (2006 bis heute) andererseits zu unterteilen.

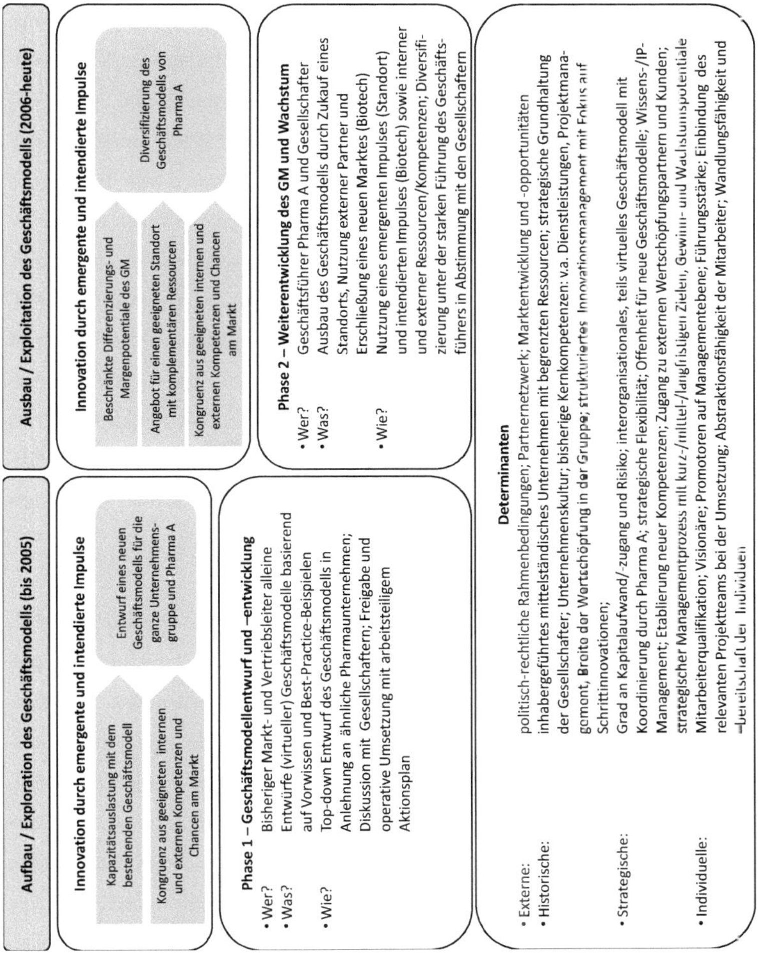

[Quelle: Eigene Darstellung]

Abb. III-7: Geschäftsmodellinnovationen bei Pharma A

Betrachtet man die ausschlaggebenden Impulse für beide Geschäftsmodellinnovationen lässt sich festhalten, dass sowohl intendierte, strategische Überlegungen (z.B. die Erkenntnis, dass neue Geschäftsmodelle notwendig sind, da das bestehende Geschäftsmodell nur beschränkte Margen- und Wachstumspotenziale in sich birgt) als auch emergente, zufällige Aspekte (z.B. das passende Angebot eines ausländischen Standortes) eine Rolle spielten. In beiden Fällen musste jedoch zum richtigen Zeitpunkt eine Kongruenz aus geeigneten internen und externen Kompetenzen und Chancen am Markt vorliegen, um das neue Geschäftsmodell erfolgreich zu etablieren. Der Geschäftsmodellinnovationsprozess kann in beiden Fällen in die Phasen Idee/Impuls - Entwerfen/Innovieren – Implementieren unterteilt werden, wobei Iterationen in allen Phasen vorkamen. Getrieben wurde der Prozess stark von der Managementebene (ein einzelner Geschäftsführer und die Gesellschafter). Weitere Mitarbeiter wurden erst stärker im zweiten Teil des konkreten Entwerfens / Implementierens eingebunden.

Im Folgenden sollen die wichtigsten Determinanten beleuchtet werden. Bezüglich der externen Determinanten sind die politisch-rechtlichen Rahmenbedingungen zu nennen. Damit sind einerseits die in der Vorstudie erläuterten politisch-rechtlichen Rahmenbedingungen für die Pharma- und insbesondere die Generikaindustrie gemeint und andererseits die speziellen Bedingungen beispielsweise für den ausländischen Forschungs- und Entwicklungsstandort, der im Rahmen der Exploitationsphase aufgekauft worden war. Eine weitere wichtige Rolle spielen die Partner im Netzwerk von Pharma A. Durch das interorganisational ausgerichtete Geschäftsmodell haben Schwesterunternehmen, Forschungs- und Entwicklungsdienstleister, Berater, Produzenten und Vermarkter eine große Bedeutung. Wie oben erläutert sollten zudem externe Marktchancen regelmäßig analysiert werden, da sie das Zeitfenster und die Ansatzpunkte für neue Geschäftsmodelle darstellen. Darüber hinaus liefern historische Determinanten wichtige Eckpunkte für Geschäftsmodellinnovationen bei Pharma A. Als inhabergeführtes mittelständisches Unternehmen sind nicht nur lediglich begrenzte Ressourcen (z.B. Kapital, Personal) verfügbar, man hat sich auch in seiner strategischen Ausrichtung bewusst für langsames, organisches Wachstum ohne Beteiligungskapital und mit Fokus auf Schrittinnovationen entschieden. Weiterhin kann die strategische Grundhaltung der Gesellschafter als konservativ und risikoavers beschrieben werden, was zusätzlich eher inkrementale (Schritt-)Innovationen als radikale Innovationen begünstigt. Daher haben die ursprünglichen Kernkompetenzen von Pharma A (z.B. Projektmanagement, Dienstleistungen) eine stark leitende Funktion für neue Geschäftsmodelle. Eingebettet in eine Konzernstruktur muss sich Pharma A aufgrund der übergeordneten, weitgehend synergieorientierten Gruppenstrategie auch daran orientieren, bei neuen Geschäftsmodellen die Interessen der Schwesterunternehmen zu berücksichtigen und sie – wo möglich und sinnvoll – in das Partnernetzwerk einzubinden. Dieser Aspekt leitet über zu den strategischen Determinanten für Geschäftsmodellinnovationen bei Pharma A. Das grundlegend interorganisational ausgerichtete Geschäftsmodell ist mittelfristig richtungsgebend bei strategischen Entscheidungen von Pharma A. Die Entscheidung, welche Kompetenzen bei neuen Geschäftsmodellen selbst übernommen bzw. outgesourct werden, bietet jedoch ausreichend strategische Flexibilität für Innovationen. Es kann auch eine gewisse Offenheit für neue Geschäftsmodelle konstatiert werden, was sich bei Pharma A sowohl in der Explorations- als auch Exploitationsphase gezeigt hatte. Unterstützend hierfür wirkt das breitgefächerte Netzwerk aus Wertschöpfungspartnern, Kunden und Beratern. Im Rahmen des bestehenden strategischen Managementprozesses mit kurz-, mittel- und langfristigen Zielen ist Pharma A für ein mittelständisches Unternehmen sehr gut aufgestellt. Man verfügt über eine turnusmäßige Diskussions- und Entscheidungsplattform für neue Geschäftsmodellideen. Nichtsdestotrotz ist auch bei Pharma A festzustellen, dass die Generierung, das Entwerfen, das Innovieren und Implementieren von Geschäftsmodellen stark von individuellen Determinanten abhängen. Auf der Management- und Gesellschafterebene hat sich eine offene, visionäre und unternehmerische aber auch durchaus konservative Grundhaltung als Impulsgeber und Stellhebel für neue Geschäftsmodelle herauskristallisiert. In der Überzeugungsarbeit gegenüber Mitarbeitern, bei der Einbindung der relevanten Projektteams und beim Implementieren hat man zudem die Bedeutung der Führungsstärke erkannt. Als weitere wichtige Faktoren auf Mitarbeiterebene sind das gute Qualifikationsniveau, die Abstraktionsfähigkeit und die Innovationsbereitschaft des Einzelnen zu nennen. Unabhängig von der Hierarchieebene kann zuletzt festgehalten werden, dass der Erfolg von Geschäftsmodellinnovationen bei Pharma A kurz-, mittel- und langfristig von der Wandlungsfähigkeit und –bereitschaft der beteiligten Personen abhängt.

III.3.2.2 Pharma B

III.3.2.2.1 Unternehmensbeschreibung, Geschäftsmodell und zugrunde liegende Strategie

Pharma B ist eine GmbH mit 200 Mitarbeitern. Ähnlich wie Pharma A ist das Unternehmen Teil einer Unternehmensgruppe und hat mehrere Schwesterunternehmen. Pharma B wird zu 100% vom Mutterkonzern gehalten. Lange eigentümerfinanziert und –geführt wurde das Unternehmen Anfang der Siebziger Jahre in eine Stiftung überführt. Im Konzern sind über 1000 Mitarbeiter beschäftigt. Über die wichtigsten Funktionen verfügt der Produktionsstandort Pharma B selbst; andere werden mit dem Schwesterunternehmen für Vertrieb bzw. dem Konzern geteilt. Dabei ist diese Konzernschwester Vertrieb auch mit Abstand der größte Kunde für Pharma B; dort erfolgt im Anschluss die Vermarktung an konzernfremde Kunden. An diesen Geschäftsbeziehungen innerhalb des Konzerns sind insbesondere die jeweilige Geschäftsführung sowie die Produktmanager am Standort Y beteiligt. Der Konzern hat damals und heute eine sehr starke Vermarktungskompetenz im Bereich der frei verkäuflichen Arzneimittel (OTC-Produkte) sowie Erfahrungen im Apothekengeschäft. In der Vermarktung zum Kunden wird einerseits mit anderen Marktteilnehmern kooperiert andererseits werden Kunden direkt angesprochen. Dadurch verfügt der Konzern über eine hohe (End-) Kundennähe und Kundenbindung.

Pharma B wurde 1962 mit knapp 20 Mitarbeitern gegründet. Bis 1981 wurden das Sortiment und die Mitarbeiterzahl unter anderem durch Firmenübernahmen weiter ausgebaut, so dass ein Umzug an einen neuen Standort innerhalb derselben Stadt notwendig wurde. Die 80er und 90er Jahre waren durch weiteres Wachstum sowie wichtige Zertifizierungen (Herstellungserlaubnis, GMP, ISO) geprägt. Heute entwickelt und produziert Pharma B Arzneimittel, Nahrungsergänzungsmittel, Diätetika und Kosmetika.

> *„Das ist aber im Wesentlichen das, was uns beschäftigt, und wir wollen uns aber fokussieren auf die Entwicklung von neuen Produkten. Die von der regulatorischen Art und das können Arzneimittel sein, es können Medizinprodukte sein und es können Lebensmittel und Kosmetika sein. Das sind so die vier Hauptgruppen, um die es geht." (081010_B_F_1)*

Die Kernkompetenzen von Pharma B umfassen im Detail:

- Destillation und Liquida-Abfüllung inklusive Konfektionierung
- Bonbon-Herstellung inklusive Konfektionierung
- Abfüllung von Gel-Spritzen, Konfektionierung und Sterilisation
- Herstellung fester Formen inklusive Konfektionierung

Hierzu stehen für die Herstellung der unterschiedlichen Produkte zahlreiche Technologien zur Verfügung. Die Produktion fester Darreichungsformen (Tabletten, Dragees, Filmtabletten, Kautabletten) erfolgt mit den klassischen Technologien wie Feuchtgranulation, Hordentrocknung und Tablettierung. Bonbons (Hals- und Lutschtabletten als Hartkaramellen) werden in einer klassischen Bonbon-Fertigung hergestellt. Weiterhin stehen Technologien zur Destillation und Abfüllung von Flüssigkeiten zur inneren und äußeren Anwendung zur Verfügung, ebenso wie Möglichkeiten, sterile Arzneiformen (z.B. Gel-Spritzen) für den Krankenhausbereich herzustellen. Für die Entwicklung neuer Produkte bzw. Überarbeitung bestehender Produkte im Rahmen der oben genannten Technologien gibt es bei Pharma B Kapazitäten sowohl in der Produktion als auch in der Qualitätssicherung.

Ein wichtiger strategischer Aspekt bei Pharma B ist die grundsätzliche Orientierung an Schrittinnovationen unter Aufrechterhaltung der Eigenständigkeit sowie einer möglichst großen Stabilität und Kontinuität (was auch unter anderem durch die Beständigkeit des Mitarbeiterstamms gestützt wird; die durchschnittliche Unternehmenszugehörigkeit liegt bei 12 Jahren). Dieses Prinzip setzt den Rahmen für vergangene und zukünftige Innovationen. Dabei ist man sich der Dialektik zwischen Kontinuität und Wandel durchaus bewusst.

> *„Kontinuität steht nicht unbedingt im direkten Widerspruch zu Veränderung. Kontinuität ist im Grunde genommen auch planbar. Kontinuität heißt ja nicht, etwas immer so zu machen, wie es zuvor gemacht wurde, weil das immer gut gegangen ist. Nein - Kontinuität bedeutet vielmehr, dass man eine gewisse Strategie entwickelt und nicht permanent einen Zickzack-Kurs fährt." (100311_B_K_8)*

Die strategische Ausrichtung von Pharma B wird sehr stark von der Konzernleitung mitbestimmt. Die beiden Kerngeschäftsfelder des Konzerns – Produkte für den Apothekenmarkt und Gesundheitserhaltungsprodukte für den Massenmarkt – geben den Rahmen für das Portfolio von Pharma B vor (vgl. 090604_B_O_4). Mit der Einbindung in den strategischen Managementprozess auf Konzernebene ist man bei Pharma B nur bedingt zufrieden. Zumindest gibt es regelmäßige strategische Gespräche zwischen der Konzernleitung und dem Geschäftsführer von Pharma B, wo der Geschäftsführer auch eigene strategische Impulse und Geschäftsmodellideen einbringen kann. Werden solche Ideen als sinnvoll bewertet, beauftragt man auf Konzernebene die Abteilungen Marketing und Marktforschung mit der Erstellung von Business Plänen, welche wiederum im Rahmen des strategischen Managementprozesses diskutiert werden. Dabei ist die Unternehmensgruppe bisher stark über Firmen- und Markenakquisitionen gewachsen. Der Hauptfokus hat dabei auf deutschsprachigen Ländern wie Deutschland, Österreich oder die Schweiz gelegen. Darüber hinaus wurden auch eigene Produkte und Marken entwickelt. Die Klammer für dieses vielfältige Portfolio bildet eine renommierte Dachmarke auf Konzernebene (vgl. 091106_B_O_7). Generell wird Pharma B eine stark operative Ausrichtung innerhalb der Unternehmensgruppe bescheinigt; man ist für die operative Produktentwicklung zuständig (vgl. 081010_B_F_2). Pharma B ist im Kern seines Geschäftsmodells also der Produktionsspezialist für die Unternehmensgruppe.

> *„Das Geschäftsmodell lässt sich relativ einfach definieren: die Konzernfabrik." (090604_B_O_4)*

Der Hauptkunde in diesem Geschäftsmodell (vgl. Abb. III-8) ist derzeit das Schwesterunternehmen, das sich auf den Vertrieb konzentriert. Externe Kunden, für die Pharma B als Lohnhersteller auftritt, sind die Ausnahme. Die Lohnherstellung für Externe wurde in der Vergangenheit eher opportunistisch und zufallsgeleitet wahrgenommen. Gelegenheiten entstanden vor allem durch Kontakte einzelner Personen, wie z.B. des Geschäftsführers (vgl. 081010_B_F_2). Die Kunden der Vertriebstochter sind in der Regel große Unternehmen, da Pharma B zur optimalen Auslastung der Kapazität relativ große Mindestbestellmengen hat.

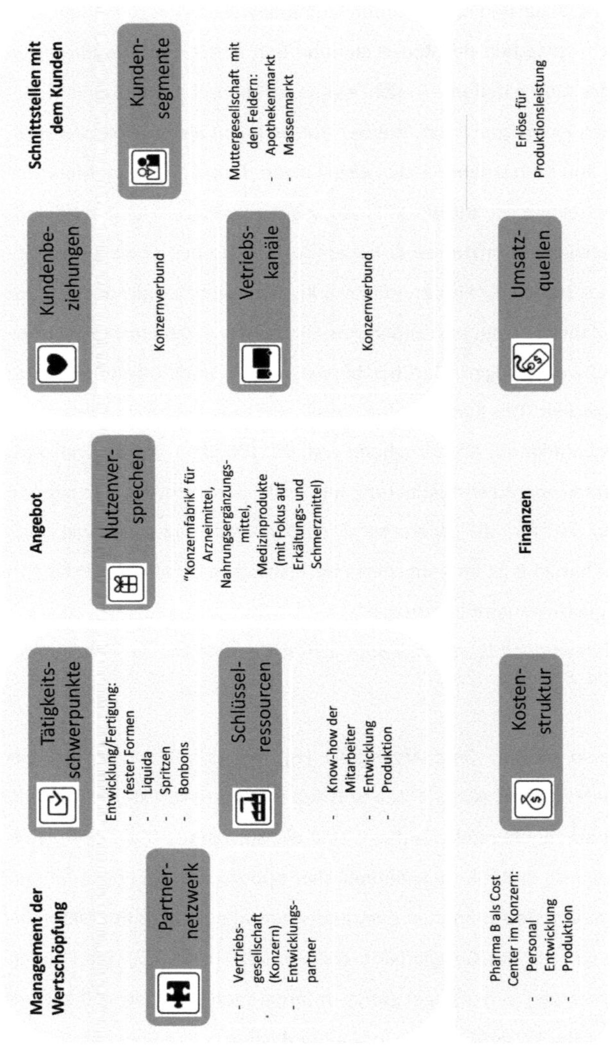

[Quelle: Eigene Darstellung in Anlehnung an Osterwalder und Pigneur, 2010, 18 f.]
Abb. III-8: Bestehendes Geschäftsmodell von Pharma B

Die Produktion ist auf große Auftragsmengen ausgelegt, was auch mit den Anforderungen der Marktsegmente (z.B. medizinische Hartkaramellen, sterile Spritzen für Krankenhäuser) übereinstimmt. Pharma B ist dabei in der Regel nicht in direktem Kontakt mit dem Endkunden und Endverbraucher. Im Rahmen des Geschäftsmodells nehmen eher andere Kooperationspartner eine wichtige Rolle ein, da Pharma B nicht alle notwendigen Kompetenzen und Ressourcen selbst anbieten kann. In solchen Projekten arbeitet man in der Regel immer mit den gleichen sechs bis acht Kooperationspartnern zusammen, je nach technischem oder wissenschaftlichem Schwerpunkt der Fragestellung. Dies können entweder Lohnherstellungsunternehmen aber auch – gerade in frühen Phasen der Produktentwicklung - Extrakt- oder Wirkstoffhersteller sein.

III.3.2.2.2 Innovationsmanagement und Rolle von Open Innovation

Grundsätzlich ist festzustellen, dass bei Pharma B sowohl Innovationen allgemein als auch Innovationskooperationen fast ausschließlich produktbezogen verstanden werden.

> *„Wir beschäftigen uns in der Regel eigentlich mit der wirklichen Produktinnovation.“ (081010_B_F_2)*

Daneben gibt es Prozessinnovationen, vornehmlich zur Effizienzsteigerung in der Produktion, und nur einige wenige Geschäftsmodellinnovationen, auf die im nachfolgenden Kapitel eingegangen werden wird. Produktinnovationen als Innovationsfokus von Pharma B unterscheiden sich je nach Rechtsnatur der Produkte, d.h. z.B. in der Spezifität als Arzneimittel, Nahrungsergänzungsmittel oder Diätetikum. So kann man für Arzneimittel mehrere Jahre an Entwicklungsarbeit ansetzen, da hier zum Teil umfangreiche klinische Prüfungen durchgeführt werden müssen – nicht zu vergessen die notwendigen Nachweise der Stabilität der Arzneimittel während der Lagerung in verschiedenen Klimazonen. Im Bereich der

Nahrungsergänzungsmittel, Diätetika und diätetischen Lebensmittel kann man von einem Innovationsprozess von weniger als einem Jahr ausgehen (vgl. 081010_B_F_1).

Während alle Interviewpartner generell übereinstimmten, dass bei Pharma B eine strategische Grundausrichtung existiert, gibt es unterschiedliche Aussagen dazu, ob die (Innovations-)Strategie genügend ausdifferenziert ist (vgl. 081010_B_O_3). Klar ausgeschlossen wird, dass Pharma B in die Wirkstoffforschung geht. Es ist das Ziel, bestehende Wirkstoffe mit neuen Indikationen marktfähig zu machen oder bestehende Wirkstoffe in neuen Kombinationen zu neuen Produkten zu verwandeln. Jedoch mangelt es an einer Konkretisierung der Innovationsstrategie und einer daraus abgeleiteten Priorisierung der Ressourcen (vgl. 081010_B_F_1). Die Priorisierung der Ressourcen fällt auch deswegen schwer, weil man, wie bereits erläutert, in erheblichem Maße von den strategischen Vorgaben seitens der Konzernleitung am Standort Y abhängig ist. Diese strategischen Vorgaben erfolgen jedoch nicht in ausreichendem Maße, so dass unter anderem die Ressourcen für Innovationen häufig nicht effizient geplant und eingesetzt werden können. Auch wird beklagt, dass es – selbst wenn Strategien ausgearbeitet wurden - an einer ausreichenden Kommunikation der strategischen Ausrichtung des Unternehmens bezüglich Innovationen fehle.

> *„Ich weiß, dass in diesem Rahmen der Erarbeitung des Innovationsprozesses ein solches Papier entwickelt wurde. Das ist dann von 37 Power Point-Seiten eine Seite und es wird auch ziemlich unter Verschluss gehalten, es wird auch nicht wirklich kommuniziert. Ich habe es bekommen, weil ich auch dafür zuständig bin, für Innovationen, ich glaube auch nur, weil ich auf der ersten Seite mit stand. Aber ich glaube, das kommunizieren sie nicht richtig." (081010_B_F_2)*

Abgesehen von der Innovationsstrategie sieht man den Innovationsprozess per se positiver. Innovationen aller Produkte und Produktgruppen von Pharma B können in diesem (Standard-) Prozess inklusive Produktentwicklungsprozess (PEP) abgebildet werden. Der generelle Innovationsprozess (vgl. Abb. III-9) bei Pharma B ist als relativ systematisch und im Vergleich zu ähnlichen mittelständischen Pharmaunternehmen als gut einzustufen.

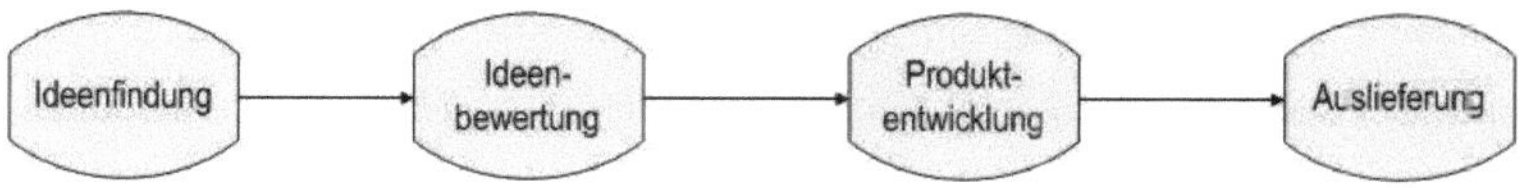

[Quelle: Eigene Darstellung]

Abb. III-9: Übersicht zu den Schritten im Innovationsprozess bei Pharma B

Als besonders positiv wird hervorgehoben, dass der Innovationsprozess nicht top-down festgelegt, sondern von den beteiligten Mitarbeitern und Führungskräften gemeinsam in Workshops erarbeitet wurde. Neben dem Prozess selbst erleichtern passende Methoden und Instrumente den Arbeitsalltag in den Innovationsprojekten. Innerhalb des Innovationsprozesses kann es in der Praxis auch Ausnahmefälle geben. Die Tatsache, dass es einen „Sonderweg Geschäftsführung für Ideen von oben“ (081010_B_F_2) geben kann, wird als hinderlich und nicht fair angesehen. Insbesondere deswegen, da Ideen der Geschäftsleitung meist einen höheren Stellenwert beigemessen wird (vgl. 081010_B_F_2).

Der Innovationsprozess erstreckt sich von der Ideenfindung bis zur Auslieferung der Produkte. Im Allgemeinen werden Ideen primär intern generiert, wobei ein verbessertes betriebliches Vorschlagswesen die Anzahl der Ideen erhöhen soll. Alle Mitarbeiter sollen sowohl Ideen zu Prozess- als auch zu Produktinnovationen oder anderen neuen Ansätzen einbringen.

> *„Es ist jeder aufgefordert, etwas, von dem er glaubt, dass es in unsere Produkte hineinpassen könnte, mit vorzuschlagen. Dazu gibt es ein formalisiertes Verfahren. Wir haben eine Art Formblatt, wo jeder seine Idee beschreiben kann.“ (081010_B_F_1)*

Bei Pharma B hat man festgestellt, dass dies jedoch kein Selbstläufer ist, sondern insbesondere Führungskräfte als Motivatoren notwendig sind, den Prozess „anzuschieben" (081010_B_O_3). Eingeräumt wird, dass gerade das Umfeld der Pharma- oder Medizinprodukte mit Zulassungserfordernis nicht viel Spielraum für wirklich innovative Ansätze bietet. Es sind bei bestehenden Produkten nur Anpassungen in der Formulierung oder den zugrundeliegenden Prozessen möglich, die nicht der Zulassung widersprechen. Zudem fehlt ein Anreizssystem, neue Ideen einzubringen. Für neue Ideen hat man sich bewusst gegen ein Entlohnungs- oder Prämiensystem entschieden, da Innovationen nach Meinung der Geschäftsführung als selbstverständlicher Teil der Arbeit und nicht als etwas separat Belohnenswertes angesehen werden sollten. Von einigen Mitarbeitern wird das Vorschlagswesen und das Ideenmanagement als zu anonym empfunden. Es fehlt die treibende Kraft, der Promotor, aber auch das Feedback, was aus der Idee geworden ist. Neben der erläuterten internen Ideengenerierung werden auch Externe in den Innovationsprozess eingebunden. Dies kann entweder auf Initiative der Externen – beispielsweise Kunden, Lieferanten oder Berater – oder durch aktive Ansprache von Pharma B erfolgen. Mit bekanntermaßen kreativen und innovativen Partnern finden zudem regelmäßige Treffen statt, um sich über Ideen und mögliche Innovationsprojekte auszutauschen. In diesem Zusammenhang ist anzumerken, dass Pharma B bzw. der Konzern ständig an verschiedenen Formen von Innovationskooperationen beteiligt ist. Dies können entwicklungs-, produktions- oder auch vermarktungsbezogene Kooperationen sein. Gerade in der Vermarktungsphase ist man sehr aktiv und offen, auch gegenüber Wettbewerbern, wohingegen frühere Innovationsphasen eher noch geschlossen ablaufen.

> *„Insofern ist so ein bisschen die schizophrene Situation, dass wir uns auf der Vermarktungs- und Vertriebsschiene durchaus vorstellen können, auch mit Konkurrenten zusammenzuarbeiten, was aber bislang noch in der (frühen) Innovationsseite völlig ausgeschlossen ist." (081010_B_O_3)*

Es gibt einige wenige zentrale Schlüsselfiguren, die als Verbindungsperson zu Externen eine große Rolle spielen. Zu ihnen gehört der Leiter der Qualitätssicherung, der u.a. das letzte Wort bei der Freigabe neuer Lieferanten hat. Von zentraler Bedeutung für das Funktionieren der überbetrieblichen Aktivitäten sind darüber hinaus der bewusste Umgang mit proprietärem Wissen und der Schutz desselben, zumeist durch Geheimhaltungsvereinbarungen. Diese werden auf Basis eines standardisierten Dokumentes erstellt; sie regeln insbesondere:

> *„(...)wer unter welchen Bedingungen welche Informationen liefert, ob diese Informationen exklusiv oder non-exklusiv sind, wer dann letztendlich die Rechte an diesen Informationen hat und wie lange.“ (090604_B_O_5)*

III.3.2.2.3 Geschäftsmodellinnovationen bei Pharma B: Ansätze und Determinanten

Grundsätzlich gab und gibt es bei Pharma B einige Ideen, wie das bestehende Geschäftsmodell der ‚Konzernfabrik' (intern auch Supply-Chain-Center für die Unternehmensgruppe genannt) weiterentwickelt bzw. generell neue Geschäftsmodelle generiert werden könnten. Die Freiheitsgrade bezüglich der strategischen Ausrichtung und der Entwicklung von Visionen werden jedoch als sehr beschränkt angesehen, da die übergeordnete Konzernstrategie oberste Priorität genießt. Der zugrunde liegende Denkansatz kann als stark inkremental ausgerichtet bezeichnet werden, da neue Geschäftsmodellideen bisher immer eng an das bestehende Geschäftsmodell angelehnt sind. Das erste Ziel von Geschäftsmodellinnovationen besteht für Pharma B darin, dass neue oder adaptierte Geschäftsmodelle der Optimierung von Kostenstrukturen in der Produktion dienen sollen. Zweitens möchte Pharma B das Geschäftmodell ‚Konzernfabrik' nur im Bereich der bestehenden Kernkompetenzen ausweiten, z.B. um entsprechende (Lohnherstellungs-) Leistungen auch an konzernfremde Kunden anzubieten. Im

Folgenden werden zwei Beispiele dargestellt, die den Prozess und den Ansatz bezüglich Geschäftsmodellinnovationen bei Pharma B verdeutlichen sollen.

Diversifizierung der Bonbonproduktion (1978-1990)

Ende der Siebziger gab es die strategische Überlegung, die eigene Produktion um weitere Kompetenzen zu erweitern. Da in der eigenen FuE-Pipeline nichts Geeignetes vorhanden war, versuchte man, ein passendes Unternehmen mit einer etablierten Lutschbonbon- oder Lutschtablettenproduktion im Bereich der Erkältungsmittel zum Aufkauf zu finden. Es bot sich die konkrete Möglichkeit, ein kleines Pharmaunternehmen inklusive Markennamen zu akquirieren, das in seinem Produktportfolio unter anderem Lutschtabletten hatte. Die Produktion dieser Lutschtabletten (im Branchenjargon ‚Bonbons') basierte auf einer klassischen Süßwarentechnologie. Die Akquise folgte also einem strategischen Plan und passierte nicht zufällig. Mittels Beratern und Dienstleistern (‚Scouts'), Banken sowie auf Informationsbörsen scannte die damalige Geschäftsführung den Markt. Maßgeblich für die Aktivitäten war die Konzernstrategie, wobei die Konzernleitung am Standort Y als Haupttreiber auftrat. Die Herausforderungen bezüglich des Ausbaus der Bonbonproduktion bestanden bei der Akquise vor allem darin, das durch die Süßwarentechnologie geprägte, aufgekaufte Unternehmen für die Anforderungen des Pharmamarktes weiter zu entwickeln, unter anderem durch die Optimierung der Produktion gemäß GMP-Standards (vgl. 091106_B_O_7). Im Laufe der Akquisition hatte man jedoch erkannt, dass die Produktion den Anforderungen nicht genügen würde. Man hat demzufolge den Markennamen und die Technologie übernommen, den Produktionsstandort selbst aber geschlossen. Zentrales Know-how wurde zu Pharma B transferiert und in die dortige Produktion integriert. Nach der Integration des gekauften Unternehmens bestand der Fokus in Effizienzsteigerungen. Insbesondere konzentrierte man sich darauf, die eigene Produktion zu optimieren, indem man zusammen mit einem Kooperationspartner eine Anlage baute, die in der Lage war, in einem Onlineprozess große Produktionsmengen herzustellen. Dabei ließ man sich unter anderem von Erfahrungen in der Massenproduktion von Süßwaren leiten. Mithilfe des beschriebenen Prozesstechnologiesprungs konnte man weitere Marktsegmente in Angriff nehmen und sich diversifizieren. So konnte Pharma B beispielsweise Märkte im Bereich der Nahrungsergänzungsmittel und Medizinprodukte erschließen. Darüber hinaus kann Pharma B heute durch seine Kernkompetenz in der Bonbonproduktion vor allem große Mengen an Lutschtabletten in GMP-Qualität herstellen.

Zusammenfassend lässt sich sagen, dass beim Ausbau der Bonbonproduktion insbesondere der Bereich ‚Wertschöpfung' und dabei insbesondere die ‚Eigenen Tätigkeiten' gestärkt wurden (siehe Abb. III-10, wichtige Veränderungen fett markiert). Dadurch wurde auch die Kostenstruktur für das Unternehmen verändert. In den Bereichen ‚Angebot' und ‚Kunden' konnte durch die GMP-Produktion das Angebot speziell für große Auftragsmengen im Markt der hochqualitativen Arzneimittel ausgebaut werden. Insgesamt ist die beschriebene Innovation des Geschäftsmodells als inkremental zu bezeichnen, da das Geschäftsmodell nur in wenigen Bereichen geringfügig angepasst wurde.

Diversifizierung Lohnherstellung (1999-heute)

Im Gegensatz zum erfolgreichen Ausbau der Bonbonproduktion gelang Pharma B die Diversifizierung der Lohnherstellung, d.h. die Akquise von Kunden außerhalb der Unternehmensgruppe, bisher nur ansatzweise. Im Folgenden sollen die Schritte dieses Prozesses und die Gründe für das teilweise Scheitern beleuchtet werden. Konkret wurde Ende der Neunziger Jahre angedacht, die Lohnherstellung in den Bereichen Bonbons, Liquida und feste Formen auch an externe (Groß-) Kunden anzubieten.

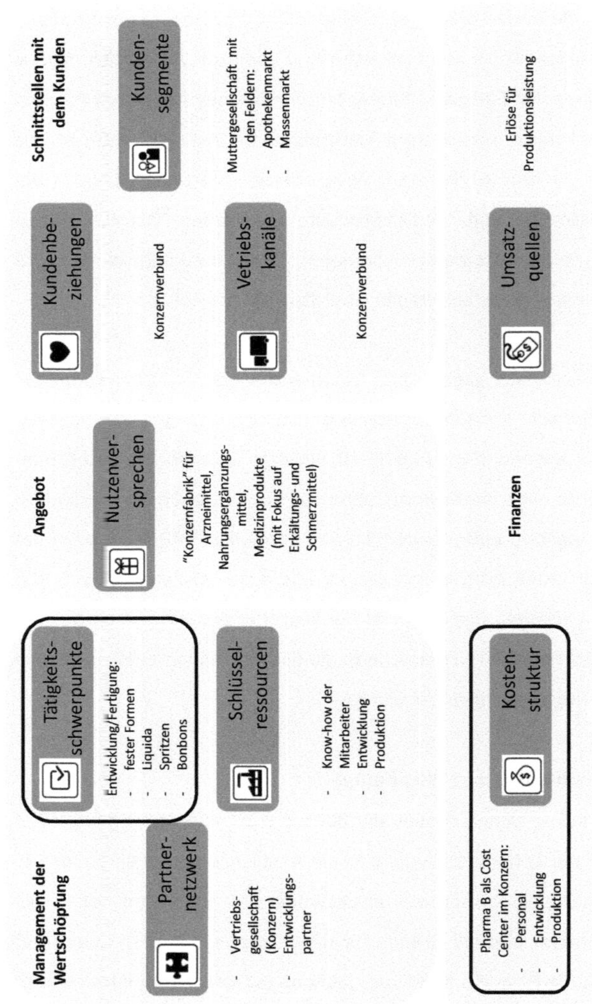

[Quelle: Eigene Darstellung in Anlehnung an Osterwalde und Pigneur, 2010, 18 f.]

Abb. III-10: Zentrale Auswirkungen des Ausbaus der Bonbonproduktion auf das Geschäftsmodell von Pharma B

Diese Bereiche wurden deshalb ausgewählt, weil dort einerseits genügend Kapazitäten vorhanden sind und andererseits Kernkompetenzen genutzt werden können, die am Markt tatsächlich Wettbewerbsvorteile genießen. Um das externe Geschäft vom bestehenden Markennamen zu trennen, wurde ein Tochterunternehmen gegründet. Es war angedacht, das Geschäftsmodell ‚Lohnherstellung für konzernfremde Kunden' ohne viel Zusatzaufwand neben dem bisherigen konzernfokussierten Geschäftsmodell laufen zu lassen. Doch musste man nach kurzer Zeit feststellen, dass zum Erfolg dieses neuen Geschäftsmodells mehr Einsatz notwendig war.

> *„Das war vom Angang her so gestaltet, dass das nebenher mitlaufen sollte. Das hat nicht funktioniert, en passant nebenher Lohnherstellung zu machen, geht nicht. (...) Es sollte eine Low-Budget Variante werden. Eine Firma gründen kostet nicht viel, da wird ein bisschen Stammkapital verschoben von A nach B, dann hat sich das. (...) Ohne großartig aufzutreten, ohne auf Messen zu gehen, ohne sich aktiv zu vermarkten, ohne direkte Kundenakquisition zu betreiben, funktioniert das nicht." (091106_B_O_7)*

Ein weiteres Problem bestand darin, dass sich innerhalb der Unternehmensgruppe bereits ein anderes Unternehmen – Pharma Z – auf die Lohnherstellung für Externe (mehr als 80% des Umsatzes mit konzernfremden Kunden) spezialisiert hatte und somit eine interne Konkurrenzsituation geschaffen wurde. Diese Konkurrenz wurde durchaus bewusst hingenommen, führte am Ende jedoch nicht zum gewünschten Ergebnis. Pharma Z hat seine Kernkompetenz in der Produktion fester Formen, wohingegen Pharma B gerade bei Bonbons stark ist. So hätte eine separate Lohnherstellung getrennt nach diesen Kompetenzen für externe Kunden aufgebaut werden können. Oder man hätte die Bonbontechnologie zu Pharma Z transferieren und in deren Produktion integrieren können. Dies waren jedoch lediglich theoretische Überlegungen, weil in beiden Fällen die Investitionen (entweder für Marketing und Vertrieb oder in die Produktionsanlagen) als zu hoch eingeschätzt wurden. Neben den unternehmensinternen Schwierigkeiten kamen marktseitige Veränderungen und Herausforderungen hinzu, die das Etablieren des neuen Geschäftsmodells erschwerten. Große, globale Pharmafirmen wie Bayer Schering, Roche, Novartis oder Pfizer begannen damit, ihre eigenen Überkapazitäten in Form von Lohnherstellung auf dem Markt anzubieten. Diese Unternehmen hatten Größen- und Kostenvorteile gegenüber kleinen und mittleren Firmen wie Pharma B, wodurch das Lohnherstellungsgeschäftsmodell für externe Kunden deutlich geringere Erfolgsaussichten hatte.

Nachdem dieses Lohnherstellungskonzept Ende der Neunziger / Anfang 2000 also nicht erfolgreich umgesetzt werden konnte, griff man bei Pharma B die Idee in 2007 nochmals auf. Nun entschied man sich, direkt als Pharma B – ohne zwischengeschaltetes Tochterunternehmen – am Markt aufzutreten und externe Kunden zu akquirieren, um freie Kapazitäten in der eigenen Produktion effizient zu nutzen. Dazu hat man gezielt analysiert, in welchen Bereichen man Wettbewerbsvorteile am freien Markt haben wird. Denn die Konkurrenz an Lohnherstellern ist groß. Als am Markt durchsetzbare Kernkompetenz wurde dann die Herstellung hoher Volumina unter Arzneimittelgesichtspunkten (GMP-Produktion) identifiziert. In diesem Bereich möchte man also strategischer Partner für große Pharmaunternehmen sein, die viele Märkte parallel bedienen. Operativ läuft die Etablierung dieses neuen Geschäftsmodells maßgeblich unter der Federführung des Verantwortlichen für das Projektmanagement ‚Neue Produkte' bei Pharma B. Um die Hürde der hohen Marketing- und Vertriebsaufwendungen zu reduzieren, arbeitet man nun vermehrt mit Pharma Z zusammen. Die interne Konkurrenzsituation, wie sie Anfang 2000 vorhanden war, wurde also weitgehend aufgelöst. So nutzt man heute z.B. gemeinsame Vertriebswege und Messeauftritte. Man wirbt also offensiv mit dem breiten Portfolio des Konzernverbundes, anstatt aus Angst vor der Schwächung der Kernmarke lediglich opportunistisch Lohnherstellung für externe Kunden anzubieten. Um die Lohnherstellung für externe Kunden weiter auszubauen, werden derzeit bei Pharma B mehrere Ansätze und Ideen verfolgt. Eine Idee besteht darin, nicht genutztes technologisches Know-how (zum Teil patentiert) auf seine Verwertbarkeit am Markt hin zu überprüfen. Sollten Potenziale identifiziert werden, bestünde der Ansatz von Pharma B darin, das Know-how bis zum Dossier zu entwickeln und es so am Markt anzubieten. Das Ziel für die Zukunft ist es, langsam organisch zu wachsen. Denn ein starker Anstieg der Aufträge ginge nach der bisherigen Strategie einher mit erheblichen Investitionen in die notwendigen Ressourcen. Konzernstrategie ist es jedoch, das Unternehmen mit überschaubaren finanziellen Investitionen langsam auszubauen. In der Minimallösung bedeutet dies, das bestehende Geschäftsmodell, wo sinnvoll, geringfügig zu adaptieren und mögliche Effizienzen zu nutzen.

> *„Wenn wir uns entscheiden, dass wir als Geschäftsmodell nur das Geschäftsmodell Konzerntochter oder Konzernfabrik fahren, kann ich damit auch leben, dann ist meine Aufgabenstellung eine etwas andere, dann ist die primär auf Kostenoptimierung ausgelegt und Generierung von neuen Ideen zur Erweiterung von Technologien, die wir derzeit vielleicht noch nicht haben.“ (090604_B_O_4)*

In der Zusammenfassung bedeutet die Diversifizierung der Lohnherstellung im ersten Schritt Veränderungen im Angebot und in der ‚Schnittstelle zum Kunden‘. Im zweiten Schritt hat dies jedoch vor allem Auswirkungen auf die Wertschöpfung und die Finanzen, da man nun nicht mehr nur im Konzernverbund agiert, sondern am Markt als selbständiges Unternehmen auftritt (vgl. Abb. III-11, wichtige Änderungen fett markiert). Insgesamt ist auch diese Geschäftsmodellinnovation als inkremental zu bezeichnen, da sich die grundlegende Ausrichtung im Vergleich zum bestehenden Geschäftsmodell nicht ändert.

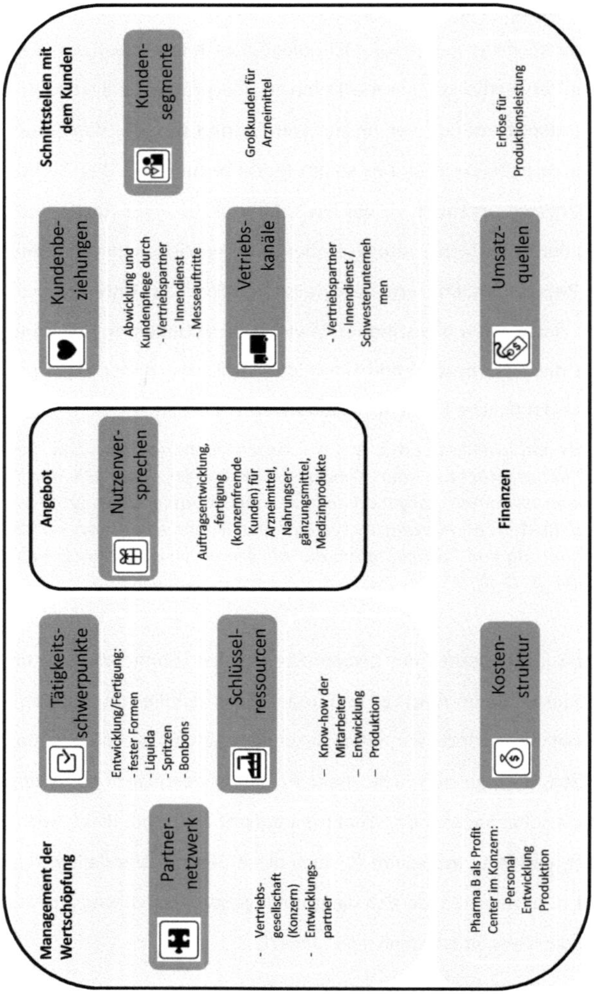

[Quelle: Eigene Darstellung in Anlehnung an Osterwalde und Pigneur, 2010, 18 f.]

Abb. III-11: *Zentrale Auswirkungen der Lohnfertigung für externe Kunden auf das Geschäftsmodell von Pharma B*

Bei den beschriebenen Geschäftsmodellinnovationen konnten mehrere Einflussfaktoren identifiziert werden. Insbesondere wird die Auseinandersetzung mit strategischen Fragestellungen im Konzernverbund von Pharma B als verbesserungswürdig empfunden. Der strategische Prozess und die Strategie selbst werden noch als ausbaufähig beschrieben. Man setzt auf neue Personen innerhalb der Geschäftsführung verbunden mit der Hoffnung, so als Unternehmen von innovativen Denkansätzen zu profitieren (vgl. 081010_B_O_3). Insbesondere das Beispiel der Diversifizierung der Lohnherstellung macht deutlich, dass die Balance aus Synergien und Abgrenzung innerhalb der Gruppe erst gefunden werden musste und muss. Die notwendigen Veränderungsprozesse in diese Richtung hängen nach Aussage verschiedener Mitarbeiter primär von den beteiligten Personen ab.

> *„Da sehr viel Porzellan zerschlagen worden war in der Vergangenheit, war das fast unmöglich, ein Zusammenwachsen zu generieren. Aufgrund des Nachfolgeprozesses, wobei altersbedingt auch neue Leute an Bord geholt worden sind, ist die Chance strategisch begriffen worden." (091106_B_O_7)*

Die Auseinandersetzung mit der Frage, wieviel Veränderung erwünscht ist und wer daran mitwirken soll bzw. darf, bestimmt in erheblichem Maße die strategischen Freiheiten der einzelnen Unternehmen im Konzern, also auch von Pharma B. Eng in diesem Zusammenhang sind auch die finanziellen Abhängigkeiten zu sehen. Erst wenn Pharma B die Freiheit hat, weitgehend selbst zu entscheiden, wie und mit welchen Kunden es seine Gewinnziele erreicht, sind auch größere Anpassungen am bestehenden Geschäftsmodell oder sogar völlig neue Geschäftsmodelle möglich. Insgesamt ist die Geschäftsführung bei Pharma B aber davon überzeugt, dass das Kerngeschäftsmodell – das der ‚Konzernfabrik' – langfristig kaum verlassen wird. Neben den vorgenannten Gründen werden auch steuerliche und finanzielle Hindernisse seitens der Konzernleitung genannt.

Als die größten Treiber konnten individuelle Faktoren identifiziert werden. Das Engagement der einzelnen Mitarbeiter aber auch die Flexibilität und der Veränderungswille werden als die wichtigsten Aspekte genannt. Gerade mittelständische Unternehmen hätten in diesem Punkt Vorteile, da häufig die Bindung zum Unternehmen stärker sei als bei vielen großen Unternehmen.

> *„Ich glaube, der größte Erfolgsfaktor für ein Unternehmen - mit ganz großem Abstand - ist und bleibt der engagierte Mensch." (100311_B_K_8)*

Dieser Treiber kann gleichzeitig ein Hemmnis sein, insbesonders in einem mittelständischen Unternehmen, das nur über beschränkte Ressourcen verfügt.

III.3.2.2.4 Analyse und Zusammenfassung des Falls

Das Geschäftsmodell von Pharma B ist bisher wenig interorganisational (in diesem Fall mit der Bedeutung ‚über den Konzernverbund hinaus') ausgerichtet. Ansätze in diese Richtung gibt es lediglich bezüglich Vermarktung oder Lohnherstellung für konzernfremde Kunden. Nach der Typologisierung von SCHWEIZER (2005) und HEUSKEL (1999) ist Pharma B nach seinem Geschäftsmodell am ehesten als Layer Player bzw. Schichtenspezialist zu bezeichnen. Man konzentriert sich in diesem Falle sehr stark auf die Kernkompetenz Lohnherstellung für bestimmte Produkttypen. Durch die Stiftungsfinanzierung kann das Geschäftsmodell von Pharma B als ähnlich langfristig ausgerichtet bezeichnet werden, ähnlich wie das eigentümerfinanzierte Geschäftsmodell von Pharma A. Im Rahmen seines Innovationsmanagements kann Pharma B weitgehend klare Zuständigkeiten sowie einen Standardprozess und Standardvorgaben vorweisen (vgl. Abb. III-12). Inbesondere punktet Pharma B mit einem systematischen Projektmanagement und einem wachsenden Bewusstsein bezüglich des Wissensmanagements. Als negativ sind die Soll-Ist-Abweichungen zu werten, d.h. die Fälle, bei denen im Rahmen von „Geheimprojekten" (081010_B_F_2) die Regeln außer Acht gelassen werden. Zudem sind das Ideenmanagement und die Kommunikation in die unteren Fach- und Führungsebenen zu verbessern. Darüber hinaus würde Pharma B von einer besseren top-down Übersetzung der strategischen Ziele profitieren. Ferner ist die Nutzung externer Innovationsressourcen als verbesserungswürdig einzustufen.

Positiv

- strukturiertes Vorgehen vorhanden
- interdisziplinäres Produktentwicklungsteam mit regelmäßigen
- flache Organisationsstruktur, abteilungsübergreifende Zusammenarbeit
- objektives Ideenbewertungsinstrument mit definierten Kriterien

Neutral

- breites Portfolio an Produkten und Verfahren
- starke strategische Einbindung in die Gruppe

Negativ

- begrenzte strategische Geschäftsentwicklung (Business Development)
- kaum Nutzung von unternehmensübergreifenden Innovationsansätzen (außerhalb der Gruppe)
- mangelnde Kommunikation der Unternehmensziele, auch bei der Übersetzung in Innovationsziele
- Schnittstellenkoordination, v.a. zur Konzernmutter
- mangelhafter Ideeneingang
- teils fehlende Disziplin im Innovationsprozess

[Quelle: Eigene Darstellung]

Abb. III-12: Bewertung des Innovationsmanagements bei Pharma B

Pharma B verfügt also über einiges Potenzial bezüglich Open Innovation-Strategien, z.B. in der Nutzung Externer bei Entwicklungsprojekten oder in der gezielten Überprüfung von Inside-Out-Potenzialen. Bei letzterem Ansatz ginge es darum, im Unternehmen bestehende Ideen, Produkte oder auch Patente nach ihrer Verwertbarkeit für Externe oder neue Märkte hin zu überprüfen.

> *„Das wäre der Übergang von der geschlossenen Grenze zur offenen Grenze letztendlich nämlich, das Aufbohren des Trichtermodells." (081010_B_O_3)*

Solchen vermehrt offenen Ansätzen stehen jedoch starke Hemmnisse gegenüber wie konservative Denkstrukturen und der historisch eher geschlossen gestaltete pharmazeutische Entwicklungsprozess. Auch die Konzernleitung steht innovativen

Denkansätzen eher verhalten gegenüber. Dies wird einerseits auf die bestehenden Strukturen und andererseits auf die Persönlichkeit und die Denkansätze einzelner, entscheidender Personen zurückgeführt. Der fehlende Wille, anders zu denken, hat zudem einen starken Einfluss auf vergangene und zukünftige Geschäftsmodellinnovationen bei Pharma B.

Die ausführlich vorgestellten Geschäftsmodellinnovationen im Falle von Pharma B sollen im Folgenden – unter anderem unter Nutzung der Determinanten aus der Literaturanalyse – ausgewertet und zusammengefasst werden (vgl. Abb. III-13). Dabei ist es sinnvoll, die beiden Innovationsfälle zeitlich hintereinander zu betrachten: Diversifizierung der Bonbonproduktion (1978-1990) und Diversifizierung der Lohnherstellung (2006-heute).

In beiden Geschäftsmodellinnovationsfällen überwogen strategische Überlegungen und somit intendierte Impulse. Lediglich die Marktanforderungen können als emergente Impulse angesehen werden. Der Prozess kann als stark konzerngetrieben bezeichnet werden; gerade das Konzernmanagement hat eine dominante Position gegenüber Pharma B. Zusätzlich spielten Kooperationspartner, Berater, Banken und Schwesterunternehmen eine Rolle. Auch im Falle von Pharma B gibt es einige zentrale Determinanten für die erläuterten Innovationsbeispiele. Als externe Determinanten sind wiederum politisch-rechtliche Rahmenbedingungen, das Partnernetzwerk und die Marktentwicklung und –opportunitäten zu nennen. Insgesamt nehmen externe Determinanten aufgrund der (bisher) stark innenorientierten Strategie von Pharma B nur eine untergeordnete Rolle ein.

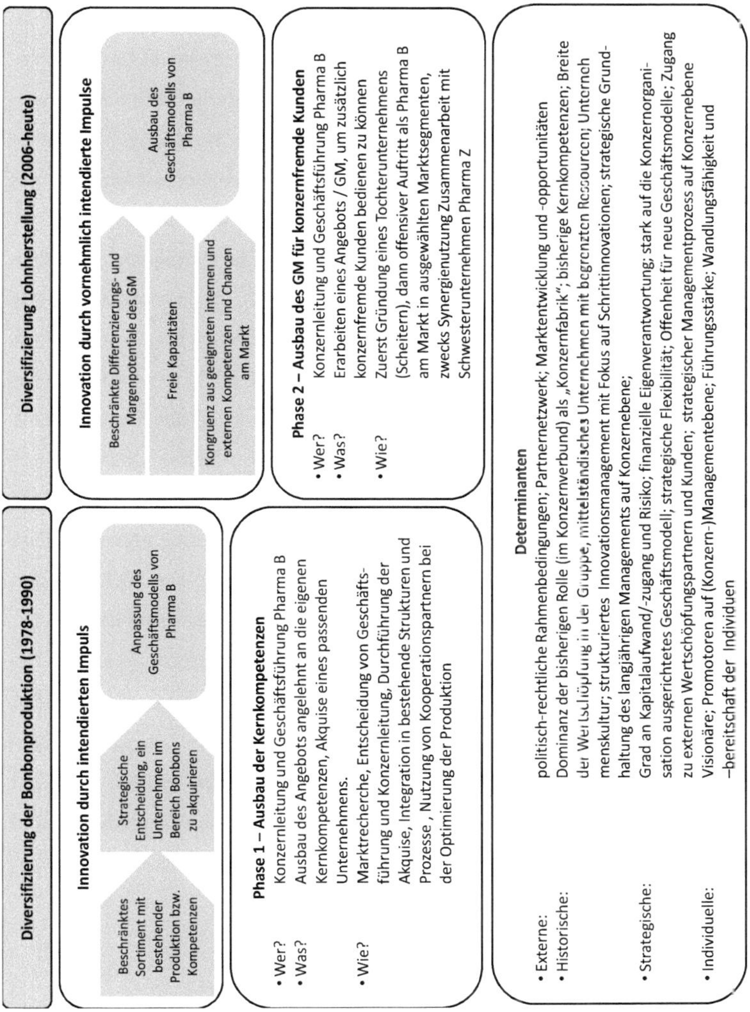

[Quelle: Eigene Darstellung]

Abb. III-13: Geschäftsmodellinnovationen bei Pharma B

Das Geschäftsmodell der ‚Konzernfabrik' ist nach wie vor für Pharma B dominierend. Mit den bestehenden Kernkompetenzen beeinflusst esneue Geschäftsmodellideen in erheblichem Maße. Als mittelständisches Unternehmen mit begrenzten Ressourcen stehen Pharma B nur bedingt Mittel zur Verfügung, neue Wege auszuprobieren. Zusätzlich bilden die konservative Unternehmenskultur und das auf Schrittinnovationen fokussierte Innovationsmanagement die Eckpfeiler für neue strategische Denkansätze. Diesbezüglich ist auch die strategische Grundhaltung des langjährigen Konzernmanagements zu nennen, das grundsätzlich wenig Motivation zeigt, Geschäftsmodellinnovationen bei Pharma B zu unterstützen. Diese strategischen Determinanten haben insofern eine große Bedeutung, da das bestehende Geschäftsmodell von Pharma B per se stark von der Konzernorganisation und –strategie abhängt. Zugang zu externen Wertschöpfungspartnern und Kunden ist zwar ansatzweise vorhanden, stellt aber kein elementarer Teil der Zielsetzung der bestehenden Strategie bei Pharma B dar. Die übergeordnete Konzernebene spielt ebenso bei den individuellen Determinanten eine wichtige Rolle. Ohne Visionäre und Promotoren seitens des Konzernmanagements ist es in der bestehenden Konstellation von Pharma B weitgehend unmöglich, innovative Geschäftsmodellideen weiter zu treiben und in der Breite umzusetzen. Hier setzt man für die Zukunft auf neue Personen im Management. Im Falle der durchgeführten Geschäftsmodellinnovationen kristallisierten sich bei Pharma B auf der individuellen Ebene die Führungstärke der Manager und die Wandlungsfähigkeit und –bereitschaft der Beteiligten als entscheidende Stellgröße für den Erfolg heraus.

III.3.3 Fallübergreifende Diskussion und Synthese

Die beiden Unternehmen der Fallstudie und deren Veränderung in den letzten Jahren zeigen auf den ersten Blick viele Parallelen. Sowohl Pharma A als auch Pharma B gehören dem Pharmamittelstand an. Zudem sind beide Unternehmen Teil einer Unternehmensgruppe. Beide Unternehmen fühlen sich der traditionellen strategischen Ausrichtung als mittelständisches (Familien-) Unternehmen verpflichtet. Die Geschäftsführung agiert bei beiden Unternehmen eher hierarchisch und bezieht Mitarbeiter in strategische Entscheidungen nur bedingt mit ein, wobei Pharma A diesbezüglich als weniger hierarchisch bezeichnet werden kann. Die Veränderungen in den letzten Jahren brachten vor allem eine Fokussierung, bzw. Spezialisierung auf Kernbereiche mit sich und machten Kooperationen mit anderen Unternehmen der Branche und innerhalb des Firmenverbundes zunehmend notwendig, so dass beide Unternehmen über Kooperationserfahrung verfügen. Dennoch lassen sich bei näherer Betrachtung wesentliche Unterschiede zwischen den Unternehmen erkennen.

Im Folgenden werden die Impulse, der Prozess sowie die Determinanten der Geschäftsmodellinnovationen aus der Fallstudie kontrastierend dargestellt. Bei beiden Unternehmen gaben unter anderem strategisch intendierte Impulse den Ausschlag, wobei Pharma A darüber hinaus ein Stück offener war für zusätzliche externe, emergente Impulse. Somit konnte Pharma A strategisch relevante ‚Zeitfenster' gut nutzen. Beiden Fällen gemein ist die Tatsache, dass erst aufgrund von Kapazitätsproblemen bzw. beschränkten Wachstums- und Differenzierungspotenzialen neue Geschäftsmodellideen vorangetrieben wurden. Bezüglich des Prozesses ist bei beiden Fällen die Rolle des Top Management als dominant zu bezeichnen; Geschäftsführung und Konzernleitung sind die Initiatoren und Treiber des Geschäftsmodellwandels. Die Einbindung von Mitarbeitern in strategische

Fragestellungen und in die Entwicklung neuer Geschäftsmodelle wird zumindest in der frühen Phase als nicht sinnvoll angesehen. Die wichtigsten Elemente eines Geschäftsmodellinnovationsprozesses (vgl. in der Zusammenfassung Kap. II.2.4.4) sind sowohl bei Pharma A als auch bei Pharma B ansatzweise vorhanden, wenngleich dies eher implizit als explizit erfolgt. Beispielsweise wurde das Geschäftsmodell bzw. die Ausgangssituation der Geschäftsmodellinnovation jeweils nicht schriftlich dokumentiert dargestellt. Doch dienten Stärken-Schwächen-Analysen der damaligen Situation als Ausgangspunkt für die jeweilige Geschäftsmodellinnovation. Darauf aufbauend konnte insbesondere bei Pharma A beobachtet werden, dass neue Geschäftsmodelle meist schriftlich skizziert und daraus Projekt- und Umsetzungspläne abgeleitet wurden. Bei Pharma B hingegen ist bemerkenswert, dass im zweiten Beispiel der Geschäftsmodellinnovation (Lohnherstellung für konzernfremde Kunden) relativ früh ein neues Tochterunternehmen gegründet wurde. Dieser Schritt stellte sich als nicht erfolgreich heraus, weshalb man im Sinne des Trial-and-Error-Ansatzes einen neuen Weg suchte und im Folgenden mit dem bestehenden Schwesterunternehmen kooperierte.

Auch bezüglich der Treiber und Hindernisse bei Geschäftsmodellinnovationen (vgl. in der Zusammenfassung Kap. II.2.4.4) sind bei den beiden Unternehmen / Fällen sowohl Gemeinsamkeiten als auch Unterschiede zu beobachten. Die externen Faktoren sind aufgrund der gleichen Branchenzugehörigkeit per se weitgehend vergleichbar. Insbesondere sind hier als Treiber ein diversifiziertes Partnernetzwerk sowie die geeignete Marktentwicklung und –opportunitäten zu nennen, die beide Unternehmen zur erfolgreichen Durchführung ihrer Geschäftsmodellinnovationen benötigten. Bei den historischen Determinanten sind neben Gemeinsamkeiten auch Unterschiede festzustellen. Pharma A gründet seine Dienstleistungen auf ein vollkommen neues Geschäftsmodell. Die Pfadabhängigkeit dieses Unternehmens spiegelt sich in seiner Verpflichtung als Familienunternehmen wider. Dadurch sind finanzielle Grenzen gegeben, die Auswirkungen auf das Wachstum des Unternehmens haben. Pharma B mit seinem Geschäftsmodell als Hersteller hingegen sieht sich aufgrund vorhandener Kapazitäten und strategischer Restriktionen in einer deutlichen Pfadabhängigkeit und baut in einem eher iterativ gestalteten Prozess sukzessiv Teile seines bestehendes Geschäftsmodell um. Bei beiden Unternehmen spielen außerdem strategische Determinanten eine wichtige Rolle: Kernkompetenzen und mögliche Synergien im Konzernverbund kristallisierten sich als starke Einflussfaktoren für bisherige und zukünftige Geschäftsmodellinnovationen heraus. Dies beeinflusst die strategische Flexibilität der Unternehmen erheblich. Bei Pharma A ist diesbezüglich noch die strategische Bedeutung des Partnernetzwerkes hervorzuheben, da das eigene Geschäftsmodell stark auf komplementäre Kompetenzen ausgerichtet ist. Das Geschäftsmodell von Pharma B weist eine geringere Flexibilität und Offenheit auf, da man stark an die strategischen Vorgaben der Konzernleitung gebunden ist, die wiederum am bisherigen Geschäftsmodell von Pharma B festhält. Der strategische Managementprozess mit kurz-, mittel- und langfristigen Zielen kann darüber hinaus in beiden Fällen als wichtiger Treiber und als wichtige Plattform für die Diskussion und Umsetzung von Geschäftsmodellinnovationen bezeichnet werden. Bei beiden Unternehmen spielen zuletzt individuelle Determinanten eine zentrale Rolle. Nicht nur Promotoren auf Managementebene sind für den Geschäftsmodellinnovationsprozess von elementarer Bedeutung sondern auch die Wandlungsbereitschaft und –fähigkeit der Führungspersonen und Mitarbeiter.

Die unterschiedlichen Schwerpunkte bezüglich der Determinanten bei Geschäftsmodellinnovationen können in den beiden Fallstudienunternehmen wie folgt zusammengefasst werden: Bei Pharma A hatten speziell finanzielle Restriktionen, strategische Offenheit, organisatorische Flexibilität und das Vorhandensein von Visionären eine große Bedeutung für die Geschäftsmodellinnovationen. Erstens hat man sich als mittelständisches Familienunternehmen die finanzielle Strategie auferlegt, möglichst kein bzw. wenig Fremdkapital zu nutzen. Dies setzt insbesondere Grenzen für radikale Geschäftsmodellinnovationen mit hohem Investitionsaufwand. Trotz einer grundsätzlich konservativen Grundhaltung kann Pharma A als zweiter wichtiger Einflussfaktor eine relativ hohe strategische Offenheit attestiert werden. Es werden sowohl intern neue Geschäftsmodellideen weitgehend offen (auf Managementebene) diskutiert, als auch Ideen von außen (Bsp. Aufkauf des ausländischen FuE-Standortes) relativ offen aufgenommen und weiterverwertet. Als dritter Aspekt ist die organisationale Flexibilität zu nennen. Als man mit der bisherigen Struktur an die Wachstumsgrenzen gestoßen war, hat man sich entschieden, das Unternehmen komplett umzubauen und neue Prozesse und Strukturen aufzubauen (drei Schwesterunternehmen). Der vierte und letzte Punkt, das Vorhandensein von Visionären, spiegelt sich in der Tatsache wider, dass wenige Einzelpersonen in Führungspositionen die neuen Geschäftsmodellideen generiert und vorangetrieben haben.

Bei Pharma B hingegen sind insbesondere zwei sehr dominante Faktoren hervorzuheben. Erstens spielt die Konzernleitung bei allen strategischen Fragen und Geschäftsmodellinnovationen von der Idee bishin zur Umsetzung die wichtigste Rolle. Dadurch dass sie (bisher) am bestehenden Geschäftsmodell von Pharma B (‚Konzernfabrik') festhält, ist die strategische Flexibilität des Unternehmens per se stark eingeschränkt. Geschäftsmodellinnovationen sind, wenn überhaupt, nur in geringen Abweichungen vom Status Quo als inkrementale Innovationen möglich. Nichtsdestotrotz sucht man – als zweiten Gesichtspunkt – Möglichkeiten, z.B. im trial-and-error-Verfahren gangbare Wege der strategischen Öffnung zu finden. Nach der gescheiterten Gründung eines Tochterunternehmens wählte man statt der Abgrenzungs- eine Kooperationsstrategie und arbeitet nun zur Nutzung von Synergien vermehrt mit den Schwesterunternehmen im Konzern zusammen.

Nachfolgende Abbildung gibt einen abschließenden Überblick über die Auslöser, wichtigen Determinanten und Ergebnisse der Geschäftsmodellinnovationen in der Fallstudie (vgl. Abb. III-14). Bei den Determinanten wurden die Besonderheiten jedes Unternehmens fett markiert.

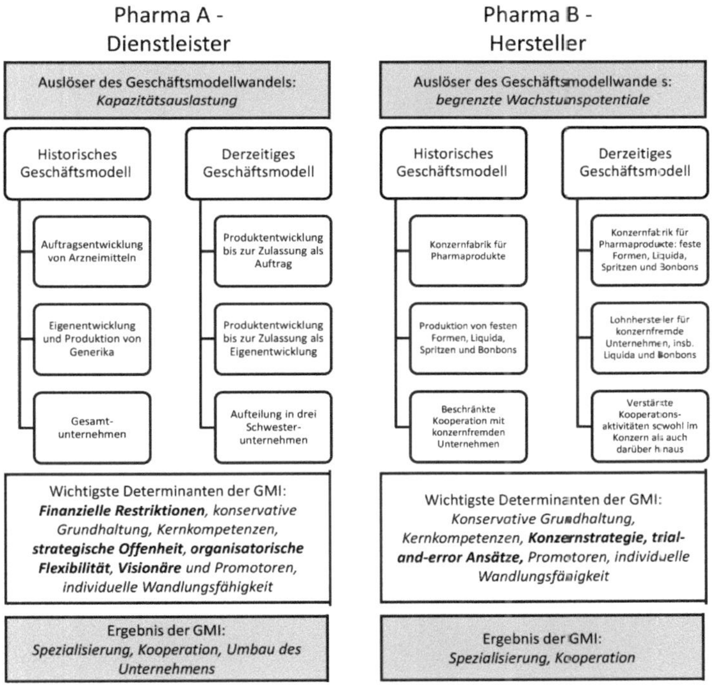

[Quelle: Eigene Darstellung]

Abb. III-14: Geschäftsmodellinnovationen der Fallstudie

IV Zusammenfassung der zentralen Ergebnisse

Die in einen theoretisch-konzeptionellen und empirischen Teil untergliederte Arbeit beleuchtete verschiedenartige Aspekte des Themas Geschäftsmodellinnovationen. Die theoretisch-konzeptionelle Analyse resultierte in einer Definition der Geschäftsmodellflexibilität für Geschäftsmodellinnovationen in Abhängigkeit von vier zentralen Determinanten. Die explorativ angelegte empirische Studie war in eine Vorstudie und eine Hauptstudie unterteilt. Im Rahmen der Vorstudie wurden Rahmenbedingungen, Innovationen, Geschäftsmodelle und Geschäftsmodellinnovationen in der Pharmabranche beleuchtet. Darauf aufbauend wurden in der Hauptstudie zwei konkrete Fälle von Geschäftsmodellinnovationen in zwei mittelständischen Pharmaunternehmen untersucht.

Die zentralen Ergebnisse der vorliegenden Arbeit lassen sich entlang der drei Forschungsfragen in folgende Teilbereiche gliedern: Kapitel IV.1, Klassifizierung von Geschäftsmodellen, greift FF 1 auf (Wie können Geschäftsmodelle beschrieben und klassifiziert werden?). Kapitel IV.2 beleuchtet im Übergang zu dem Thema Geschäftsmodellinnovationen die wichtigsten Erkenntnisse zum Innovationsmanagement und Open Innovation unter besonderer Berücksichtigung von Pharmaunternehmen. Kapitel IV.3 liefert schließlich Antworten auf FF 2 (Wie können Geschäftsmodellinnovationen realisiert werden?) und FF 3 (Welche zentralen Treiber und Hemmnisse sollten Unternehmen bei der Durchführung von Geschäftsmodellinnovationen berücksichtigen?).

Im Anschluss an die Erläuterung der zentralen Ergebnisse im vorliegenden Kapitel wird in Kapitel V.1 (Tab. V-1) der Forschungsbeitrag der Arbeit unter Bezug auf die Forschungsfragen nochmals zusammenfassend dargestellt.

IV.1 Klassifizierung von Geschäftsmodellen

Im theoretisch-konzeptionellen Teil wurde das Geschäftsmodell mit seinen verschiedenen Facetten näher beleuchtet und von dem übergeordneten Strategiebegriff abgegrenzt. Darauf aufbauend wurde eine Arbeitsdefinition abgeleitet. Diese Definition sowie insbesondere das Geschäftsmodellraster in Anlehnung an OSTERWALDER und PIGNEUR (2010) haben sich als Diskussionsgrundlage, Abstrahierungskonzept und Ausgangspunkt für Geschäftsmodellinnovationen im Rahmen dieser Arbeit bewährt. Nach einem Überblick über die wichtigsten Studien zur Geschäftsmodelltypologisierung wurde die Typologisierung nach SCHWEIZER (2005) als das für diese Arbeit hilfreichste Konzept identifiziert. Ausschlaggebend dafür ist die Tatsache, dass SCHWEIZER neben der dynamischen Sichtweise auf Geschäftsmodelle insbesondere die Rolle des Unternehmens in der Wertschöpfungskette und die Bedeutung der eigenen Kernkompetenzen berücksichtigt. Die Kriterien der Typologisierung nach SCHWEIZER lieferten wichtige Impulse für die Klassifizierung von Geschäftsmodellen in der Pharmabranche, die im Folgenden erläutert wird.

Im Rahmen der Vorstudie wurden zunächst die Geschäftsmodelle in der Pharmabranche identifiziert, wohingegen in der Hauptstudie stichprobenartig überprüft wurde, ob diese Geschäftsmodelle für die untersuchten Unternehmen passen. Sofern mehrere Pharmaunternehmen gleiche oder ähnliche Strategien verfolgen bzw. gleiche oder ähnliche Geschäftsmodelle aufweisen, wurden diese zu Geschäftsmodellklassen aggregiert. Diese Klassen erwachsen aus einem zweidimensionalen Modell. Man kann die Pharmaindustrie demnach in drei Hauptgeschäftsmodellklassen unterteilen, die fließende Grenzen haben: Biotech-Unternehmen, einen relativ großen Anteil an mittelständischen Firmen – die allerdings von Politik und Öffentlichkeit nicht so stark wahrgenommen werden –

und die multinationalen Großkonzerne. Dabei lassen sich die drei Geschäftsmodelltypen insbesondere anhand von vier Kriterien näher beschreiben:

1. *Management/Finanzierung:* Diesbezüglich wird unterschieden nach Unternehmen, die entweder eher inhaber-/gründer-/familiengeführt oder eher fremdgeführt sind. Zusätzlich ist nach dem Schwerpunkt der Finanzierung zu unterscheiden, d.h. der Tendenz zur Eigen- oder Fremdfinanzierung.
2. *Tätigkeitsschwerpunkte im Innovationsprozess:* Die Pharmaunternehmen lassen sich bezüglich ihrer Kernkompetenzen in einem Kontinuum zwischen forschungsorientiert und vermarktungsorientiert einordnen.
3. *Strategische Ausrichtung in der Wertschöpfungskette:* Dieses Kriterium spiegelt wider, ob ein Unternehmen eher als Spezialist oder Generalist einzuordnen ist. Dadurch wird zudem deutlich, wie breit das Geschäftsmodell ausgerichtet ist und welche Rolle externe Partner dabei spielen.
4. *Fokus bezüglich Produkten / Marktsegmenten:* Die Vielfalt der Produkttypen im Pharmamarkt machte es notwendig, den grundsätzlichen Produkt-/Marktfokus der Unternehmen mit in die Klassifizierung aufzunehmen. Grob lassen sich hier Vorprodukte, OTC-Produkte, Generika und Originalpräparate unterscheiden.

Eine Übersicht zu diesen Geschäftsmodellklassen und der wichtigsten Charakteristika findet sich in Abbildung IV-1. Einschränkend zu dieser Unterteilung gibt es auch Mischformen – Pharmaunternehmen, die verschiedene Geschäftsmodelle gleichzeitig betreiben. Die Mischformen gewinnen vor allem deswegen an Bedeutung, da der Aufwand und das Risiko im klassischen innovationsorientierten Arzneimittelgeschäft immer höher werden, wohingegen die Zulassungsraten konstant bleiben oder sogar sinken. Viele Unternehmen entscheiden daher, sich breiter aufzustellen (vgl. V3). Pharma A und Pharma B stimmen in vielen Kriterien bezüglich ihres Geschäftsmodells mit der oben genannten Klassifizierung des Mittelstandes überein.

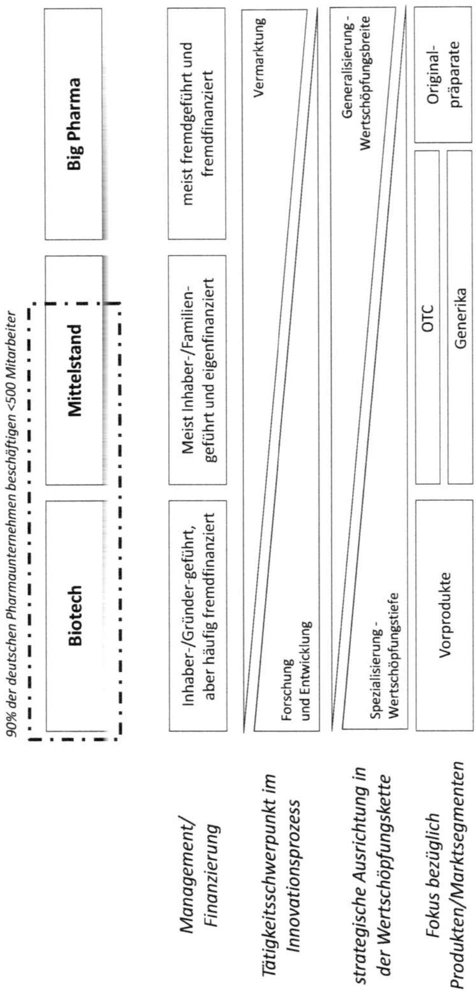

[Quelle: Eigen- Darstellung]

Abb. IV-1: Klassifizierung und Charakterisierung der Geschäftsmodelle im Pharmamarkt

Die empirische Studie zeigte, dass auch bei mittelständischen Unternehmen Mischformen und Aktivitäten in vor- und nachgelagerten Wertschöpfungsstufen bzw. neuen Marktsegmenten zu beobachten sind. Beispielsweise diversifiziert sich Pharma A im Bereich Biotech oder sucht Pharma B neue Marktsegmente für seine Lohnherstellung.

Bezüglich der Klassifizierung von Geschäftsmodellen lassen sich mithilfe des Beispiels der Pharmabranche einige Schlussfolgerungen ableiten. Die in Kapitel II.2.3.3 vorgestellten Kriterien einer Klassifizierung bzw. Typologisierung können weitgehend erfüllt werden. Die Geschäftsmodellklassifizierung in der Pharmabranche kann als intuitiv logisch und umfassend und konzeptionell elegant bezeichnet werden[54]. Lediglich bezüglich des Kriteriums ‚klar definiert' mussten Abstriche gemacht werden. Es ist ein Kompromiss zu finden, aus möglichst genauer Abbildung der Realität (mit der Vielfalt an Geschäftsmodellklassen inklusive Ausnahmen und Mischformen) und Abstrahierung der Realität, um die Geschäftsmodelle so sinnvoll zu aggregieren, dass daraus eine überschaubare Anzahl an Geschäftsmodellklassen resultiert. Trotz dieser genannten Abstriche stellte sich die Klassifizierung von Geschäftsmodellen als hilfreich für die weitere konzeptionelle und empirische Untersuchung heraus.

IV.2 Innovationsmanagement und Open Innovation

Die Notwendigkeit von Innovationen per se ist unbestritten (vgl. Brown und Eisenhardt, 1996, 343 f.; Tidd, 2001, 169). Unternehmen können die Generierung von Innovationen über ein strukturiertes Konzept kontinuierlich unterstützen (vgl.

[54] Vgl. die Kriterien zu einer Typologisierung in Kap. II.2; in Anlehnung an SCOTT, 1998, 45 ff.

u.a. Hauschildt und Salomo, 2007, 105 ff.). In Kapitel II.1.2 wurde dazu ein ganzheitliches Innovationsmanagementmodell eingeführt (vgl. Darst. II-2). Ein breiteres Verständnis von Innovationen und somit ein differenzierter Blick auf die ganze Bandbreite von Produktinnovationen über strategische Innovationen bishin zu Geschäftsmodellinnovationen können seit einigen Jahren sowohl in den Unternehmen als auch in der Wissenschaft verstärkt beobachtet werden (vgl. Charitou und Markides, 2003, 55; Chesbrough, 2003a; Hamel, 2000; Voelpel et al., 2004, 260). Es zählt also nicht nur die Kreativität in den frühen Innovationsphasen, d.h. Forschung, Entwicklung und Projektierung, sondern auch in den späten Phasen, d.h. Prototypenentwicklung, Vermarktung und Geschäftsmodellentwicklung. Über alle Phasen hinweg hat dem Open Innovation-Gedanken folgend die Durchlässigkeit des Innovationssystems zugenommen (vgl. Chesbrough, 2003b, 34; Christensen et al., 2005, 1535). Die Kernstrategie von Unternehmen sollte darin bestehen, in jeder Phase des Innovationsprozesses zu hinterfragen, ob durch einen bewussten Austausch mit Externen ein Mehrwert erzielt werden kann. Nach der Erörterung einiger Praxisbeispiele wurde aufgezeigt, dass Open Innovation in der Umsetzung einige Herausforderungen in sich birgt. Neben dem Not-invented-here-Syndrom (NIH) (vgl. Clagett, 1967; Katz und Allen, 1982) sind beispielsweise Probleme in der Bewertung und Verwertung von Open Innovation-Projekten aber auch in der individuellen und organisationalen Offenheit gegenüber externen Wertschöpfungspartnern zu nennen. Schlussendlich kann der Open Innovation-Ansatz als eine Klammer für bestehende offene Innovationsmanagementansätze betrachtet werden. Insbesondere rückt er die Verwertbarkeit von Innovationen und das Geschäftsmodell in den Blickpunkt der Betrachtung. Abschließend zur Open Innovation-Diskussion wurde ein Managementkonzept entwickelt, das eher geschlossene und offene Innovationsansätze integriert (vgl. Darst. II-5). Dabei wurden über bestehende Open Innovation-Konzepte (vgl. u.a. Chesbrough 2003 a, b und 2006a; Dahlander und Gann, 2010; Gassmann und Enkel, 2006; Van de

Vrande et al., 2009) hinaus die wichtigsten Ebenen des Open Innovation-Management in einem integrativen Ansatz (vgl. Darst. II-5) zusammengeführt.

Nach dieser allgemeinen Zusammenfassung der Erkenntnisse zum Innovationsmanagement und zu Open Innovation sollen die Innovationsspezifika von Pharmaunternehmen resümiert werden. Vor dem Hintergrund der in der Vorstudie erläuterten Herausforderungen wird es für Pharmaunternehmen immer wichtiger, die Effizienz der Produktentwicklung und die eigene Innovationsfähigkeit zu steigern. Die beiden Unternehmen der Fallstudie haben gleichermaßen einen systematischen strukturierten Innovationsprozess bei sich etabliert. Somit sind gute Voraussetzungen für eine erfolgreiche Abwicklung standardmäßiger Innovationsprojekte geschaffen. Dabei wirken bei beiden Unternehmen flache Hierarchien, interdisziplinäre Projektteams und Business Plan-Vorgaben unterstützend. Wohingegen Pharma A mit einer starken eigenen Strategie und einer relativ offenen, innovationsfreudigen Unternehmenskultur (auch auf Konzernebene) punkten kann, glänzt Pharma B vor allem durch ein starkes Projektmanagement und eine strukturierte Ideenbewertung. Pharma A hat Verbesserungspotenziale insbesondere hinsichtlich der Schnittstellenkoordination zu den Schwesterunternehmen und der Nutzung externer Ideen und externen Wissens. Weitaus schwieriger ist die Lage bei Pharma B, die vor allem mit der begrenzten strategischen Flexibilität bzw. der starken Bindung an die konservative Konzernstrategie umgehen muss. Dies hemmt die Entwicklung einer diversifizierten eigenen Innovationsstrategie, auch über Konzerngrenzen hinaus. Beiden Unternehmen ist über diese Diskrepanzen hinaus gemein, dass die Open Innovation-Strategie als ausbaufähig zu beschreiben ist. Derzeit ist bei beiden vor allem eine opportunistischen Nutzung von Outside-In Aktivitäten zu beobachten, gezielte Inside-Out Aktivitäten (vgl. Gassmann und Enkel, 2006, 134) und ein strategischer Gesamtansatz sind jedoch nur rudimentär vorhanden. Als Schritte in diese Richtung können bei Pharma A die Diversifizierung in den Biotechbereich und die damit verbundene strategische Kooperation mit Biotechfirmen und bei Pharma B das Anbieten der eigenen Kernkompetenz an konzernfremde Kunden in neuen Marktsegmenten gewertet werden.

Wie das Innovationsmanagement in – vor allem mittelständisch geprägten – Pharmaunternehmen allgemein charakterisiert werden kann, zeigt Tabelle IV-1.

Starker Fokus auf Produkt- und Prozessinnovationen
Kooperationsaktivitäten zur Reduzierung des Entwicklungs- und Investitionsrisikos
Selten systematisches Open Innovation Management
Open Innovation in frühen Innovationsphasen eher outside-in, in späten Phasen eher inside-out

[Quelle: Eigene Darstellung]

Tab. IV-1: Aktuelle Ansätze zum (Open) Innovation-Management in mittelständischen Pharmaunternehmen

Dabei haben sich die Innovationsdefizite von KMU nach KIRNER ET AL. (2006, 31) bestätigt. Über die Literaturanalyse und Fallstudie hinaus lässt sich sagen, dass trotz der Notwendigkeit von Open Innovation-Strategien und diversifizierten Innovationsansätzen die Grundhaltung vieler mittelständischen Pharmaunternehmen eine eher produktorientierte, konservative und nach innen gerichtete bleibt. Dies zeigt sich insbesondere in der mangelnden Bereitschaft, Erfolgsbeispiele auch über Branchengrenzen hinweg zu untersuchen und ggf. zu übernehmen.

> *„Sie sprechen immer wieder neue Frustrationen an. (...) Ich habe noch nie eine Industrie erlebt, die so im eigenen Saft schwimmt wie diese Pharmawelt. Das ist unglaublich, das geht sogar so weit, dass die Logistikketten, wo ich wirklich denke, das könnt ihr nicht, jede Post kann das besser, dass die noch im eigenen Laden gehalten werden." (V5)*

Diese ernüchternde Feststellung eines Verbandvertreters ist insofern brisant, da die pharmazeutischen Innovationsprozesse heutzutage sowohl für kleine als auch große Unternehmen zu komplex geworden sind, um sie alleine zu managen. Daher sollten Open Innovation-Aktivitäten – wo sinnvoll und erfolgsversprechend – weiter intensiviert werden. Ansonsten werden gerade mittelständische Pharmaunternehmen Schwierigkeiten haben, den erläuterten Herausforderungen gerecht zu werden und ihre Wettbewerbsvorteile auszubauen. Nichtsdestotrotz scheint sich der situativ-offene Ansatz – auch in der Praxis von Pharmaunternehmen – durchzusetzen, wonach Unternehmen fallweise über den Grad der Offenheit ihrer Innovationsbemühungen entscheiden (vgl. Hacklin und Klang, 2010, 28; Jacobides und Bilinger, 2006, 258).

IV.3 Management von Geschäftsmodellinnovationen

Unternehmer und Wissenschaftler beschäftigen sich in jüngster Zeit neben den traditionell bedeutenden Produkt- und Prozessinnovationen auch mit strategischen Innovationen. Ein Typus der strategischen Innovation (vgl. Charitou und Markides, 2003, 56; van Someren, 2005, 46), der in diesem Zusammenhang vermehrt in den Fokus gerückt wird, ist die Geschäftsmodellinnovation (vgl. u.a. Chesbrough, 2010; Christensen et al., 2009; Gambardella und McGahan, 2010; Osterwalder und Pigneur, 2010; Voelpel et al., 2004; Zollenkop, 2006). Aus der empirischen Studie lässt sich schlussfolgern, dass auch Pharmaunternehmen mit ihren Geschäftsmodellen mehr und mehr unter Druck geraten. Daher wächst die Notwendigkeit, existierende Geschäftsmodelle zu innovieren und neue Geschäftsmodelle zu entwickeln. Gerade mittelständische Pharmaunternehmen stehen aufgrund des Ressourcenmangels und der steigenden Kosten unter Druck, kreative Konzepte zu entwickeln, um ihr eigenes Geschäftsmodell wettbewerbsfähig zu halten und – wo sinnvoll – auch für Kooperationen zu öffnen. Viele Unternehmen haben noch Schwierigkeiten damit, ihre Innovationsaktivitäten vom reinen Produktdenken hin zu ganzen Geschäftsmodellen auszuweiten. Jedoch konnten in der Fallstudie und darüber hinaus erste erfolgreiche Ansätze beobachtet werden, Geschäftsmodellinnovationen voranzutreiben. In Übereinstimmung mit den Ergebnissen von Demil und Lecoq (2010, 239) sind bezüglich der Initiierung von Geschäftsmodellinnovationen sowohl emergente als auch intendierte Impulse zu beobachten. Einschränkend hierzu muss man jedoch anmerken, dass insbesondere in mittelständischen (Pharma-)Unternehmen strategisch intendierte Herangehensweisen nicht immer (in ausreichendem Maße) identifiziert werden konnten.

Im Management von Geschäftsmodellinnovationen sind zwei grundsätzliche Strategien zu beobachten: Erstens greifen viele Unternehmen aus Gründen der Risikoaversion und der Aufwandsminimierung auf inkrementale, schrittweise Anpassungen ihres bestehenden Geschäftsmodells basierend auf ihren Kernkompetenzen zurück. Dies scheint für die meisten Unternehmen auch am ehesten vereinbar mit der übergeordneten, eher konservativen Wachstumsstrategie zu sein. Zweitens konnten einzelne Unternehmen identifiziert werden, die auch radikalere, stärker vom Status Quo abweichende Geschäftsmodellinnovationen durchgeführt haben. Häufig werden dabei die Risiken und der Aufwand im Rahmen eines interorganisational ausgerichteten Geschäftsmodells auf die Partner verteilt.

Ein zyklusartiger Geschäftsmodellinnovationsprozess soll helfen, die einzelnen Phasen und Schritte vom externen oder internen Impuls bishin zum umsetzungsfähigen Geschäftsmodell zu strukturieren (vgl. Abb. IV-2). Dabei wurde Anleihe genommen bei klassischen Innovationsprozessansätzen[55], Konzepten des strate-

[55] Vgl. z.B. Cooper, 2002; Hauschildt und Salomo, 2007; Vahs und Burmester, 2005.

gischen Managements[56] sowie den Ergebnissen aus der Fallstudie. Insbesondere die Arbeiten von BRADLEY und NOLAN (1998), CHESBROUGH (2010), OSTERWALDER und PIGNEUR (2010) und VOELPEL ET AL. (2004) lieferten wichtige Anhaltspunkte zur Gestaltung eines praxisnahen Geschäftsmodellinnovationsprozesses, der aufgrund seiner zyklischen Natur die Integration als fester Bestandteil in die strategischen Managementaktivitäten von Unternehmen erleichtern soll.

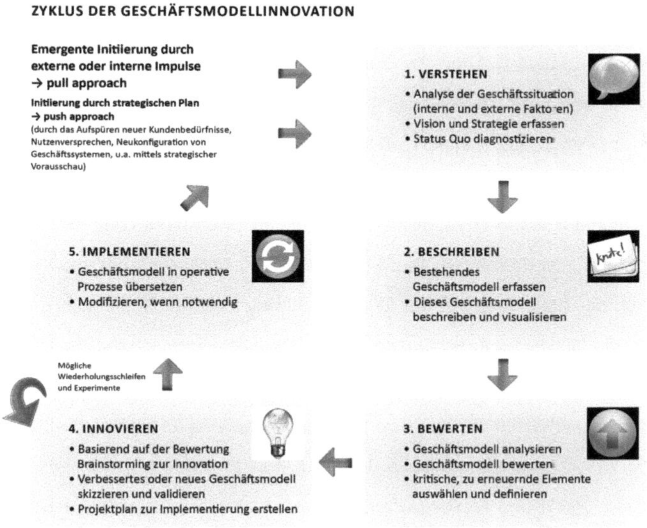

[Quelle: eigene Darstellung[57]; vgl. Adelhelm (2012), 72]

Abb. IV-2: Zyklus der Geschäftsmodellinnovation

56 Vgl. z.B. Afuah, 2004; Grant und Nippa, 2006; Lynn et al., 1996; Schreiner, 2006.

57 In Anlehnung an die Arbeiten von Afuah, 2004, 235; Christensen et al., 2009; Kranz, 2007, 171 u. 253; Lynn et al., 1996; Mintzberg und Waters, 1985; Osterwalder und Pigneur, 2010; Schreiner, 2006, 62 ff.; Servatius, 2003, 158; Teece, 2010, 173; Valtakoski, 2010; 38; Voelpel et al., 2004, 270.

In der ersten Phase (Verstehen) sollte als Startpunkt für den Geschäftsmodellinnovationsprozess ein gemeinsames Grundverständnis im Projektteam und im Unternehmen geschaffen werden. Dazu sollten relevante Termini und Konzepte definiert sowie Informationen gesammelt, analysiert und ausgewertet werden. So entsteht eine priorisierte Liste der wichtigsten Innovationspotenziale, die in Phase zwei (Beschreiben) überführt werden sollen. In dieser Phase hilft es, das aktuelle Geschäftsmodell zu beschreiben und mit seinen einzelnen Elementen abzubilden. Dies ist die Grundlage der Bewertung im dritten Schritt, wobei in einer Stärken-Schwächen-Chancen-Risiken-Analyse unternehmens- und umfeldspezifische Aspekte evaluiert werden. Daraus abgeleitet werden die finalen Innovationspotenziale bestimmt. In der anschließenden Phase des eigentlichen Innovierens wird entweder das etablierte Geschäftsmodell weiterentwickelt oder ein neues Geschäftsmodell entworfen. In diesem Zusammenhang empfiehlt es sich, zuerst das Nutzenversprechen, also den möglichen Kundennutzen, des neuen Geschäftsmodells zu definieren. Dabei ist es sinnvoll herauszuarbeiten, weshalb und wie sich das neue Angebot am Markt durchsetzen kann. Schließlich sind die Zielmärkte, die Wertschöpfungspartner und die Kosten-/Umsatzplanung zu erarbeiten. Iterativ entwickelte Geschäftsmodellprototypen als Ergebnis dieser Schritte sind weiter zu schärfen und auf ihre Wettbewerbsstärke und Robustheit hin zu überprüfen. In Anlehnung an Baden-Fuller und Morgan (2010), Govindarajan und Trimble (2004, 2005) und McGrath (2010) bieten sich hierbei zur Steigerung des Innovationsgrades und der praktischen Umsetzbarkeit der Geschäftsmodellprototypen Praktiken des Experimentierens und des Trial-and-Errors an. Diejenigen Prototypen, die die Validierungsfragen überstehen, werden mithilfe von Projekt- und Umsetzungsplänen in die Implementierungsphase überführt.

Aus der Fallstudie lässt sich festhalten, dass die grundsätzlichen Schritte Verstehen – Beschreiben – Bewerten – Innovieren – Implementieren in den untersuchten Fällen durchlaufen werden. Jedoch ist dies meist kein fest und explizit definierter Prozess, der nachvollziehbar verfolgt wird, sondern eher eine implizite Abfolge von Tätigkeiten, die im Rahmen der Geschäftsmodellinnovationen mehr oder minder intensiv durchgeführt werden. Es lässt sich also schlussfolgern, dass der Zyklus der Geschäftsmodellinnovation zwar Leitlinien und einen Rahmen vorzugeben vermag, er dennoch als formaler Prozess lediglich Ansatzpunkte zur Durchführung von Geschäftsmodellinnovationen liefern kann[58]. In diesem Zusammenhang – soll ähnlich wie bei der Diskussion des Innovationsmanagementmodells in Kapitel II.1 – auf nicht-lineare Innovationsprozesse (vgl. z.B. Takeuchi und Nonaka, 1986; van de Ven et al., 1999) verwiesen werden, die wichtige Impulse für eine systemische Sichtweise auf Geschäftsmodellinnovationen und flexible Gestaltung der zugrunde liegenden Elemente der „innovation journey" (vgl. van de Ven et al., 1999) liefern können.

Da das Thema der Geschäftsmodellinnovationen in bisherigen wirtschaftswissenschaftlichen Arbeiten nur ansatzweise Berücksichtigung fand, wurde in der vorliegenden Arbeit ein Gesamtkonzept zur Innovation des Geschäftsmodells – insbesondere für etablierte Unternehmen – entwickelt (vgl. Abb. IV-3). In Anlehnung an LAMBERT und DAVIDSON (2012, 8) und ZOTT ET AL. (2011, 1033) werden Geschäftsmodellinnovationen als Quelle von neuen Wettbewerbsvorteilen mit Einfluss auf den Unternehmenserfolg verstanden.

58 In Anlehnung an MINTZBERG (1978) und PETTIGREW (1987).

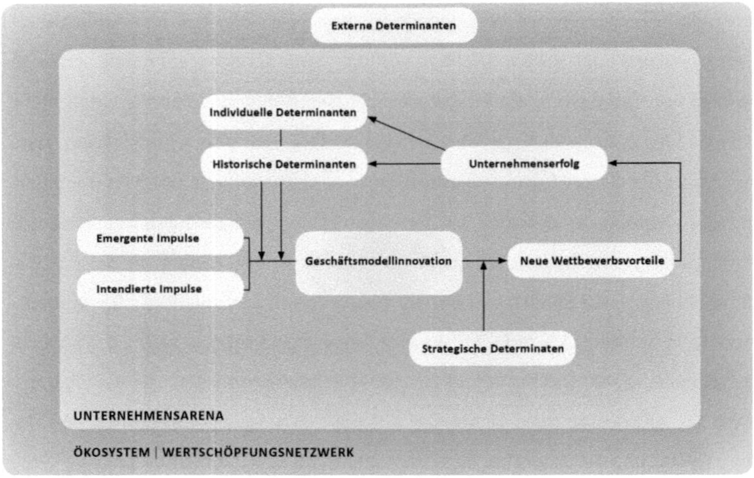

[Quelle: Eigene Darstellung, vgl. Adelhelm, 2012, 67]

Abb. IV-3: Integratives Gesamtkonzept für Geschäftsmodellinnovationen und Determinanten der Geschäftsmodellflexibilität

Die im Gesamtkonzept definierten Determinanten haben sich aus der Literaturanalyse und der empirischen Studie herauskristallisiert. Im Kern sind externe, historische, strategische, individuelle Determinanten als die wichtigsten Faktoren zu nennen. Dabei spielte das übergeordnete Konzept der Geschäftsmodellflexibilität in allen Beispielen der Geschäftsmodellinnovation eine große Rolle. Die eigene Strategie oder die Konzernstrategie stellen wichtige Stellhebel dafür dar, wie weit sich das Unternehmen mit seinen Geschäftsmodellideen vom Status Quo entfernen ‚darf'. Tabelle IV-2 fasst die zentralen Treiber und Hemmnisse für Geschäftsmodellinnovationen in (mittelständischen) Pharmaunternehmen zusammen.

Treiber	Hemmnisse
langfristige strategische Orientierung und nachhaltiges Verfolgen neuer Ziele	Verhaften in bestehenden strategischen Pfaden
strategische und organisationale Offenheit	Ressourcenknappheit
Bereitschaft zum Experimentieren und zu trial-and-error-Ansätzen	mangelndes systematisches Innovationsmanagement und strategisches Vorgehen
Promotoren und Visionäre	mentale Grenzen und mangelnde Veränderungsbereitschaft/-fähigkeit des Einzelnen
neue Marktchancen	Mangelnder Wille, Macht und Einfluss zu teilen
	Angst vor Wissensabfluss
	operative Schwächen beim Management von Kooperationen
	(regulatorische) Rahmenbedingungen

[Quelle: eigene Darstellung]

Tab. IV-2 Wichtige Treiber und Hemmnisse für Geschäftsmodellinnovationen

Als letztes zentrales Ergebnis ist festzuhalten, dass sich die identifizierten (internen) Treiber und Hemmnisse gegenseitig zu beeinflussen scheinen. Beispielsweise kann eine mangelnde strategische und organisationale Offenheit bei gleichzeitig eher konservativen, risikoaversen Mitarbeitern und Führungskräften dazu führen, dass das Verhaften in bestehenden strategischen Pfaden noch verstärkt wird. Grundsätzlich ist zu erkennen, dass die Bedeutung von Geschäftsmodellinnovationen für die Sicherung zukünftiger Wachstumspotenziale von Unternehmen zunimmt. Diese Arbeit hat aufgezeigt, wie Unternehmen das Management von Geschäftsmodellinnovationen gestalten können. Im Folgenden werden die Implikationen für Management und Forschung sowie die Restriktionen der Arbeit erläutert.

V Schlussbetrachtung

Die Dynamisierung der Märkte und des Wettbewerbs sowie die Auflösung klassischer Branchen- und Geschäftsfeldgrenzen zwingen Unternehmen, ihre Innovationsaktivitäten zu überdenken (vgl. Berkhout et al., 2006, 390; Christensen et al., 2005, 1535; Davenport et al., 2006, 174). Die vermehrt offene Gestaltung des Innovationsmanagements ist eine Antwort auf diese Herausforderungen (vgl. Chesbrough 2003a, 2006; Dahlander und Gann, 2010, 700; Gassmann und Enkel, 2006, 134; Laursen und Salter, 2006, 132; Pisano, 1990, 153). In diesem Zusammenhang erlaubt der Open Innovation-Ansatz nicht nur eine neue Perspektive auf klassische Produkt- und Prozessinnovationen, sondern rückt auch die verschiedenen Arten der strategischen Innovation in den Fokus. Dabei wird insbesondere eine vermehrt dynamische Betrachtung des eigenen Geschäftsmodells bzw. der eigenen Geschäftsmodelle notwendig (vgl. Charitou und Markides, 2003, 55; Demil und Lecoq, 2010, 228; Hamel, 2000; Sosna et al., 2010, 402). In den letzten Jahren häufen sich Studien aus den Bereichen Innovationsmanagement und strategisches Management, die sich Geschäftsmodellen und Geschäftsmodellinnovationen widmen (vgl. u.a. Chesbrough, 2010; Christensen et al., 2009; Demil und Lecoq, 2010; Gambardella und McGahan, 2010; Gilbert und Bower, 2002; Hamel, 2000; Lambert und Davidson, 2012; Osterwalder und Pigneur, 2010; Voelpel et al., 2004; Zollenkop, 2006). Dies ist eine wichtige Entwicklung, da das wissenschaftlich relativ junge Themenfeld bisher eine breite theoretische Fundierung und geeignete Konzepte vermissen lässt.

V.1 Implikationen für Forschung und Praxis

Vor diesem Hintergrund war es Zielsetzung dieser Arbeit, einen Beitrag dazu leisten, die genannten Forschungslücken an der Schnittstelle von Innovationsmanagement und strategischem Management zu schließen. Insbesondere standen die Klassifizierung von Geschäftsmodellen und das Management von Geschäftsmodellinnovationen in Abhängigkeit einiger zentraler Determinanten im Mittelpunkt. Die dabei entwickelten Konzepte zur Geschäftsmodellklassifizierung (vgl. Darst. IV-1) zum Geschäftsmodellinnovationsprozess (vgl. Darst. IV-3) sowie das Gesamtkonzept mit den wichtigsten Determinanten (vgl. Darst. IV-4) integrieren sowohl bestehende Ansätze aus der Literatur als liefern sie auch neue Erkenntnisse zum Management von Geschäftsmodellinnovationen. Der Forschungsbeitrag der vorliegenden Arbeit wird in der folgenden Tabelle zusammenfassend dargestellt (vgl. Tab. V-1).

Anknüpfend daran konnte im Rahmen dieser Arbeit ein Bezugsrahmen entwickelt werden, der einerseits eine theoretisch fundierte Untersuchung von Geschäftsmodellinnovationen ermöglicht als auch einen praktischen Nutzen für Unternehmen ableitet. Darüber hinaus liefern die vier identifizierten Determinanten der Geschäftsmodellflexibilität – externe, historische, strategische, individuelle Determinanten – wichtige Anhaltspunkte, was Geschäftsmodellinnovationen beeinflusst, im Einzelfall hemmt oder vorantreibt. Im Zusammenhang mit der Diskussion der Determinanten sowohl im theoretisch-konzeptionellen als auch im empirischen Teil wurden Ansätze aufgezeigt, wie Unternehmen die Symptome der Determinanten nutzen bzw. abfangen können.

Thema der Forschungsfrage	wichtige Kapitel	Beitrag und neue Erkenntnisse
FF1. **Beschreibung und Klassifikation von Geschäftsmodellen**	II.2.3 III.2.2.2 III.3.2.1.1/2.1 IV.1	• Literaturanalyse zu Geschäftsmodellen (in Abgrenzung zum Innovations- und strategischen Management) sowie bezüglich der Typologisierung von Geschäftsmodellen mit dem Fokus auf eine dynamische und interorganisationale Betrachtung • *Erkenntnis: Geschäftsmodelle können (grob) in Typen bzw. Klassen subsumiert werden.* • *Empirisches Ergebnis: Prinzipiell können Geschäftsmodelle in der Pharmaindustrie in Biotech-, Mittelstand und Großkonzerne unterschieden werden. Zunehmend gewinnen Mischformen und interorganisationale Geschäftsmodelle an Bedeutung.* → Entwicklung eines Geschäftsmodellklassen-Rasters (am Beispiel des Pharmamarkts) unter Berücksichtigung der Rolle in der Wertschöpfungskette und des strategischen Fokus eines Unternehmens
FF2. **Realisierung von Geschäftsmodellinnovationen**	II.2.4 III.2.4.1/2 III.3.3 IV.2	• Extensive Literaturanalyse bezüglich Geschäftsmodellinnovationen, Erarbeitung der wichtigsten Ansatzpunkte • *Erkenntnis: Ein kontinuierlicher Managementprozess sowie ausgewählte Methoden können die Realisierung von Geschäftsmodellinnovationen unterstützen.* • *Empirisches Ergebnis: Geschäftsmodellinnovationen gewinnen in der Pharmaindustrie an Bedeutung. Das Management von Geschäftsmodellinnovationen ist jedoch noch ausbaufähig, wenn auch erste Ansätze vorhanden sind. Insbesondere im Mittelstand sind eher inkrementale als radikale Geschäftsmodellinnovationen zu beobachten.* → Entwicklung eines zyklischen Prozessmodells unter Nutzung ausgewählter Methoden und bestehender Konzepte
FF3. **Zentrale Treiber und Hemmnisse bei Geschäftsmodellinnovationen**	II.2.5 III.2.4.3 III.3.3 IV.3	• Extensive Literaturanalyse bezüglich interner und externer Einflussfaktoren von Geschäftsmodellinnovationen • *Erkenntnis: Geschäftsmodellinnovationen sind von einigen zentralen Einflussfaktoren abhängig.* • *Empirisches Ergebnis: Wichtige Einflussfaktoren konnten identifiziert werden. Primär sind strategische Determinanten, Flexibilität und - im Mittelstand – insbesondere der Einfluss der Individuen bzw. die verfügbaren Ressourcen zu nennen. Bemerkenswert erscheint auch, wie sich die Faktoren gegenseitig verstärken oder aushebeln können.* → Aggregation der Einflussfaktoren zu vier Determinantengruppen und Entwicklung des integrativen Konzepts der Geschäftsmodellflexibilität

[Quelle: Eigene Darstellung]

Tab. V-1: Forschungsbeitrag der Arbeit

Beispielhaft seien hier die Kunden- und Mitarbeiterintegration in Innovationsprojekte, das Bewusstwerden und mögliche Aufbrechen historischer, strategischer Pfade, die Instrumente im Rahmen des strategischen Managementprozesses oder Change Management-Methoden auf organisationaler und individueller Ebene zu nennen.

V.2 Restriktionen der Untersuchung

Der vorliegenden Arbeit liegt aufgrund der eher geringen wissenschaftlichen Tiefe bisheriger Studien zu Geschäftsmodellinnovationen und aufgrund des neuartigen Untersuchungsphänomens ein explorativer Ansatz zugrunde. Im theoretisch-konzeptionellen und methodischen Teil wurden bereits Grenzen der inhaltlichen Annäherung an das Thema sowie der Fallstudienmethodik erläutert.

Dennoch gilt es, einige kritische Anmerkungen zu den Restriktionen der Arbeit insgesamt zu ergänzen. Gedanklich sind Geschäftsmodellinnovationen an der Schnittstelle von Innovationsmanagement und strategischem Management einzuordnen. Die in diesem Rahmen verwendeten Konzepte und Theorien sind als nicht neu einzustufen. Als neu kann jedoch deren Integration in ein Gesamtkonzept für Geschäftsmodellinnovationen und in eine Defininition der Geschäftsmodellflexibilität angesehen werden. So konnte ein Bezugsrahmen mit theoretischer Fundierung entwickelt werden, der mithilfe der Fallstudie in der Pharmabranche verfeinert wurde. Daher können die entwickelten Konzepte zwar eine weitgehende theoretische Fundierung vorweisen, haben jedoch durch die geringe Fallzahl nur begrenzte Aussagekraft. Einige Aspekte haben sich durch die Fallstudie eher bestätigt (z.B. die Determinanten der Geschäftsmodellflexibilität, ohne auf Vollständigkeit zu bestehen), einige Aspekte hatten empirisch eine geringe Bedeutung (z.B. Phasen des Prozessmodells). Hier bietet das relativ junge Feld der Geschäftsmodellinnovationen noch Spielraum für weitere Forschungsthemen, was zum Ende dieses Kapitels nochmals aufgegriffen wird.

Wie im methodischen Teil dargelegt werden konnte, wies der gewählte explorative Ansatz eine hohe Eignung zur Erreichung der Zielsetzung auf. Im Rahmen der vorliegenden Arbeit konnten einerseits konfirmative Ergebnisse und andererseits neue Erkenntnisse für das Untersuchungsphänomen erzielt werden, was in ein Gesamtkonzept für Geschäftsmodellinnovationen mündete. Trotz dieser Eignung stößt der gewählte Forschungsansatz an seine Grenzen. Erstens weisen Fallstudienanalysen eine hohe Subjektivität der Informationen auf, da die meisten interviewten Personen in die Geschäftsmodellinnovationen involviert waren. Diese Personen können leicht verfälschte Eindrücke zu den eigenen Beiträgen oder den Beiträgen ihres Bereiches widergeben, da Individuen dazu neigen, entweder eigene Beiträge zu positiv darzustellen oder intuitive bzw. emergente Phänomene und Entscheidungen ex-post zu rationalisieren. Gerade aufgrund des ex-post Charakters der Fälle stoßen manche Befragten zudem an die Grenzen ihres Erinnerungsvermögens. Dies wird bestärkt durch die Tatsache, dass einerseits die Unternehmen aus Vertraulichkeitsgründen nur einen begrenzten Zugang zu Dokumentationen bezüglich strategischer Fragestellungen gewährten, und andererseits in mittelständischen Unternehmen lediglich in limitiertem Ausmaß schriftliche Dokumentationen zu den fraglichen Themen vorliegen.

Die potentiellen Grenzen des Forschungsansatzes wurden in der vorliegenden Arbeit durch dreierlei Maßnahmen abgeschwächt: Erstens wurden zu jedem Fall möglichst viele Personen verschiedener Hierarchieebenen befragt, die einen unterschiedlich starken Bezug zum Untersuchungsobjekt hatten. Zweitens wurden flankierend zu den Interviewdaten Informationen aus Dokumenten (z.B. Firmendokumentationen, Veröffentlichungen) und aus Workshopbeobachtungen herangezogen. Drittens wurde die Hauptstudie insbesondere bezüglich Geschäftsmodellklassen, Innovationen und Determinanten der Geschäftsmodellflexibilität durch Interviews und Sekundärdaten aus der Vorstudie gestützt.

Allgemein muss eingeräumt werden, dass Fallstudienanalysen lediglich eine Vereinfachung der Realität darstellen (vgl. Yin 2003, 13 ff.). Dadurch kann das integrative Gesamtkonzept für Geschäftsmodellinnovationen lediglich die wichtigsten Determinanten und Aspekte der realen Welt widerspiegeln. In der Praxis gestaltet sich das Phänomen weitaus komplexer. Insbesondere durch die geringe Zahl von zwei Fällen können somit nur erste Ansätze zur Generalisierung geboten werden. Diesbezüglich sei jedoch darauf hingewiesen, dass aufgrund des polarisierenden Charakters der Fälle und aufgrund des tiefen Einblicks, den die Autorin durch das dreijährige Forschungsprojekt in Kooperation mit den untersuchten Unternehmen gewinnen konnte, die Ergebnisse und Informationen dennoch eine vergleichsweise hohe Komplexität und Realitätsnähe aufweisen. Eine letzte Einschränkung der vorliegenden Untersuchung besteht in der Fokussierung auf eine Branche und auf einen bestimmten Unternehmenstypus. Die Ergebnisse der Studie können nicht ohne weiteres auf andere Branchen – wie z.B. die Telekommunikations- oder Automobilbranche – oder auf Großunternehmen übertragen werden. Mithilfe des entwickelten Gesamtkonzeptes bieten sich jedoch für andere empirische Untersuchungen gute Möglichkeiten, das Konzept über die (mittelständische) Pharmabranche hinaus zu abstrahieren und neue Erkenntnisse zu Geschäftsmodellinnovationen zu generieren.

V.3 Ansatzpunkte für weitere Forschungsarbeiten

Für zukünftige Studien liefert die vorliegende Arbeit eine hilfreiche Grundlage. Offene Fragestellungen sind reichlich vorhanden, so dass hier nur ein Auszug an weiterführenden Forschungsthemen aufgelistet werden soll:

- Die Klassifizierung von Geschäftsmodellen und Entwicklung geeigneter Kriterien liefern angesichts der steigenden Dynamisierung der Märkte hilfreiche Raster zur Analyse von Branchengruppen (vgl. Schweizer, 2005, 52 f.).
- Darüber hinaus konnte die Gestaltung von Geschäftsmodellinnovationsprozessen bisher nur ansatzweise beleuchtet werden. Es sind Antworten auf die Frage zu suchen, inwieweit eher iterative oder eher flexible Prozessmodelle brauchbar sind und nach welchen Kriterien die Auswahlentscheidung getroffen werden kann (vgl. Bucherer et al., 2012, 190 ff.; Chesbrough, 2010, 359; Osterwalder und Pigneur, 2006, 7).
- Vertiefenswert erscheint die Frage, wie Geschäftsmodellinnovationen angestoßen werden. Im Rahmen der vorliegenden Arbeit wurde bereits die Unterscheidung nach intendiert-emergent vorgenommen, jedoch ließe sich dieser Aspekt noch genauer untersuchen (vgl. Mintzberg, 1978, 945).
- Weiterhin scheinen Individuen und Promotoren bei Geschäftsmodellinnovationen eine große Rolle zu spielen. Zukünftige Studien könnten sich der Frage widmen, wie diese Individuen und Promotoren charakterisiert sind und wie sie identifiziert und gefördert werden können (vgl. Bucherer et al., 2012, 191 f.; Gemünden und Hölzle, 2007; Hauschildt und Schewe, 2000; McGrath, 2010, 257).
- Weiterhin könnte das Untersuchungsfeld weiter aufgespannt werden, indem Erfolgsfaktoren und ihr Einfluss auf Geschäftsmodellinnovationen erforscht werden (vgl. Chesbrough, 2010; Zott et al., 2011, 15).

- Zukünftige Forschungsarbeiten sollten andere Branchen / Branchengruppen sowie andere Firmentypen (z.B. kleine oder große Unternehmen) adressieren, um die entwickelten Konzepte zu validieren und auszubauen.
- Zwar sind zur tiefergehenden Analyse der Forschungsphänomene weitere explorative Untersuchungen notwendig, jedoch wären auch quantitative Studien zur weiteren Theorieentwicklung und -validierung erforderlich.

Schlussendlich hat die vorliegende Arbeit aufgezeigt, dass sowohl Konzepte und Theorien aus dem strategischen Management als auch aus dem Innovationsmanagement nützliche Ansätze zur Gestaltung von Geschäftsmodellinnovationen liefern können. Nun gilt es auf wissenschaftlicher Ebene, das Thema weiter theoretisch zu fundieren, und auf praktischer Ebene, Geschäftsmodellinnovationen systematisch in den Unternehmensalltag zu integrieren.

ANHANGSVERZEICHNIS

Anhang 1: Stufe 2 der systematischen Literaturanalyse: Überblick zu ausgewählten Studien bezüglich ‚Geschäftsmodellinnovationen' in hochrangigen, einschlägigen Journals

Autor(en)	Studie	Quelle	Zielsetzung	Empirisches Design	Anknüpfungspunkte zu Geschäftsmodell(innovation)	Zentrale Ergebnisse
Cabello-Medina, C.; Carmona-Lavado, A.; Valle-Cabrera, R.	Identifying the variables associated with types of innovation, radical or incremental: strategic flexibility, organisation and context (2006)	International Journal of Technology Management	Analyse der Beziehung verschiedener organisationaler Variablen, der Umweltbedingungen und Innovationstypen	multiple Korrespondenz-analyse	Strategische Flexibilität als eine der organisationalen Variablen; nach Hitt et al. (1998) werden drei Indikatoren gewählt: Grad des Outsourcing; Anteil der flexiblen Arbeitskräfte; Grad der Kundenspezifität des Outputs; strategische Flexibilität als das wichtigste Attribut, das Unternehmen dazu nutzen können, um im neuen Wettbewerbsumfeld effektiv zu arbeiten.	Förderung radikaler Innovation durch: Zugang zu Unternehmensinformationen für die Mitarbeiter, hoher Grad an formeller und informeller Kommunikation im Managementteam, Produkte und Produkteinheiten werden weitgehend autonom konfiguriert. Förderung inkrementaler Innovation durch: Gestaltung einer 'virtuellen' Organisation, Aufnahme von schnellen Änderungen bezüglich Produkte und Produktionstechnologien.
Chesbrough, H.; Rosenbloom, R.C.	The role of the business model in capturing value from innovation: evidence from Xerox Corporation's technology spin-off companies (2002)	Industrial and Corporate Change	Analyse der Rolle von Geschäftsmodellen bei der Wertschöpfung bezüglich von Frühphasen-Technologien	langfristig angelegte Fallstudie basierend auf 6 Fällen aus 35 Xerox Spin-offs	Interdependenzen zwischen Geschäftsmodell, Strategie und Technologie	Die wichtigste Aufgabe eines Geschäftsmodells ist es sicher zu stellen, dass die zugrunde liegende Technologie einer Innovation einen Kundennutzen liefert. In einem existierenden Unternehmen werden Geschäftspraktiken und Entscheidungsprozesse stark von 'dominanten Logiken' geprägt, die sich aus dem bestehenden Geschäftsmodell ableiten. Das anfängliche Geschäftsmodell kann auch als 'Proto-Strategie' bezeichnet werden. Neue oder andersartige Geschäftsmodelle zu identifizieren und zu operationalisieren ist eine unternehmerische Aufgabe, die sowohl Technologie- als auch Marktverständnis erfordert. Der Anpassungsprozess bezüglich anfänglicher Geschäftsmodelle schafft wiederum Möglichkeiten, neue Muster für Technologiepotential-wirtschaftlicher Wert-Beziehungen zu entdecken. Diese neuen Muster können in bedeutendem Maße zum Erfolg beitragen.
Crossan, M.M.; Berdrow, I.	Organizational Learning and Strategic Renewal (2003)	Strategic Management Journal	Untersuchung von strategischen Erneuerungsprozessen, die sich im Spannungsfeld zwischen Exploration und Exploitation bewegen (unter Berücksichtigung der Annahmen des organisationalen Lernens).	Einzelfallstudie	Strategische Erneuerungsprozesse als wichtiges Element des organisationalen Lernens; Exploration und Exploitation als grundlegendes Spannungsverhältnis für strategische Erneuerung	Organisationale Lernprozesse wirken nicht automatisch negativ oder positiv. Studien zum organisationalen Lernen sollten einen starken Link zum Thema Strategie herstellen und dabei explizit die Herausforderungen im Zusammenhang mit Exploitation und Exploration identifizieren. Unter bestimmten Bedingungen kann die Exploitation die Exploration behindern.
Denis, J.L.; Lamothe, L.; Langley, A.	The Dynamics of Collective Leadership and Strategic Change in Pluralistic Organizations (2001)	Academy of Management Journal	Entwicklung eines Prozessansatzes zu Leadership und strategischem Wandel in pluralistischen Organisationen	multiples Fallstudiendesign mit eingebetteten Analyseeinheiten und zwei Replikationsebenen, 5 Fälle (zweigleisiger Ansatz: deduktiv und induktiv)	die Rolle von strategic leadership auf Top Management Level angesichts von strategischem Wandel (Wandel ersten Ranges: die Existenz der Organisation wird nicht in Frage gestellt, Wandel zweiten Ranges: fundamentaler Wandel)	Die Wahrscheinlichkeit von substantiellem Wandel in pluralistischen Organisationen steigt mit einem vereinheitlichten, gemeinschaftlichen Leadershipansatz. Dieser Ansatz ist zwar notwendig, aber im Zusammenhang mit diffuser Machtverteilung und multiplen Zielen fragil. In pluralistischen Organisationen geschieht Wandel häufig zyklisch, wobei Widerstände eher sequentiell als simultan abgemildert werden. In diesem Zusammenhang wirken die strategisch-politischen Aktivitäten der Führungskräfte als Triebkaft für die Wandlungszyklen. In einer pluralistischen Organisation können unter anderem die folgenden Faktoren stabilisierend wirken: soziale Einbettung, kreativer Opportunismus und die hierarchische Position.
Floyd, S.W.; Lane, P.J.	Strategizing throughout the Organization: Managing Role Conflict in Strategic Renewal (2000)	Academy of Management Review	Erklärung, wann und wo strategische Rollenkonflikte auftreten und wie organisationale Kontrollmechanismen diese auflösen können	konzeptionelle Studie	Strategische Erneuerung wird als evolutionärer Prozess verstanden, der neues Wissen und innovatives Verhalten fördern und nutzen soll. Ziel ist es, die Kernkompetenzen und/oder seine Marktsegmente weiter zu entwickeln oder anzupassen. Im Erfolgsfall überkommt die strategische Erneuerung die Trägheitskräfte, die in einer Organisation verankert sind, und schließt die Lücke zwischen den bestehenden Kernkompetenzen und der zukünftigen Basis für Wettbewerbsvorteiler in einer Industrie.	Zum erfolgreichen Management von strategischem Wandel ist es von elementarer Bedeutung, die Quellen von und Mittel gegen strategische Rollenkonflikte zu verstehen. Jeder Erneuerungsprozess weist eine bestimmte Beziehung zur bestehenden Unternehmensstrategie auf, was zu verschiedenen Werten, emotionalen Anforderungen und Zeithorizonten bezüglich der Rollen führt.

Autor(en)	Studie	Quelle	Zielsetzung	Empirisches Design	Anknüpfungspunkte zu Geschäftsmodell(innovation)	Zentrale Ergebnisse
Golden, B.R.; Zajac, E.J.	When will Boards Influence Strategy? Inclination x Power = Strategic Change (2001)	Strategic Management Journal	Entwicklung und Testen eines Modells, das die Charakteristika eines Managementgremiums mit höherer Neigung für strategischen Wandel skizziert	OLS Regressionsanalyse	Rolle des Managementgremiums bei der Gestaltung der strategischen Ausrichtung ihrer Organisation	Der strategische Wandel wird in erheblichem Maße von der Zusammensetzung und den internen Prozessen des Managementgremiums beeinflusst. Diese Einflüsse gewinnen insbesondere dann an Bedeutung, wenn das Managementgremium eine starke Position innehat.
Halemane, M.D.; van Dongen, B.	Strategic innovation management of change in the pharmaceutical industry (2003)	International Journal of Technology Management	Entwicklung eines strategischen Innovationsmanagementansatzes, der den Aufbau passender Fähigkeiten und Methoden zum Management von Veränderungen fördern / aufzeigen soll. Dieser soll richtungsweisend in Vorbereitung auf die Veränderung sein.	Einzelfallstudie	Rolle des strategischen Innovationsmanagements	Es wird im Kontext der Pharmaindustrie und seiner dynamischen Marktbedigungen ein strategischer Innovationsansatz entwickelt, der Unternehmen helfen kann, eine neue Strategie zu generieren.
Johnson, J.L.; Lee, R.P.; Saini, A.; Grohmann, B.	Market-Focused Strategic Flexibility: Conceptual Advances and an Integrative Model (2003)	Journal of the Academy of Marketing Sciences	Grundannahme, dass strategische Flexibilität in Verbindung mit Produkten und Märkten den Unternehmenserfolg und überdurchschnittliche Leistung fördert. Darauf aufbauend wird ein Konzept der marktfokussierten strategischen Flexibilität und ein Ansatz, der bestehende Marketingtheorien vereint, entwickelt.	konzeptionelle Studie	Marktfokussierte strategische Flexibilität in einem dynamischen Umfeld wird als die Fähigkeit eines Unternehmens verstanden, seine Ausrichtung und Strategie zügig anzupassen, insbesondere in Bezug auf Produkte und Märkte. Diese Fähigkeit ist zentral für den Unternehmenserfolg und die Wettbewerbsfähigkeit eines Unternehmens.	Es wird ein integrativer Ansatz der marktfokussierten strategischen Flexibilität in Verbindung mit bestehenden Marketingtheorien und marketingorientierten Konzepten entwickelt. Zusätzlich wird eine Verbindung zwischen marktfokussierter strategischer Flexibilität und den Unternehmensergebnissen - sowohl in finanzieller als auch in strategischer Hinsicht - hergestellt.
Lee, H.J.; Kim, S.	A study on the development methodology of the business model in ubiquitous technology (2007)	International Journal of Technology Management	Generierung einer neuen Methodologie für die Geschäftsentwicklung, die für viele Unternehmen nutzbar ist. Grundlage dafür sind die Charakteristika aktueller technischer und anwendungsorientierter Systeme.	SPSS Analyse	Rolle des Geschäftsmodells bei der Geschäftsentwicklung; Entwurf eines Phasenmodells für die Entwicklung von Geschäftsmodellen	Die Kundenbedürfnisse in der Handybranche werden analysiert. Zudem wird eine Methodologie zu den relevanten Geschäftsfaktoren entwickelt und deren Validität geprüft.
Mezias, J.M.; Grinyer, P.; Guth, W.D.	Changing Collective Cognition: A Process Model for Strategic Change (2001)	Long Range Planning	Entwicklung eines Konzeptes zum Wissensmanagement und Prozesssteuerung, Bezug zu Praktiken des strategischen Management und der relevanten Literatur zu individueller und kollektiver Wahrnehmung bei strategischem Wandel.	konzeptionelle Studie	kognitive Dimension von strategischem Wandel sowohl auf individueller als auch kollektiver Analyseebene	Aufzeigen von Ansätzen, wie Veränderungsprozesse bezüglich der kollektiven Wahrnehmung durch Workshops angestoßen werden können. Effektive kollektive Wahrnehmungsprozesse führen in der Regel zu höherwertigen Lösungen, als Individuen dies erzielen können. Daher stehen sie im Mittelpunkt bei der effektiven Umsetzung von strategischem Wandel.
Nadkarni,S.; Narayanan, V.K.	Strategic schemas, strategic flexibility, and firm performance: the moderating role of industry clockspeed (2007)	Strategic Management Journal	Untersuchung der Auswirkungen kognitiver Unterschiede in weniger und stärker dynamischen Industrien; Analyse der strategischen und leistungsmäßigen Ergebnisse bei Anpassung der Strategie an die Art der Branchenveränderung (Industrietaktfrequenz).	Signal-Klassifizierungstest nach Wilcoxon, Forschungs-Faktoranalyse mit Varimax-Rotation	Strategische Flexibilität bezieht sich auf die Fähigkeit, intendierte Veränderungen herbeizuführen. Zudem ist die Fähigkeit gemeint, sich an Umweltveränderungen anzupassen, indem durch ständige strategische Aktion, Ressourcennutzung und Investitionsentscheidungen Wandel institutionalisiert wird. Dadurch sind Unternehmen an strategische Schemata gebunden, die die Führungskräfte dazu nutzen, Stimuli zu nutzen und Schlüsselereignisse zu filtern.	Die Komplexität strategischer Schemata fördert strategische Flexibilität und Erfolg in hoch getakteten Industrien, wohingegen fokussierte strategische Schemata strategische Konsistenz fördert, die in niedrig getakteten Industrien nützlich sein kann.

Autor(en)	Studie	Quelle	Zielsetzung	Empirisches Design	Anknüpfungspunkte zu Geschäftsmodell(innovation)	Zentrale Ergebnisse
Nag, R.; Corley, K.G.; Gioia, D.A.	The Intersection of Organizational Identity, Knowledge, and Practice: Attempting Strategic Change via Knowledge Grafting (2007)	Academy of Management Journal	Analyse des Versuchs einer hochtechnologischen F&E-Organisation, sich in eine marktorientierte Organisation zu transformieren, indem neues, nichttechnologisches Wissen "eingepflanzt" wird	Forschungsfallstudie	Hürden und Treiber von strategischem Wandel und von strategischer Transformation, insbesondere im Zusammenhang mit organisationaler/m Identität und Wissen	Die Schnittmenge aus organisationaler Identität, Wissen und Praktiken behindert die Entwicklung von neuem Wissen sowie die größere strategische Transformation selbst. Dabei wird ein zuvor unbemerkte Beziehung zwischen Identität und Wissen offenbar, die sich im Bemühen der Organisationsmitglieder widerspiegelt, kollektive Praktiken zu bewahren, die charakteristisch dafür sind, wie sie Wissen bei ihrer Arbeit nutzen.
Poskela, J.; Martinsuo, M.	Management Control and Strategic Renewal in the Front End of Innovation (2009)	Journal of Product Innovation Management	Untersuchung der Management Kontrollpraktiken in der frühen Innovationsphase, der verschiedenen Kontrollmechanismen in Verbindung mit dem Anstoßen von strategischer Erneuerung sowie der moderierenden Effekte von technologie- und marktseitiger Unsicherheiten.	Faktormodell, moderierte Regressionsanalyse	strategische Erneuerung als Leistungsindikator in der frühen Innovationsphase	Es zeigt sich, dass in der frühen Innovationsphase die Inputkontrolle positiv mit dem Erreichen von strategischer Erneuerung korreliert. Zudem bestätigt sich die Bedeutung der intrinsischen Aufgabenmotivation der beteiligten Mitarbeiter in dieser Phase. Bei hoher technologischer Unsicherheit haben die Nutzung von ergebnisorientierten Belohnungsmechanismen oder die Formalisierung des Prozesses in der frühen Phase eine negative Auswirkung auf die strategische Erneuerung.
Sliwka, D.	Managerial Turnover and Strategic Change (2007)	Management Science	Studie zu der Beziehung zwischen strategischem Wandel und Managementfluktuation mithilfe eines Modells, bei dem die Führungskräfte über die Unternehmensstrategie entscheiden	konzeptionelle Studie	Managementfluktuation beeinflusst strategischen Wandel	Führungskräfte und Unternehmenseigentümer bemühen sich um den langfristigen Unternehmenserfolg, jedoch sind Führungskräfte auch an der eigenen Reputation interessiert. Aufgrund dieses Eigeninteresses können Führungskräfte zögern, eigene strategische Entscheidungen aus der Vergangenheit anzupassen, auch wenn interne Zahlen und Informationen dies nahelegen. In diesem Zusammenhang zeigt sich, dass es besser sein kann, Führungskräfte zu entlassen, um andere, selbst weniger qualifizierte Führungskräfte zu nutzen, um strategischen Wandel durchzusetzen.
Verbeke, A.; Chrisman; J.J.; Yuan, W.	A Note on Strategic Renewal and Corporate Venturing in the Subsidiaries of Multinational Enterprises (2007)	Entrepreneurship Theory and Practice	Diskussion der konzeptionellen und praktischen Bedeutung, zwischen strategischer Erneuerung und Venturing im Konzerinteresse innerhalb von Niederlassungen zu unterscheiden	konzeptionelle Studie	Die Autoren unterscheiden zwischen strategischer Erneuerung in der Niederlassung (Initiativen, die direkt und bewusst deren Geschäft beeinflussen) und Venturing in der Niederlassung (Initiativen, die primär neue Geschäftsprojekte in der Niederlassung schaffen sollen).	Die Studie erweitert den Stand der Forschung zu Initiativen von Niederlassungen multinationaler Konzerne, indem das gängige Modell der Einflussfaktoren von Niederlassungsinitiativen nach Birkinshaw et al. ausgebaut wird. Dieses Vorhaben beinhaltet eine Unterscheidung zwischen Erneuerung in der Niederlassung und Venturing in der Niederlassung mit dem Ziel, die unterschiedlichen Einflussfaktoren der beiden Typen zu identifizieren.
Volberda, H.W.; Baden-Fuller, C.; van den Bosch, F.A.J.	Mastering Strategic Renewal: Mobilising Renewal Journeys in Multi-unit Firms (2001)	Long Range Planning	Berücksichtigung der Mechanismen zur Auswahl, Anpassung und Entwicklung, die zwischen den versheidenen Unternehmensebenen sowie zwischen dem Unternehmen und seiner Umwelt stattfinden. Darauf aufbauend werden vier idealtypischen Wege der strategischen Erneuerung identifiziert, die Unternehmen im Rahmen des Umgang mit steigendem Marktdruck nutzen können.	konzeptionelle Studie, gestützt durch Beispiele	Strategische Erneuerung kann breit als die Aktivitäten eines Unternehmens definiert werden, seien Pfadabhängigkeit zu ändern. Wichtige Parameter auf dem Weg der Erneuerung sind die folgenden: das Verhalten der Führungskräfte auf allen Ebenen der Organisation untereinander (top-dowh oder bottom-up); ihre Ansichten bezüglich des Investments für die Zukunft versus starker Gewinnorientierung in der Gegenwart (Exploration versus Exploitation); die Art des Wissensaustausches über Organisationsgrenzen hinweg (intraorganisationales Lernen). Entsprechende Theorien der Erneuerung nehmen entweder eine rein selektive oder adaptive Perspektive ein.	Um Erneuerung in etablierten Finanzorganisationen - die in der Vergangenheit geschützt, aber heute dem Wandel ausgesetzt sind - voranzutreiben, müssen Führungskräfte realisieren, dass viele der heutigen Strategien für die Zukunft unpassend sein werden. Insbesondere fokussieren sich die Autoren auf vier Ansätze: emergente Erneuerungsstrategien ausgelöst durch Marktdruck; gerichtete Erneuerungsstrategien aufgrund von Managementplänen; geförderte Erneuerungsstrategien durch die bewusste Schaffung von Alternativen und interner Auswahl; transformative Erneuerungsstrategien durch kollektives Wissensmanagement.

Autor(en)	Studie	Quelle	Zielsetzung	Empirisches Design	Anknüpfungspunkte zu Geschäftsmodell(innovation)	Zentrale Ergebnisse
de Weerd-Nederhof, P.C.; Visscher, K.; Altena, J.; Fisscher, O.A.M.	Operational effectiveness and strategic flexibility: scales for performance assessment of new product developement systems (2008)	International Journal of Technology Management	Die Schaffung der Balance aus kurzfristiger operativer Effektivität und langfristiger strategischer Flexibilität erfordert einen genauen Einblick in die Leistung der Produktentwicklung bezüglich beider Dimensionen. Die Studie fokussiert sich auf die Operationalisierung dieser Konstrukte basierend auf der Literatur zur Produktentwicklung, wobei die Effektivität der Produktkonzeption und -entwicklung eine Rolle spielen.	Zuverlässigkeitsprüfung auf Konstruktebene	Strategische Flexibilität als die Absicht und Fähigkeiten eines Unternehmens, firmenspezifische Realoptionen zu schaffen, um einen wahrnehmbaren und höherwertigen Kundennutzen zu (re-)kreieren. Dabei sollte eine Unternehmen Fähigkeiten bezüglich der Identifikation, Akquisition und Nutzung von Ressourcen sowie der Identifikation von Optionen entwickeln.	Unternehmen nutzen sowohl Exploitations- als auch Explorationsstrategien im Rahmen des Innovationsprozesses und bauen dabei dynamische Fähigkeiten auf.
Westphal, J.D.; Fredrickson	Who directs strategic change? Director experience, the selection of new CEOs, and change in corporate strategy (2001)	Strategic Management Journal	Entwicklung einer Theorie des Aufsichtsrats-gelenkten strategischen Wandels, bei dem die Aufsichtsräte (1) Wandel in der Unternehmensstrategie mit Ansätzen der Strategie ihres eigenen Unternehmens verknüpfen und sie (2) neue Geschäftsführer auswählen, die bereits Erfahrung mit ähnlichen Strategien haben, um deren Umsetzung zu erleichtern.	zeitdiskrete Zeithistorienanalyse; Regressionsmodelle; Auswahlmodell nach Heckmann; Cochrane-Orcutt Transformation	Diese Studie untersucht, Strategiewechsel nach der Benennung eines neuen Geschäftsführers eher den Einfluss des Aufsichtsrates als den der oberen Führungskräfte widerspiegelt.	Die Ergebnisse zeigen, dass - während durch die Erfahrungen neuer Geschäftsführer strategischen Wechsel im Unternehmen vorhersehbar scheint - diese Effekte im Vergleich zum Einfluss der Erfahrungen des Aufsichtsrates vernachlässigbar sind.
Worren, N.; Moore, K.; Cardona, P.	Modularity, strategic flexibility, and firm performance: a study of the home appliance industry (2002)	Strategic Management Journal	Jüngste Studien haben herausgestellt, dass modulare Produkt- und Prozessarchitekturen wichtige Treiber der strategischen Flexibilität sind. Die Autoren entwickeln ein integratives Konzept, das Indikatoren, Einflussfaktoren und Ergebnisse der Modularität berücksichtigen.	Strukturgleichungs-modelle	Es erscheint logisch anzunehmen, dass die Beziehung zwischen Produktmodularität und strategischer Flexibilität von Faktoren wie der Managerwahr-nehmung des Marktes, der strategischen Ausrichtung des Unternehmens und der Unternehmenskultur und -struktur beeinflusst wird. Der ressourcenbasierte Ansatz betont, dass es wichtig sein kann, komplexe organisationale Ressourcenstrukturen zu berücksichtigen, wenn man verstehen möchte, wie strategische Flexibilität in Wettbewersbvorteile mündet.	Die Ergebnisse weisen auf eine positive Beziehung zwischen modularer Produktarchitektur und Unternehmenserfolg hin, wobei die Vielfalt der Produkttypen als eine moderierende Variable dient. Die Ergebnisse unterstreichen zudem die Verbindung zwischen der Wahrnehmung des Marktkontextes und der Verwendung modularer Produktarchitekturen sowie zwischen komplementären organisationalen Fähigkeiten und Unternehmenserfolg.

Autor(en)	Studie	Quelle	Zielsetzung	Empirisches Design	Anknüpfungspunkte zu Geschäftsmodell(innovation)	Zentrale Ergebnisse
Zahra, S.A.; Hayton, J.C.; Neubaum, D.O.; Dibrell, C.; Craig, J.	Culture of Familiy Commitment and Strategic Flexibility: The [illegible] Stewardship (2008)	Entrepreneurship Theory and [illegible]	Untersuchung der Einflussfaktoren der strategischen Flexibilität in Familienunternehmen, die als das Ausmaß definiert sind, mit dem Unternehmen auf neue Möglichkeiten sowie auf Bedrohungen aus dem Wettbewerbsumfeld reagieren.	konfirmative Faktorenanalyse; hierarchisch moderierte Regressionsanalyse	Strategische Flexibilität als die Fähigkeit, neue Möglichkeiten zu verfolgen und angemessen auf Bedrohungen aus dem Wettbewerbsumfeld zu reagieren	Die Kultur des Commitment in Familienunternehmen korreliert positiv mit der strategischen Flexibilität. Außerdem kommen die Autoren zu dem Ergebnis, dass Verantwortungs-orientierte Unternehmenskulturen diese Korrelation positiv beeinflussen.
Zajac, E.J.; Kraatz, M.S.; Bresser, R.K.F.	Modeling the Dynamics of Strategic Fit: Normative Approach to Strategic Change (2000)	Strategic Management Journal	Entwicklung und Test einer dynamischen Perspektive auf den strategischen Fit. Auf der Grundlage von kontingenz- und ressourcentheoretischen Argumenten aus der Strategie- und Organisationsliteratur entwickeln die Autoren einen analytischen Ansatz. Dieser soll umwelt- und organisationsbezogene Kontigenzen identifizieren, die Veränderungen in der Unternehmensstrategie und die Erfolgsauswirkungen solcher Veränderungen vorhersagen.	Zeitreihen-Regressionsmethode; zeitdiskrete Zeithistorienanalyse	Es lassen sich eine Reihe organisationaler und umweltbezogener Faktoren entwickeln, die theoretisch strategischen Fit definieren können. Eine Variation in diesen Faktoren impliziert eine Variation in der Notwendigkeit für strategischen Wandel (über Organisations- und Zeitgrenzen hinweg). Der Vergleich des aktuellen und notwendigen strategischen Wandels bestimmt den Grad des dynamischen strategischen Fits, der wiederum die nachfolgende organisationale Leistung beeinflusst.	Die Ergebnisse unterstützen den Ansatz des dynamischen strategischen Fits. Die Autoren schlussfolgern, dass das Timing, die Ausrichtung und das Ausmaß von strategischem Wandel basieren auf speziellen Umweltfaktoren und organisationalen Ressourcen vorhergesagt werden können. Zudem sind bei Organisationen, die von der Vorhersage des Modells bezüglich des dynamischen strategischen Fits abweichen (z.B. durch schwächeren oder stärkeren Wandel als vorhergesagt), negative Auswirkungen bezüglich der Unternehmensleistung zu beobachten.
Zott, C.; Amit, R.	The Fit Between Product Market Strategy and Business Model: Implications for Firm Performance (2008)	Strategic Management Journal	Untersuchung des Fits zwischen der Produkt-Markt-Strategie und dem Geschäftsmodell eines Unternehmens. Entwicklung eines formalen Ansatzes zur Analyse der Kontingenzeffekte von Entscheidungen bezüglich der Produkt-Markt-Strategie und des Geschäftsmodells auf die Unternehmensleistung.	konfirmatorische Faktoranalyse; Regressionsanalyse mit Modell der kleinsten Quadrate	Die Interaktion zwischen Strategie und Geschäftsmodell wird von den Autoren als relativ neues, wertvolles und starkes Konzept in der Strategieliteratur beschrieben.	Geschäftsmodell und Produkt-Markt-Strategie sind Komplemente und keine Substitute.

Anhang 2: Stufe 3 der Literaturanalyse: Überblick zu ausgewählten Beiträgen im Special Issue der Zeitschrift Long Range Planning mit dem Thema ‚Business Models' (2010)

Autor(en)	Studie	Quelle	Zielsetzung	Empirisches Design	Anknüpfungspunkt zu Geschäftsmodell(innovation)	Zentrale Ergebnisse
Baden-Fuller, C.; Morgan, M.S.	Business Models as Models	LRP, Jg. 43, H. 2-3, S. 156-171	Untersuchen die Sinnhaftigkeit und Anwendungsformen von Geschäftsmodellen	konzeptionell	Geschäftsmodelle als eine Art von Modell	Der Modellcharakter von Geschäftsmodellen hat mehrere Ausprägungen: Geschäftstätigkeit zu beschreiben und zu klassifizieren; Ansatzpunkte zur wissenschaftlichen Analyse zu bieten; Erfolgsrezpete für kreative Manager zu liefern. Die Autoren unterstreichen, dass es sinnvoll sein kann Geschäftsmodelle als Modelle zu untersuchen, die demonstrieren, wie vielfältige Rollen und Dimensionen in einer Einheit vereinigt werden können. Einerseits modellieren Geschäfsmodelle die tatsächliche Geschäftstätigkeit eines Unternehmens, andererseits bieten sie über idealtypische Geschäftsmodelle Ansatzpunkte zur Verbesserung der eigenen Geschäftstätigkeit. (Zitat S. 157: "Scale models are copies of things; role models are models to be copied. In business models, the two notions come together.") Darüber hinaus können sie als 'Rezepte' fungieren, die Raum für Experimente und Innovationen bieten.
Teece, D.J.	Business Models, Business Strategy and Innovation	LRP, Jg. 43, H. 2-3, S. 172-194	Der Artikel hat zum Ziel, die Bedeutung von Geschäftsmodellen zu vermitteln und Verbindungen zur Unternehmensstrategie, Innovationsmanagement und Wirtschaftstheorie aufzuzeigen.	konzeptionell	Geschäftsmodelle zeigen die Logik auf, wie Wert geschaffen und an den Kunden geliefert wird. Um tatsächlich von Innovationen zu profitieren, müssen Unternehmen dazu in der Lage sein, effiziente, effektive und schwer imitierbare Geschäftsmodelle zu entwickeln. Darüber hinaus können Geschäftsmodellinnovationen selbst ein Weg zu neuen Wettbewerbsvorteilen sein, wenn das resultierende Geschäftsmodell sowohl für bestehende als auch neue Wettbewerber schwer zu replizieren ist.	Jedes Unternehmen hat ein Geschäftsmodell, sei es implizit oder explizit artikuliert. Ein Geschäftsmodell muss mehr sein als die Abbildung der zugrunde liegenden Geschäftslogik. Es muss einen Mehrwert für Kunden und das Unternehmen liefern und vom Wettbewerb schwer zu imitieren sein. Die Entwicklung von innovativen Geschäftsmodellen ist verbunden mit einem Trial-and-Error-Prozess, wobei sowohl mit internen als auch externen Faktoren experimentiert werden sollte.
Casadesus-Masanell, R.; Ricart, J.E.	From Strategy to Business Models and onto Tactics	LRP, Jg. 43, H. 2-3, S. 195-215	Entwickeln einen konzeptionellen Rahmen, um Strategien und Geschäftsmodelle miteinander in Verbindung zu setzen, aber auch voneinander abzugrenzen	konzeptionell	Geschäftsmodelle als eine Reflektion der realisierten Strategie	Unter einfachen Wettbewerbsbedingungen mag ein eins-zu-eins-Deckung zwischen Strategie und Geschäftsmodell vorliegen, die eine Trennung der beiden Konzepte erschwert. Liegen jedoch komplexe Umfeldbedingungen für die Strategieentwicklung vor, differieren Geschäftsmodell und Strategie. Taktiken basieren auf der Wahl eines Unternehmens für ein bestimmtes Geschäftsmodell.
Zott, C.; Amit, R.	Business Model Design: An Activity System Perspective	LRP, Jg. 43, H. 2-3, S. 216-226	Der Artikel lenkt die Aufmerksamkeit auf das Gesamtsystem an Aktivitäten von dem fokalen Unternehmen und Dritten als Teil des Geschäftsmodells des fokalen Unternehmens (Partner, Lieferanten, Kunden). Daraus soll ein konzeptionelles Modell für die Geschäftsmodellentwicklung generiert werden.	konzeptionell	Geschäftsmodelle als ein System aus Aktivitäten, die die klassischen Unternehmensgrenzen überschreiten	Die Aktivitätssystem-Perspektive beim Design von Geschäftsmodellen fördert ein systemisches, ganzheitliches Betrachten von Lösungsansätzen. Dabei greift diese Sichtweise das alltägliche Denken von Managern in Aktivitäten auf. Zudem wird Raum gegeben für weitere wissenschaftliche Arbeiten, die Details des Aktivitätssystems untersuchen können. Die Autoren schlagen zwei Arten von Parametern für die Gestaltung eines Aktivitätssystems vor: Designelemente, die die Architektur eines Aktivitätssystems umschreiben (Inhalt, Struktur, Governance), und Designthemen, die die Quelle der Wertschöpfung eines Aktivitätsystems skizzieren (Neuheitsgrad, Lock-in-Effekte bzw. Barrieren für den Wettbewerb, Komplementaritäten und Effizienz).

Autor(en)	Studie	Quelle	Zielsetzung	Empirisches Design	Anknüpfungspunkt zu Geschäftsmodell(innovation)	Zentrale Ergebnisse
Demil, B.; Lecoq, X.	Business Model Evolution: In Search of Dynamic Consistency	LRP, Jg. 43, H. 2-3, S. 227-246	Entwickeln einen Bezugsrahmen für den statischen und dynamischen Ansatz bezüglich Geschäftsmodellen	Einzelfallstudie	Ein Geschäftsmodell hat drei Komponenten (Ressourcen und Kompetenzen, organisationale Struktur, Nutzenversprechen) und unterliegt einer ständigen Dynamik	Geschäftsmodellentwicklung wird als Finetuning-Prozess angesehen, der freiwillige und emergente Veränderungen innerhalb und zwischen den Kernelementen eines Geschäftsmodells aufgreift. Der langfristige Erfolg eines Unternehmens hängt davon ab, wie diese Veränderungen erspürt und darauf reagiert wird. Die Fähigkeit, die eigene Leistung auszubauen und dabei das Geschäftsmodell weiter zu entwickeln, wird als 'dynamic consistency' bezeichnet.
McGrath, R.G	Business Models: A Discovery Driven Approach	LRP, Jg. 43, H. 2-3, S. 247-261	Abgrenzung von klassichen Analyse dominierten Strategieprozessen hin zu iterativen 'discovery-driven' Strategieprozessen	konzeptionell	Ein Geschäftsmodell muss im Rahmen eines Experimenterien- und Lernen-Prozess (weiter-) entwickelt werden.	Im Gegensatz zu konventionellen Strategieprozessen, die auf Analyse ausgerichtet sind, müssen Strategien mit dem Ziel, neue Geschäftsmodelle zu entdecken und zu nutzen, einen 'discovery driven' Ansatz verfolgen, der Experimentieren und Lernen in den Vordergrund stellt.
Gambardella, A.; McGahan, A.M.	Business-Model Innovation: General Purpose Technologies and their Implications for Industry Structure	LRP, Jg. 43, H. 2-3, S. 262-271	Analyse eines Geschäftsmodells, das eine allgemeine Technologie an nachfolgende Wertschöpfungspartner auslizensiert	konzeptionell	Geschäftsmodellinnovationen entstehen, wenn ein Unternehmen neuartige Wege beschreitet, die eigenen Ressourcen und Kompetenzen zu vermarkten.	Technologielizensierungen sind ein Beispiel für Geschäftsmodellinnovationen basierend auf geistigem Eigentum. Ein solch innovatives Geschäftsmodells zur Technologielizensierung hat schwer vorhersagbare aber unausweichliche Konsequenzen für die Industriestruktur und die organisationalen Fähigkeiten wie auch für die Wertschöpfungsketten.
Chesbrough, H.	Business Model Innovation: Opportunities and Barriers	LRP, Jg. 43, H. 2-3, S. 354-363	Identifiziert und analysiert die Hindernisse für Geschäftsmodellinnovationen und schlägt adäquate Ansätze vor	konzeptionell	"A mediocre technology pursued within a great business model may be more valuable that a great technology exploited via a mediocre business model."	Geschäftsmodellinnovationen sind essentiell für Unternehmen, unterliegen jedoch einigen Barrieren. Um diese zu überkommen, sind Experimente notwendig, aus denen aber auch Aktionen abgeleitet werden müssen (effectuation). Ein weiterer zentraler Aspekt ist es, geeignete Führungskräfte für den resultierenden Wandlungsprozess zu identifizieren.
Itami, H.; Nishino, K.	Killing Two Birds with One Stone: Profit for Now and Learning for the Future	LRP, Jg. 43, H. 2-3, S. 364-369	Identifizieren das Ertrags- und Leistungsmodell als Kernkomponenten des Geschäftsmodells. In dem Beitrag sollen die Bedeutung des Leistungsmodells herausgearbeitet werden.	konzeptionell	Relevanz des Leistungsmodell als Ort des Lernens für mögliche Geschäftsmodellinnovationen	Das Ertragsmodell ist unbestritten wichtig und zentral für ein Geschäftsmodell. Jedoch wird seine Bedeutung häufig überbewertet; es ist das Leistungsmodell, das Lernpotentiale für die Zukunft eröffnet.

Autor(en)	Studie	Quelle	Zielsetzung	Empirisches Design	Anknüpfungspunkt zu Geschäftsmodell(innovation)	Zentrale Ergebnisse
Doz, Y.; Kosonen, M.	Embedding Strategic Agility: A Leadership Agenda for Accelerating Business Model Renewal	LRP, Jg. 43, H. 2-3, S. 370-382	Untersuchen Erfolgsfaktoren anhand von mehreren Beispielen vergangener Geschäftsmodellinnovationen	konzeptionell	Gestaltung von Einflussfaktoren für Geschäftsmodellinnovationen	Um Geschäftsmodellinnovationen erfolgreich durchführen zu können, sind gewisse Meta-Fähigkeiten notwendig. Diese lehnen sich an die Element im Konzept der strategischen Agilität an: strategische Sensitivität, Führungsstärke und Ressourcenflexibilität .
Sosna, M.; Trevinyo-Rodríguez, R.N.; Velamuri, S.R.	Business Model Innovation through Trial-and-Error Learning: The Naturhouse Case	LRP, Jg. 43, H. 2-3, S. 383-407	Untersuchen die Treiber und Hindernisse von Geschäfts-modellinnovationen anhand eines Fallbeispiels	Einzelfallstudie	Gestaltung von Geschäftsmodell-innovationen via Trial-and-Error-Prozesse	Als besonders zentral im Rahmen von trial-and-error Prozessen für Geschäftsmodellinnovationen werden der Wissenstransfer sowie verschiedene Arten des Lernens identifiziert.
Sabatier, V.; Mangematin, V.; Rousselle, T.	From Recipe to Dinner: Business Model Portfolios in the European Biopharmaceutical Industry	LRP, Jg. 43, H. 2-3, S. 431-447	Untersuchen die Rolle von Geschäftsmodellportfolios anhand von vier Fällen	Fallstudie, 4 Fälle	Anpassung des Geschäftsmodells an Marktgegebenheiten im Laufe des Unternehmenswachstums	Ein ausgewogenes Geschäftsmodellportfolio kann Unternehmen helfen, die Interdepenzen mit anderen Unternehmen auszugleichen und die finanzielle Sicherheit für die Zukunft zu garantieren.
Smith, W.K.; Binns, A.; Tushman, M.L.	Complex Business Models: Managing Strategic Paradoxes Simultaneously	LRP, Jg. 43, H. 2-3, S. 448-461	Analysieren, wie das Spannungsverhältnis bei konfligierenden Strategien und Geschäftsmodellen durch den richtigen Managementansatz aufgelöst werden kann	mehrere Tiefeninterviews, teilnehmende Beobachtung in Managementworkshops	Geschäftsmodellinnovationen werden gefördert durch das Verfolgen mehrerer Strategieansätze parallel und durch geeignete Führungsstile	Komplexe Geschäftsmodelle zu managen, hängt stark von der Führungsstärke ab. Es ist notwendig, dass dynamische Entscheidungen getroffen werden, Commitment aufgebaut wird, Lernen auf verschiedenen Ebenen erfolgt und konstruktive Konflikte genutzt werden. Führungskräfte können dies entweder durch team- oder führungsorientierte Strukturen erreichen.

Anhang 3: Fragebogen der empirischen Vorstudie zu Geschäftsmodellinnovationen im Kontext der Pharmabranche (2010)

Einleitung

- Bitte charakterisieren Sie Ihren Verband und seine Rolle in der Pharmaindustrie kurz.
- Wie sind Ihre Position und Ihre Aufgaben dabei zu beschreiben?

Situation der mittelständischen Pharmaindustrie in D

- Wie würden Sie die Struktur und Situation der mittelständischen Pharmaindustrie charakterisieren?
- Welche Geschäftsmodelle gibt es? Lassen diese sich grob klassifizieren?
- Welche Vorteile bietet dabei das Patentsystem in seiner jetzigen Form, und was sollte man am aktuellen Patentsystem ändern?
- Welche Bedeutung spielen Innovationskooperationen für Pharma KMU? Welche Formen von Innovationskooperationen dominieren (basierend auf den vorliegenden Kriterien)?
- Wie lassen sich KMU von Big Pharma differenzieren? Was sind ihre Vorteile, was ihre Nachteile?

Innovationsmanagement und Open Innovation Praktiken bei Pharma KMU

- Welche Rolle spielen Innovationen für Pharma KMU? Wie vielen Unternehmen würden Sie ein systematisches Innovationsmanagement attestieren? Wie ist die Innovationsfähigkeit dieser Unternehmen einzuschätzen?
- Bitte beschreiben Sie kurz, wie Sie die Bedeutung des Austauschs mit Externen für Pharma KMU einschätzen (Open Innovation: Wissensflüsse von außen nach innen, von innen nach außen und in Kooperationsbeziehungen)? Welche Ansätze werden heute bereits genutzt? Weshalb und wie?
- Welche Open Innovation-Möglichkeiten sehen Sie darüber hinaus?
- Welche Treiber und Hindernisse gibt es gegebenenfalls?
- Welche Rolle spielen Schutzrechte geistigen Eigentums, insbesondere Patente, Geschäftsgeheimnisse und Marken bei Innovationen von Pharma KMU? Welche Herausforderungen und Chancen sehen Sie bezüglich Schutzrechte geistigen Eigentums und Open Innovation?

  Wie unterstützen Sie als Verband Pharma-KMU bei Innovationskooperationen (Suche, Anbahnung, Projektmanagement etc.)?

Mittelständische Pharmaindustrie 2015

- Pharma KMU in 2015: Wohin gehen die Trends der nächsten fünf Jahre? Was bedeutet das für das Innovationsmanagement dieser Unternehmen?
- Worin sehen Sie die wichtigsten Herausforderungen? Welche Lösungsansätze gibt es?
- Wie könnten zukünftige Geschäftsmodelle für Pharma KMU aussehen? Wie müssten sich die Unternehmen dafür aufstellen?
- Welche Rolle spielen dabei Patentstrategien und Markenstrategien? Was müssten Pharma KMU bezüglich Patent- und Markenstrategien verbessern um sich langfristig zu behaupten?
- Welche Bedeutung spielten Innovationskooperationen vor 15 Jahren, welche Bedeutung werden sie in 15 Jahren haben?

Zum Abschluss:

Vielen Dank.

- Gibt es noch Aspekte, die Sie hinzufügen möchten?
- Können Sie uns weitere Verbandskollegen oder andere Experten empfehlen, die wir zu dem Thema „Open Innovation in Pharma KMU" befragen können?
- Dürfen wir Ihren Verband zum Projektende zur Diffusion der Ergebnisse nutzen?

Anhang 4: Fragebogen der empirischen Hauptstudie (2008-2010)

PHASE 1 (OKT-NOV 2008) – INNOVATIONSMANAGEMENT UND OPEN INNOVATION

Leitfragen:

- Wie ist der Innovationsprozess strukturiert?
- Welche internen und externen Schnittstellen existieren?
- Wie werden Projekt- und Wissensmanagement behandelt?

Innovationsprozess

- Gibt es in Ihrem Unternehmen einen Innovationsprozess? (ggf. Nachfrage, wie dieser ausschaut, welche Phasen, Start/Ende, welche Regeln existieren)
- Wird der Innovationsprozess durch ein systematisches Projektmanagement unterstützt? (Projektverantwortlicher, Organisation, Pläne, Controlling...)
- Gibt es in Ihrem Unternehmen ein strukturiertes Wissensmanagement?
- Wer ist beteiligt, wer hat welche Rolle dabei? (Nachfragen: Gibt es Innovationsprojektteams? Werden Externe bewusst in diese Teams integriert (Kompetenz-, Personalmanagement))?
- Mit wem kommunizieren Sie?
- Existiert in Ihrem Unternehmen eine Innovationsstrategie? Wer erstellt sie? Wenn ja, ist die Innovationsstrategie allen Mitarbeitern bekannt?

Ideengenerierung und –bewertung

- Wie sieht die Phase der Ideengenerierung und –bewertung aus?
- Welche Rolle spielen Sie in dieser Phase?
- Mit wem kommunizieren Sie dabei?
- Wer ist sonst noch beteiligt?
- Welche technischen Systeme werden in dieser Phase genutzt? (Software, Datenbanken)
- Welche Methoden verwenden Sie in dieser Phase zu welchem Zeitpunkt (Marktforschung, Expertengespräche, Dokumentenanalyse, Ideenwettbewerb...)?
- Was machen Sie mit den Ergebnissen?
- Was kennzeichnet das Ende der Phase, welche Kriterien gibt es?
- Wo sind die Schnittstellen zum nächsten Prozessschritt sowie nach außen und innen?

Konzeptplanung und –erstellung

- Wie sieht die Phase der Konzeptplanung und -erstellung aus?
- Welche Rolle spielen Sie in dieser Phase?
- Mit wem kommunizieren Sie dabei?
- Wer ist sonst noch beteiligt?
- Welche technischen Systeme werden in dieser Phase genutzt? (Software, Datenbanken)
- Welche Methoden verwenden Sie in dieser Phase zu welchem Zeitpunkt (Marktforschung, Expertengespräche,...)?
- Was machen Sie mit den Ergebnissen?
- Was kennzeichnet das Ende der Phase, welche Kriterien gibt es?
- Wo sind die Schnittstellen zum nächsten Prozessschritt sowie nach außen und innen?

Entwicklung

- Wie sieht die Phase der Entwicklung aus?
- Welche Rolle spielen Sie in dieser Phase?
- Mit wem kommunizieren Sie dabei?
- Wer ist sonst noch beteiligt?
- Welche technischen Systeme werden in dieser Phase genutzt? (Software, Datenbanken)
- Welche Methoden verwenden Sie in dieser Phase zu welchem Zeitpunkt (Marktforschung, Expertengespräche,...)?
- Was machen Sie mit den Ergebnissen?
- Was kennzeichnet das Ende der Phase, welche Kriterien gibt es?
- Wo sind die Schnittstellen zum nächsten Prozessschritt sowie nach außen und innen?

Testphase und Validierung

- Wie sieht die Test- und Validierungsphase aus?
- Welche Rolle spielen Sie in dieser Phase?
- Mit wem kommunizieren Sie dabei?
- Wer ist sonst noch beteiligt?
- Welche technischen Systeme werden in dieser Phase genutzt? (Software, Datenbanken)
- Welche Methoden verwenden Sie in dieser Phase zu welchem Zeitpunkt (Marktforschung, Expertengespräche,...)?
- Was machen Sie mit den Ergebnissen?
- Was kennzeichnet das Ende der Phase, welche Kriterien gibt es?

- Wo sind die Schnittstellen zum nächsten Prozessschritt sowie nach außen und innen?

(Markt-)Einführung und –durchdringung

- Wie sieht die Phase der (Markt-)Einführung und -durchdringung aus?
- Welche Rolle spielen Sie in dieser Phase?
- Mit wem kommunizieren Sie dabei?
- Wer ist sonst noch beteiligt?
- Welche technischen Systeme werden in dieser Phase genutzt? (Software, Datenbanken)
- Welche Methoden verwenden Sie in dieser Phase zu welchem Zeitpunkt (Marktforschung, Expertengespräche,...)?
- Was machen Sie mit den Ergebnissen?
- Was kennzeichnet das Ende der Phase, welche Kriterien gibt es?
- Wo sind die Schnittstellen zum nächsten Prozessschritt sowie nach außen und innen?

Phase 2 (Jun 2009) – Strategie und Geschäftsmodell

Formulierung der derzeitigen Vision sowie der Strategie des Unternehmens

- Wie ist der IST-Zustands der Geschäftstätigkeit des Unternehmens zu beschreiben?
- Wie lassen sich die Vision und Strategie des Unternehmens charakterisieren?
- Wie erfolgt die Strategieentwicklung im Unternehmen?

Unternehmensanalyse (Stärken und Schwächen des Unternehmens)

- Was sind die Kernkompetenzen des Unternehmens?
- Welche Stärken lassen sich daraus ableiten?
- Welche Schwächen hat das Unternehmen?
- Welche operativen und strategischen Zwänge liegen vor?

Umweltanalyse (Chancen und Risiken von außen)

- Wodurch ist das derzeitige Marktumfeld gekennzeichnet?
- Welche zukünftigen Chancen ergeben sich daraus für das Unternehmen?
- Welche Risiken gilt es zu meistern?
- Welche Ziele lassen sich für das Unternehmen daraus ableiten?

Strategieformulierung nach der Unternehmens- und Umfeldsanalyse

- Welche Auswirkungen haben die Ergebnisse der Analyse auf die Strategie?
- Ist eine Reformulierung notwendig?
- Wenn ja, was sind die wichtigsten Konsequenzen daraus?

Angebot – Nutzenversprechen für die Kunden

- Was charakterisiert die von Ihnen angebotenen Produkte und Leistungen?
- Worin unterscheidet sich Ihr Angebot für die verschiedenen Kundensegmente? Gibt es auch Unterschiede in der jeweils angebotenen Serviceleistung?
- Welche(s) Kundenbedürfnis(se) greifen Sie auf, welche Probleme des Kunden lösen Sie?
- Wodurch differenzieren Sie sich hauptsächlich vom Wettbewerb?

Management der Wertschöpfung

Tätigkeitsschwerpunkte

- Wodurch zeichnen sich die wichtigsten Aktivitäten für das Geschäftsmodell aus?
- Wie lässt sich Ihre Position in der Wertschöpfungskette beschreiben?
- Welche Leistungen erbringen Sie, welche die vor- und nachgelagerte Stufen?

Schlüsselressourcen

- Welche Schlüsselressourcen benötigt Ihr Geschäftsmodell?
- Welche tangiblen, intangiblen, menschlichen und finanziellen Ressourcen sind das im Detail?

Partnernetzwerk

- Wer sind Ihre wichtigsten Partner und Lieferanten, mit denen Sie zusammenarbeiten?
- Zu welchen Nutzenpotenzialen, Vertriebskanälen oder Kundenbeziehungen leisten sie einen Beitrag?
- Welche Ressourcen können über Partner genutzt werden?
- Welche Aktivitäten können Partner übernehmen?

Schnittstelle mit dem Kunden

Kundensegmente

- Welche Märkte bedienen Sie?
- Wer sind Ihre (wichtigsten) Kunden?
- In welche Segmente lassen sich Ihre Kunden einteilen? (Unterschiede in den gekauften Produkten, bedienten Märkten, Vertriebskanälen, Profitabilität etc.)
- Wie lassen sich die einzelnen Segmente charakterisieren?

Kundenbeziehungen

- Wie lassen sich Ihre Kundenbeziehungen beschreiben?
- Welche Unterschiede gibt es je Segment? (Grad der Intensität, Vertraulichkeit, des Ressourcenaufwands etc.)
- Wie kostenintensiv sind Ihre Kundenbeziehungen?
- Wie, wo und wann akquirieren Sie neue Kunden?

Vertriebskanäle

- Welche Kommunikations- und Vertriebswege nutzen Sie in den verschiedenen Kundensegmenten?
- Wie kosten- und zeiteffizient sind diese Kanäle?
- Welche Wege nutzen Sie für die verschiedenen Nutzenpotenziale?
- Worin unterscheiden sich die Vertriebskanäle für die diversen Kundensegmente?
- Finanzen

Kostenstruktur

- Welches sind die wichtigsten Kostenpositionen in Ihrem Geschäftsmodell?
- Welche Ressourcen und welche Aktivitäten sind die Hauptkostentreiber?

Ertragsquellen

- Wofür ist der Kunde tatsächlich bereit zu bezahlen? Welche Zahlungsart präferiert der Kunde (z.B. Lizenzzahlung, Leasing, etc.)?
- Was sind Ihre wichtigsten Ertragsquellen?
- Welche Ertragsquellen gibt es je Kundensegment bzw. Nutzenpotenziale?
- Wo liegen Ihr Marktanteil und Ihre Profitabilität in den verschiedenen Segmenten?

PHASE 3 (OKT-NOV 2009): NACHFRAGEN ZU GESCHÄFTSMODELL, GESCHÄFTSMODELLINNOVATIONEN UND STRATEGIE

- In einem früheren Gespräch erwähnten Sie, dass Sie Ihr Portfolio für xxx-Produkte im xxx-bereich" ausbauen wollen und strategisch xxx für die Diversifizierung nutzen wollen.
  - Können Sie den Prozess dieser Geschäftsmodellinnovationen erläutern – Initiierung der Idee, Gründe, Entscheidungsfindung, beteiligte Mitarbeiter?
  - Was lief dabei positiv, was negativ?
- Wie passt das neue Geschäftsmodell jeweils zum Geschäftsmodell von Pharma x, worin sehen Sie die Einzigartigkeit?
- Wie soll die Einzigartigkeit des Geschäftsmodells von Pharma x weiter ausgebaut werden? Welche Rolle spielen die Trends im Pharmamarkt und den angrenzenden Segmenten, welche Ihre Aktivitäten bezüglich x?

PHASE 4 (MRZ 2010): GESCHÄFTSMODELL, GESCHÄFTSMODELLINNOVATIONEN UND STRATEGIE AUS DER SICHT DER KONZERNLEITUNG

- Welche Geschäftsmodelltypen unterscheiden Sie für mittelständische Unternehmen in der Pharmaindustrie? Welche Trends sehen Sie, z.B. diese Geschäftsmodelle zu öffnen und zu vernetzen?
- Wie würden Sie das Geschäftsmodell und die Strategie der Pharma x in Deutschland beschreiben?
- Inwiefern ist dieses Geschäftsmodell einzigartig?
- Welche Rolle spielt dabei aus Ihrer Sicht Pharma x?
- Mit welchen Chancen und Herausforderungen sieht sich der Konzern von Pharma x in den nächsten Jahren konfrontiert? Wie beeinflusst dies die Rolle und Möglichkeiten für Pharma x? Welche Rolle spielen die Trends im Bereich y?
- Welche Treiber und Hemmnisse kennen Sie aus der Vergangenheit oder von anderen Unternehmen, wenn ein Unternehmen ein neues, innovatives Geschäftsmodell umsetzen bzw. einführen möchte?

LITERATURVERZEICHNIS

Aaker, D.A.; Macarenhas, B. (1984): The Need for Strategic Flexibility. In: Journal of Business Strategy, Jg. 5, H. 2, S. 74-82.

Adelhelm, S.; Braun, A.; Müller, E.; Vladova, G. (2011): PHILO - PharmaInnovationsLotse. Potsdam: Universitätsverlag.

Adelhelm, S. (2012): Geschäftsmodellinnovationen. In: Braun, A.; Adelhelm, S.; Müller, E.; Vladova, G. (2012): Open Innovation in Life Sciences. Wiesbaden: Gabler, S. 53-82.

Afuah, A. (2004): Business models. A strategic management approach. Boston: McGraw-Hill/Irwin.

Afuah, A. und Tucci, C. L. (2001): Internet business models and strategies: Text and cases. New York: McGraw-Hill.

Agarwal, R.; Helfat, C.E. (2009): Strategic Renewal of Organizations. In: Organization Science, Jg. 20, H. 2, S. 281-293.

Alberti, J. (2011): Geschäftsmodelle für Inkubatoren : Strategien, Konzepte, Handlungsempfehlungen. Wiesbaden: Gabler.

Amit, R.; Zott, C. (2001): Value creation in e-business. In: Strategic Management Journal, Jg. 22, H. 6/7, S. 493-520.

Ansoff, H.I. (1965): Corporate strategy. An analytical approach to business policy for growth and expansion. New York et al.: McGraw-Hill.

Aspinall, M.G.; Hamermesh, R.G. (2007): Realizing the promise of personalized medicine. In: Harvard Business Review, Jg. 85, H. 10, S. 108-117.

Bach, N.; Buchholz, W.; Eichler, B. (2003): Geschäftsmodelle für Wertschöpfungsnetzwerke. Wiesbaden: Gabler.

Baden-Fuller, C.W.; Stopford, J.M. (1991): Globalization Frustrated: The Case of White Goods. In: Strategic Management Journal, Jg. 12, H. 7, S. 493-507.

Baden-Fuller, C.W.; Morgan, M.S. (2010): Business Models as Models. In: Long Range Planning, Special Issue 'Business Models', Jg. 42, H. 2-3, S. 156-171.

Barney, J (1991): Firm Resources and Sustained Competitive Advantage. In: Journal of Management, Jg. 17, H. 1, S. 99-120.

Berkhout, A. J.; Hartmann, D.; van der Duin, P.; Ortt, R. (2006): Innovating the innovation process. In: International Journal of Technology Management, Jg. 34, H. 3-4, S. 390-404.

Berth, R. (1993): The Return of Innovation. Düsseldorf: Kienbaum.

Best, S. (2007): Time for a new drug discovery model. In: European Business Forum, H. 31, S. 12-13.

Bettis, R. A.; Prahalad, C.K. (1995): The Dominant Logic: Retrospective and Extension. In: Strategic Management Journal, Jg. 16, H. 1, S. 5-14.

Beyer, J. (2005): Pfadabhängigkeit ist nicht gleich Pfadabhängigkeit! Wider dem impliziten Konservertismus eines gängigen Konzepts. In: Zeitschrift für Soziologie, Jg. 34, H. 1, S. 5-21.

Bianchi, M. ; Cavaliere, A.; Chiaroni, D.; Frattini, F.; Chiesa, V. (2010): Organisational modes for Open Innovation in the bio-pharmaceutical industry: An exploratory analysis. In: Technovation, Jg. 31, H. 1, S. 22-33.

Bieger, T.; Bickhoff, N.; Knyphausen-Aufseß, D. z. (2002): Einleitung. In: Bieger, T.; Bickhoff, N.; Caspers, R.; Knyphausen-Aufseß, D. z.; Reding, K. (Hrsg.): Zukünftige Geschäftsmodelle – Konzepte und Anwendungen in der Netzökonomie. Berlin Heidelberg: Springer, S. 4-5.

Bigliardi, B.; Nosella, A.; Verbano, C. (2005): Business models in Italian biotechnology industry: a quantitative analysis. In: Technovation, Jg. 25, H. 11, S. 1299-1306.

Birkinshaw, J.; Gibson, C. (2004): Building ambidexterity into an organization. In: MIT Sloan Management Review, Jg. 45, H. 4, S.: 47-55.

Bortz, J.; Döring, N. (2006): Forschungsmethoden und Evaluation. Für Human- und Sozialwissenschaftler.

Bradley, S.; Nolan, R. (1998): Sense & Respond — Capturing Value in the Network Era. Boston (Mass.): Harvard Business School.

Braun, A.; Adelhelm, S.; Müller, E.; Vladova, G. (2012): Open Innovation in Life Sciences. Wiesbaden: Gabler.

Brown, S.L.; Eisenhardt, K.M. (1996): Product development: past research, present findings, and future directions. Academy of Monagemenf Review, Jg. 20, H. 3, S. 343-378.

Bryman, A. (2008): Social Research Methods. Oxford: OUP.

Bucherer, E.; Eisert, U.; Gassmann, O. (2012): Towards Systematic Business Model Innovation: Lessons from Product Innovation Management. In: Creativity and Innovation Management, Jg. 21, H. 2, S. 183-198.

Burgelman, R.A. (1983): A Model of the Interaction of Strategic Behavior, Corporate Context, and the Concept of Strategy. In: Academy of Management Review, Jg. 8, H. 1, S. 61-70.

Burgelman, R.A. (1991): Intraorganizational Ecology of Strategy-Making and Organizational Adaptation: Theory and Field Research. In: Organization Science, Jg. 2, H. 3, S. 239-262.

Cabello-Medina, C.; Carmona-Lavado, A.; Valle-Cabrera, R. (2006): Identifying the variables associated with types of innovation, radical or incremental: strategic flexibility, organisation and context. In: International Journal of Technology Management, Jg. 35, H. 1/2/3/4, 80-106.

Campagnolo, D.; Camuffo, A. (2010): Italian eyewear SMEs competing in the global arena: A business model approach. Paper präsentiert bei der EURAM Konferenz, "Back to the Future". Rom, 19.-22.05.2010.

Camuffo, A.; Furlan, A.; Romano, P.; Vinelli, A. (2008): Breathing shoes and complementarities: strategic innovation in a mature industry. In: International Journal of Innovation Management, Jg. 12, H. 2, S. 139–160.

Chandler, A.D. (1962): Strategy and structure. Chapters in the history of the industrial enterprise. Cambridge, Mass.: M.I.T. Press.

Charitou, C.D.; Markides, (2003): Responses to Disruptive Strategic Innovation. In: MIT Sloan Management Review, Jg. 44, H. 2, S. 55-63.

Chesbrough, H.; Teece, D. (1996): When is virtual virtuous? Organizing for innovation. In: Harvard Business Review, Jg. 74, H. 1, S. 65-73.

Chesbrough, H.; Rosenbloom, R.S. (2002): The role of the business model in capturing value from innovation: evidence from Xerox Corporation's technology spin-off companies. In: Industrial and Corporate Change, Jg. 11, H. 3, S. 529-555.

Chesbrough, H. (2003a): Open innovation. The new imperative for creating and profiting from technology. Boston, Mass.: Harvard Business School Press.

Chesbrough, H. (2003b): The logic of open innovation: Managing intellectual property. In: California Management Review, Jg. 45, H. 3, S. 33-58.

Chesbrough, H. (2006): Open Innovation: A New Paradigm for Understanding Industrial Innovation. In Chesbrough, H.; Vanhaverbeke, W.; West, J. (Hrsg. 2006): Open Innovation: Researching a New Paradigm. New York: Oxford University Press, S. 1-12.

Chesbrough, H.; Crowther, A.K. (2006): Beyond high tech: early adopters of open innovation in other industries. In: R&D Management, Jg. 36, H. 3, S. 229-236.

Chesbrough, H. (2007): Innovation: why companies should have open business models. In: MIT Sloan Management Review, Jg. 48, H. 2, S. 22-28.

Chesbrough, H.; Schwartz, K. (2007): Innovating Business Models with Co-Development Partnerships. In: Research Technology Management, Jg. 50, H. 1, S. 55-59.

Chesbrough, H. (2010): Business Model Innovation: Opportunities and Barriers. In: Long Range Planning, Jg. 43, H. 2-3, S. 354-363.

Christensen, J.F.; Olesen, M.H.; Kjaer, J.S. (2005): The industrial dynamics of Open Innovation—Evidence from the transformation of consumer electronics. In: Research Policy, Jg. 34, H. 10, S. 1533-1549.

Christensen, C.M.; Johnson, M.W.; Kagermann, H. (2009): Wie Sie Ihr Geschäftsmodell neu erfinden. In: Harvard Business Manager, April 2009, H. 4, S. 37-49.

Clagett, R.P. (1967): Receptivity to innovation - overcoming N.I.H. Massachusetts Institute of Technology, Alfred P. Sloan School of Management.

Conway, S. (1995): Informal Boundary-spanning Communication in the Innovation Process: An Empirical Study. In: Technology Analysis & Strategic Management, Jg. 7, H. 3, S. 327-345.

Cool, K.O.; Schendel, D. (1987): Strategic Group Formation and Performance: The Case of the US Pharmaceutical Industry, 1963-1982. In: Management Science, Jg. 33, H. 9, S. 1102-1124.

Coombs, R.; Harvey, M.; Metcalfe, J.S. (2003): Analysing distributed processes of provision and innovation. In. Industrial and Corporate Change, Jg. 12, H. 6, S. 1125-1155.

Cooper, R. G. (2002): Top oder Flop in der Produktentwicklung: Erfolgsstrategien: von der Idee zum Launch. Erlangen: Wiley.

Cooper, R.; Edgett, S.; Kleinschmidt, E. (2002): Portfolio Management for New Product Development: Results of an Industry Practice Study. In: R&D Management, Jg. 31, H. 4, S. 361-380.

Crooke, S.T. (1999): Optimizing the impact of genomics on drug discovery and development. In: Nature Biotechnology, Jg. 16, S. 29-30.

Crossan, M.M.; Berdrow, I. (2003): Organizational learning and strategic renewal. In: Strategic Management Journal, Jg. 24, H. 11, S. 1087-1105.

Dahlander, L.; Gann, D.M. (2010): How open is innovation? In: Research Policy, Jg. 39, H. 6, S. 699-709.

Davenport, T.H.; Leibold, M.; Voelpel, S. (2006): Strategic Management in the Innovation Economy: Strategy Approaches and Tools for Dynamic Innovation Capabilities. Erlangen: Wiley.

David, P.A. (1985): Clio and the Economics of QWERTY. In: American Economic Review, Jg. 75, H. 2, S. 332-337.

Demil, B.; Lecoq, X. (2010): Business Model Evolution: In Search of Dynamic Consistency. In: Long Range Planning, Jg. 43, H. 2-3, S. 227-246.

DiMasi, J.A.; Hansen, R.W.; Grabowski, H.G. (2003): The price of innovation: new estimates of drug development costs. In: Journal of Health Economics, Jg. 22, S. 151–185.

Doganova, L.; Eyquem-Renault, M. (2010): What do business models do? Innovation devices in technology entrepreneurship. In: Research Policy, Jg. 38, H. 10, S. 1559-1570.

Doz, Y.; Kosonen, M. (2008): The dynamics of strategic agility: Nokia's rollercoaster experience. In: California Management Review, Jg. 50, H. 3, S. 95--118.

Doz, Y.L.; Kosonen, M. (2010): Embedding Strategic Agility: A Leadership Agenda for Accelerating Business Model Renewal. In: Long Range Planning, Jg. 43, H. 2-3, S. 370-382.

Drews, J. (1998): Die verspielte Zukunft: Wohin geht die Arzneimittelforschung? Basel et al.: Birkhäuser.

Duschek, S. (1998): Kooperative Kernkompetenzen - Zum Management einzigartiger Netzwerkressourcen. In: Zeitschrift Führung + Organisation, H. 4, S. 230-236.

Duschek, S. (2002): Innovation in Netzwerken - Renten - Relationen – Regeln. Dissertation, FU Berlin.

Dyer, W.G.; Wilkins, A.L. (1991): Better stories, not better constructs, to generate better theory: a rejoinder to Eisenhardt. In: Acactemy oi Managemeni Review, Jg. 16, H. 3, S. 613-619.

Eddleston, K.A.; Kellermanns, F.W.; Sarathy, R. (2008): Resource configurations in family firms: Linking resources, strategic planning and technological opportunities to performance. In: Journal of Management Studies, Jg. 45, H. 1, S. 26–50.

Edler, J.; Meyer-Krahmer, F.; Reger, G. (2001): Managing Technology in the Top R&D Spending Companies Worldwide - Results of a Global Survey. In: Engineering Management Journal, Jg. 13, H. 1, S. 5-11.

Edler, J.; Meyer-Krahmer, F.; Reger. G. (2002): Changes in the strategic management of technology: results of a global benchmarking study. In: R&D Management, Jg. 32, H. 2, S. 149-164.

Eisenhardt, K.M. (1989): Building theories from case study research. In: Academy of Management Review, Jg. 14, H. 4, S. 532-550.

Eisenhardt, K.M.; J. Martin (2000): Dynamic capabilities: What are they? In: Strategic Management Journal, Jg. 21, H. 10-11, S. 1105–1122.

Eriksson, H.E.; Penker, M. (2000): Business modeling with UML, business patterns at work. New York: Wiley.

Evans, J.S. (1991): Strategic Flexibility for High Technology Maneuvers: A Conceptual Framework. In: Journal of Management Studies, Jg. 28, H. 1, S. 69-89.

Feldman, M.S. (2000): Organizational Routines as a Source of Continuous Change. In: Organization Science, Jg. 11, H. 6, S. 611-629.

Feldman, M.S.; Pentland, B. (2003): Reconceptualizing or ganizational routines as a source of flexibility and change. Administrative Science Quarterly, Jg. 48, H. 1, S. 94–118.

Feldmann, C. (2007): Strategisches Technologiemanagement – Eine empirische Untersuchung am Beispiel des deutschen Pharma-Marktes 1990-2010. Wiesbaden: DUV.

Fiegenbaum, A.; Sudharshan, D.; Thomas, H. (1990): Strategic Time Periods and Strategic Groups Research: Concepts and an Empirical Example. Journal of Management Studies, Jg. 27, H. 2, S. 133-148.

Floyd, S.W.; Lane, P.J. (2000): Strategizing throughout the Organization: Managing Role Conflict in Strategic Renewal. In: Academy of Management Review, Jg. 25, H. 1, S. 154-177.

Galambos, L.; Sturchio, J.L. (1998): Pharmaceutical Firms and the Transition to Biotechnology: A Study in Strategic Innovation. In: The Business History Review, Jg. 72, H. 2, S. 250-278.

Gambardella, A.; McGahan, A. (2010): Business-Model Innovation, General Purpose Technologies, Specialization and Industry Change. In: Long Range Planning, Jg. 43, H. 2-3, S. 262-271.

Garud, R.; Karnoe, P. (2001): Path Creation and Path Dependence. New Jersey: Lawrence Erlbaum and Associates.

Gassmann, O.; Reepmeyer, G. (2005): Organizing Pharmaceutical Innovation: From Science-based Knowledge Creators to Drug-oriented Knowledge Brokers. In: Organizing Pharmaceutical Innovation, Jg. 14, H. 3, S. 233-245.

Gassmann, O. (2006): Opening up the innovation process: towards an agenda. In: R&D Management, Jg. 36, H. 3, S. 223–228.

Gassmann, O.; Bader, M. A. (2006): Patentmanagement. Innovationen erfolgreich nutzen und schützen. Berlin, Heidelberg: Springer.

Gassmann, O.; Enkel, E. (2006): Open Innovation. In: zfo-Wissen, Jg. 75, H. 3, S. 132–138.

Gassmann, O.; Reepmeyer, G; von Zedtwitz, M. (2008): Leading Pharmaceutical Innovation - Trends and Drivers for Growth in the Pharmaceutical Industry. Berlin: Springer.

Gavetti, G.; Levinthal, D. (2000): Looking forward and looking backward: cognitive and experiential search. In: Administrative Science Quarterly, Jg. 45, H. 1, S. 113-137.

Gemünden, H. G.; Hölzle, K. (2007): Die Schlüsselpersonen im Prozess. In: Personalmagazin, H. 10, S. 22-24.

Gemünden, H.G.; Salomo, S.; Hölzle, K. (2007): Role Models for Radical Innovation in Times of Open Innovation. In: Creativity and Innovation Management, Jg. 16, H. 4, S. 408-420.

Gerybadze, A.; Reger, G. (1999): Globalization of R&D: recent changes in the management of innovation in transnational corporations. In: Research Policy, Jg. 28, H. 2-3, S. 251-74.

Gilbert, C.G.; Bower, J.L. (2002): Disruptive Change. When trying harder is part of the problem. In: Harvard Business Review, Mai, S. 94-101.

Gilsing, V.; Nooteboom, B. (2006): Exploration and exploitation in innovation systems: The case of pharmaceutical biotechnology. In: Research Policy, Jg. 35, H. 1., S. 1-23.

Giuri, P.; Mariani, M.; Brusoni, S.; Crespi, G.; Francoz, D.; Gambardella, A.; Garcia-Fontes, W.; Geuna, A.; Gonzales, R.; Harhoff, D.; Hoisl, K.; Le Bas, C.; Luzzi, A.;

Magazzini, L.; Nesta, L.; Nomaler, Ö.; Palomeras, N.; Patel, P. Romanelli, M.; Verspagen, B. (2007): Inventors and invention processes in Europe: Results from the PatVal-EU survey. In: Research Policy, Jg. 36; S. 1107-1127.

Giesen, E.; Riddleberger, E.; Christner, R.; Bell, R. (2010): When and how to innovate your business model. In: Strategy & Leadership, Jg. 38, H 4, S. 17–26.

Govindarajan, V./Trimble, C. (2004): Ten rules for strategic innovators: From Idea to Execution. Boston (Mass.): Harvard Business School.

Govindarajan, V./Trimble, C. (2005): Organizational DNA for Strategic Innovation, in: California Management Review, Vol. 47, 3, 47-76.

Grant, R.M.; Nippa, M. (2006): Strategisches Management: Analyse, Entwicklung und Implementierung von Unternehmensstrategien. München et al.: Pearson Studium.

Grenville, J.A. (2005): The Persistence of Flexible Organizational Routines: The Role of Agency and Organizational Context. In: Organization Science, Jg. 16, H. 6, S. 618–636.

Gulati, R.; Singh, H. (1998): The architecture of cooperation: managing coordination costs and appropriation concerns in strategic alliances. In: Administrative Science Quarterly, Jg. 43, H. 4, S. 781 - 814.

Gulati, R.; Kletter, D. (2005): Shrinking Core, Expanding Periphery: The Relational Architecture of High-Performing Organizations. In: California Management Review, Jg. 47, H. 3, S. 77-104.

Gupta, A.K.; Smith, K.G.; Shalley, C.E. (2006): The Interplay between Exploration and Exploitation. In: Academy of Management Journal, Jg. 49, H. 4, S. 693–706.

Habtay, S.R.; Ojah, K. (2010): Introduction of disruptive Business Model Innovation: A comparison study between hybrid and low cost models. Paper präsentiert bei der EURAM Konferenz, "Back to the Future". Rom, 19.-22.05.2010.

Hacklin, F.; Klang, (2010): Innovating business models for convergence: appropriating value at blurring industry boundaries. Paper präsentiert bei der EURAM Konferenz, "Back to the Future". Rom, 19.-22.05.2010.

Hamel, G. (2000): Leading the Revolution. Boston, Mass.: Harvard Business School Press.

Hamel, G.; Valikangas, (2003): The Quest for Resilience. In: Harvard Business Review, September, S. 52-63.

Hannan, M.T.; Freeman, J. (1984): Structural Inertia and Organizational Change. In: American Sociological Review, Jg. 49, H. 2, S. 149-164.

Hans, R. (2007): Geschäftsmodell-Innovation und Notwendigkeit des Change Management – Anspruch, Wirklichkeit und mögliche Lösungsansätze. In: Keuper, F. (2007): Nachhaltiges Change Management. Wiesbaden: Gabler, S. 181-197.

Hauschildt, J.; Schewe, G. (2000): Gatekeeper and Process Promotor: The Role of Key Persons in Innovation Management. In: International Journal of Agile Management Systems, Jg. 2, H. 2, S. 96-103.

Hauschildt, J.; Salomo, S. (2007): Innovationsmanagement. München: Vahlen.

Hayes, R.H.; Pisano, G. (1994): Beyond World-Class: The New Manufacturing Strategy. In: Harvard Business Review, Jg. 72, H. 1-2, S. 77-86.

Hedman, J.; Kalling, T. (2003): The Business Model Concept: Theoretical Underpinnings and Empirical Illustrations. In: European Journal of Information Systems, Jg. 12, H. 1, S. 49-59.

Heuskel, D. (1999): Wettbewerb jenseits von Industriegrenzen. Aufbruch zu neuen Wachstumsstrategien. Frankfurt/Main: Campus.

Hitt, M.A.; Keats, B.W.; DeMarie, S.M. (1998): Navigating in the new competitive landscape: Building strategic flexibility and competitive advantage in the 21st century. In: Academy of Management Executive, Jg. 12, H. 4, S. 22-42.

Holtmann, J.P. (2008): Pfadabhängigkeit strategischer Entscheidungen - Eine Fallstudie am Beispiel des Bertelsmann Buchclub Deutschland. Köln: Kölner Wissenschaftsverlag.

Homburg, C. (2007): Betriebswirtschaftslehre als empirische Wissenschaft – Bestandsaufnahme und Empfehlungen. In: Zeitschrift für betriebswirtschaftliche Forschung, Sonderheft 56, S. 27–60.

Howells, J. (2002): Mind the Gap: Information and Communication Technologies, Knowledge Activities and Innovation in the Pharmaceutical Industry. In: Technology Analysis & Strategic Management, Jg. 14, H. 3, S. 355-370.

Hultink, E.J.; Robben, H.S.J. (1995): Measuring New Product Success: The Difference that Time Perspective Makes. In: Journal of Product Innovation Management, Jg. 12, H. 5, S. 392-405.

Humphreys, P.; McAdam, R.; Leckey, J. (2005): Longitudinal evaluation of innovation implementation in SMEs. In: European Journal of Innovation Management, Jg. 8, H. 3, S. 283-304.

Hunt, M.S. (1972): Competition in the major home appliance industry, 1960-1970'. Dissertation, Harvard University.

Hutzschenreuter, T.; Pedersen, T.; Volberda, H.W. (2007): The role of path dependency and managerial intentionality: a perspective on international business research. In: Journal of International Business Studies, Jg. 38, H. 7, S. 1055-1068.

IBM Global Business Services (2006): Global CEO Study 2006 - Innovation und Kooperationsmanagement im Blick. Online verfügbar unter: https://www-935.ibm.com/services/de/bcs/pdf/2006/ceostudy_de.pdf (Download am 21.05.2010).

Itami, H. (1987): Mobilizing Invisible Assets. Cambridge (Mass.): Harvard University Press.

Itami, H.; Nishino, K. (2010): Killing Two Birds with One Stone: Profit for Now and Learning for the Future. In: Long Range Planning, Jg. 43, H. 2-3, S. 364-369.

Jacob, W.F.; Kwak, J.H. (2003): In search of innovative techniques to evaluate pharmaceutical R&D projects. In: Technovation, Jg. 23, H. 4, S. 291-296.

Jacobides, M.G.; Billinger, S. (2006): Designing the Boundaries of the Firm: From "Make, Buy, or Ally" to the Dynamic Benefits of Vertical Architecture. In: Organization Science, Jg. 17, H. 2, S. 249-26.

Johnson, J.L.; Lee, R.P.; Saini, A.; Grohmann, B. (2003): Market-Focused Strategic Flexibility: Conceptual Advances and an Integrative Model. In: Journal of the Academy of Marketing Sciences, Jg. 31, H. 1, S. 74-89.

Johnson, M.W.; Christensen, C.M.; Kagermann, H. (2008): Reinventing your business model. In: Harvard Business Review, Jg. 86, H. 12, S. 50-59.

Katila, R.; Ahuja, G. (2002): Something old, something new: A longitudinal study of search behavior and new product introduction. In: Academy of Management Journal, Jg. 45, H. 6, S. 1183–1194.

Katz, R.; Allen, T.J. (1982): Investigating the Not Invented Here (NIH) syndrome: A look at the performance, tenure, and com-munication patterns of 50 R & D Project Groups. In: R&D Management, Jg. 12, H. 1, S. 7-20.

Kelle, U.; Kluge, S. (1999): Vom Einzelfall zum Typus – Fallvergleich und Fallkontrastierung in der qualitativen Sozialforschung. Opladen: Leske und Budrich.

Kelly, D.; Amburgey, T.L. (1991): Organizational inertia and momentum: A dynamic model of strategic change. In: The Academy of Management Journal, Jg. 34, H. 3, S. 591-612.

Khilji, S.E.; Mroczkowski, T.; Bernstein, B. (2006): From Invention to Innovation: Toward Developing an Integrated Innovation Model for Biotech Firms. In: Journal of Product Innovation Management, Jg. 23, H. 6, S. 528-540.

Kirner, E.; Som, O.; Dreher, C.; Wiesenmaier, V. (2006): Innovation in KMU – der ganzheitliche Innovationsansatz und die Bedeutung von Innovationsroutinen für den Innovationsprozess. Bericht aus dem Projekt Inno-KMU, Karlsruhe.

Knudsen, L.G. (2007): Opening the Black Box of 'Open Innovation': Relating Organizational Practices and Employee Competences. Paper at the Copenhagen Business School, Center for Strategic Management and Globalization. Frederiksberg.

Koch, J. (2006): Der gefährliche Pfad des Erfolgs. In: Harvard Business Review, Jg. 28, H. 1, S. 97-102.

Koch, J. (2007): Strategie und Handlungsspielraum: Das Konzept der strategischen Pfade. In: zfo, Jg. 76, H. 5, S. 283-291.

Koch, J. (2009): Innovation, organisationale Routinen und strategische Pfade. In: Zeitschrift für Management, Jg. 4, H. 3, S. 189- 208.

Koen, P.A.; Bertels, H.M.; Elsum, I.R. (2011): The Three Faces of Business Model Innovation: Challenges for Established Firms. In: Research Technology Management, Jg. 54, H. 3, S. 52-59.

Kogut, B.; Zander, U. (1992): Knowledge of the Firm, Combinative Capabilities, and the Replication of Technology. In: Organization Science, Jg. 3, H. 3, S. 383-397.

Kotabe, M.; Martin, X; Domoto, H. (2003): Gaining from vertical partnerships: Knowledge transfer, relationship duration, and supplier performance improvement in the U.S. and Japanese automotive industries. In: Strategic Management Journal, Jg. 24, H. 4, S. 293-316.

Kotler, P. (1982) Marketing Management: Analyse, Planung und Kontrolle. Stuttgart: Poeschel.

Kranz, M. (2007): Management von Strategieprozessen. Von der Strategischen Planung zur integrierten Strategieentwicklung. Wiesbaden: Deutscher Universitäts-Verlag.

Kreikebaum, H. (1997): Strategische Unternehmensplanung. Stuttgart et al.: Kohlhammer.

Labbé, M. (2002): Neuordnung und Konsolidierung in der ‚Pharma-Bioteconomy'. In: Schöffski, O.; Fricke, F.U.; Guminski, W.; Hartmann, W. (2002): Pharmabetriebslehre. Berlin, Heidelberg: Springer, S. 365-374.

Lambert, S.C.; Davidson, R.A. (2012). Applications of the business model in studies of enterprise success, innovation and classification: An analysis of empirical research from 1996 to 2010. In: European Management Journal, derzeit im Druck.

Lamnek, S.(2005). Qualitative Sozialforschung. Weinheim et al.: Beltz.

Laursen, K.; Salter, A. (2006): Open for Innovation: The role of openness in explaining innovation performance among U.K. manufacturing firms. In: Strategic Management Journal, Jg. 27, H. 2, S. 31-50.

Leifer, R.; McDermott, C.; Peters, L.; Rice, M.; Veryzer, R. (2000): Radical Innovation: How Mature Companies can Outsmart Upstarts. Boston (Mass.): Harvard Business School Press.

Leonard-Barton, D. (1992): Core Capabilities and Core Rigidities: A Paradox in Managing New Product Development. In: Strategic Management Journal, Jg. 13, Special Issue 'Strategy Process: Managing Corporate Self-Renewal', S. 111-125.

Lesko, L.J. (2007): Personalized Medicine: Elusive Dream or Imminent Reality? In: Clinical Pharmacology & Therapeutics, Jg. 81, H. 6, S. 807-816.

Liang, L. (2010): A Six-dimensional Framework of Business Model Innovation: An Empirical Study of the Low-cost Carrier Model in China. Paper präsentiert bei der EURAM Konferenz, "Back to the Future". Rom, 19.-22.05.2010.

Lichtenthaler, U.; Ernst, H. (2006): Attitudes to externally organising knowledge management tasks: a review, reconsideration and extension of the NIH syndrome. In: R&D Management, Jg. 36, H. 4, S. 367-386.

Linder, J.; Cantrell, S. (2000): Business Models: Surveying the Landscape. Accenture Institute for Strategic Change, Cambridge (Massachusetts).

Lonsert, M.; Harms, F. (2005): Innovative Therapiekonzepte erfordern Paradigmenwechsel im Marketing. In: Absatzwirtschaft, H. 1, S. 26-30.

Lonsert, M.; Harms, F. (2008): Neue Geschäftsmodelle für die pharmazeutische Industrie. In: Harms, F. (Hrsg. 2008): Pharmamarketing - gesundheitsökonomische Aspekte einer innovativen Industrie am Beispiel von Deutschland, Österreich und der Schweiz. Stuttgart: Lucius & Lucius, S. 153-163.

Lynn, G.; Morone, J.G.; Paulson, A.S. (1996): Marketing and Discontinuous Innovation: The Probe and learn Process. In: California Management Review, Jg. 38, H. 3, S. 8-37.

Magretta, J. (2002): Why business models matters. In: Harvard Business Review, Jg. 80, H. 5, S. 86-92.

Mangematin, V.; Lemarié, S.; Boissin, J.P.; Catherine, D.; Corolleur, F.; Coronini, R.; Trommetter, M. (2003): Development of SMEs and heterogeneity of trajectories: the case of biotechnology in France. In: Research Policy, Jg. 32, H. 4, S. 621-638.

March, J.G. (1978): Bounded Rationality, Ambiguity, and the Engineering of Choice. In: The Bell Journal of Economics, Jg. 9, H. 2, S. 587-608.

March, J.G. (1991): Exploration and exploitation in organizational learning. In: Organization Science, Jg. 2, H. 1, S. 71–87.

March, J.G. (1994): A primer on decision making. New York: Free Press.

Markides, C. (1998): Strategic Innovation in Established Companies. In: Sloan Management Review, Jg. 39, H. 3, S. 31-42.

Markides, C. (2006): Disruptive Innovation: In Need of Better Theory. In: Journal of Product Innovation Management, Jg. 23, H. 1, S. 19-25.

Markides, C.; Charitou, (2004): Competing with dual business models: A contingency approach. In: Academy of Management Executive, Jg. 18, H. 3, S. 22-36.

Mayring, P. (1997): Qualitative Inhaltsanalyse. Grundlagen und Techniken. Weinheim (u. a): Deutscher Studienverlag.

Mayring, P. (2000), Qualitative Inhaltsanalyse. Forum Qualitative Sozialforschung, 1(2), Art. 20, http://nbn-resolving.de/urn:nbn:de:0114-fqs0002204.

McGrath, R.G. (2010): Business Models: A Discovery Driven Approach. In: Long Range Planning, Jg. 43, H. 2-3., S. 247-261.

Meinhardt, Y. (2002): Veränderung von Geschäftsmodellen in dynamischen Industrien. Fallstudien aus der Biotech- Pharmaindustrie und bei Business-to-consumer-Portalen. Dissertation, Universität Bamberg. Wiesbaden: Gabler.

Meinhardt, Y.; Schweizer, L. (2002): Zur Evolution von Geschäftsmodellen in der deutschen Pharma- und Biotechnologie-Industrie. In: Bieger, T.; Bickhoff, N.; Caspers, R.; Knyphausen-Aufseß, D. zu; Reding, K. (Hrsg. 2002): Zukünftige Geschäftsmodelle. Konzept und Anwendung in der Netzökonomie. Berlin: Springer, S. 93-115.

Mietzner, D.; Reger, G. (2005): Advantages and Disadvantages of Scenario Approaches for Strategic Foresight. In: International Journal of Technology Intelligence and Planning, Jg. 1, H. 2, 2005, S. 220-239.

Miller, W.L.; Morris, L. (1999): Fourth Generation R&D: Managing Knowledge, Technology and Innovation. New York: John Wiley & Sons.

Mintzberg, H. (1978): Patterns in strategy formation. In: Management Science, Jg. 24, H. 9, S. 934-948.

Mintzberg, H.; Waters, J. H. (1985): Of Strategies, Deliberate and Emergent. In: Strategic Management Journal, Jg. 6, H. 3, S. 257-272.

Mitchell, W.M.; Coles, C.D. (2003): Learning Agendas: Business Models that Work. In: Chief Learning Officer, Jg. 2, H. 6, S. 24-47.

Mitchell, W.M.; Coles, C.D. (2004): Establishing a Continuing Business Model Innovation Process. In: Journal of Business Strategy, Jg. 25, H. 3, S. 39-49.

Moldaschl, M. (2006): Innovationsfähigkeit, Zukunftsfähigkeit, Dynamic Capabilities - Moderne Fähigkeitsmystik und eine Alternative. In: Managementforschung, Band 16, S. 1-36.

Monteiro, F.; Cachon, G.; Cappelli, P. (2012): The 'Flip Side' of Open Innovation, Productivity Losses from Bad Weather and Assessing the Risks of Outsourcing. In: Knowledge@Wharton, 1. Feb 2012. Online verfügbar unter: http://knowledge.wharton.upenn.edu/article.cfm?articleid=2934 (zuletzt abgerufen am 24.5 2012).

Mowery, D.C. (1990): The Development of Industrial Research in U.S. Manufacturing. In: The American Economic Review, Jg. 80, H. 2, S. 345-349.

Mowery, D.C., Oxley, J.E.; Silverman, B.S. (1996): Strategic alliances and interfirm knowledge transfer. In: Strategic Management Journal, Jg. 17, Winter Special Issue, S. 77–91.

Müller, A.W.; Müller-Stewens, G. (2009): Strategic Foresight. Trend- und Zukunftsforschung im Unternehmen – Instrumente, Prozesse, Fallstudien. Stuttgart: Schäffer-Poeschel.

Nag, R.; Corley, K.G.; Gioia, D.A. (2007): The Intersection of Organizational Identity, Knowledge, and Practice: Attempting Strategic Change via Knowledge Grafting. In: Academy of Management Journal, Jg. 50, H. 4, S. 821–847.

Narula, R.; Hagedoorn, J. (1999): Innovating through strategic alliances: moving towards international partnerships and con-tractual agreements. In: Technovation, Jg. 19, H. 5, S. 283-294.

Nelson, R.R. (2008): Bounded rationality, cognitive maps, and trial and error learning. In: Journal of Economic Behavior and Organization, Jg. 67, H. 1, S. 78-89.

Nelson, R.; Winter, S.G. (1982): An Evolutionary Theory of Economic Change. Cambridge: Belknap.

Niosi, J. (1999): Fourth-Generation R&D. From Linear Models to Flexible Innovation. In: Journal of Business Research, Jg. 45, H. 2, S. 111-117.

North, D. C. (1990): Institutions, institutional change, and economic performance. Cambridge (Mass.): Harvard University Press.

Nosella, A.; Petroni, G.; Verbano, C. (2005): Characteristics of the Italian biotechnology industry and new business models: the initial results of an empirical Study. In: Technovation, Jg. 25, H. 8, S. 841-855.

Nusser, M. (2005): Pharma-Innovationsstandort Deutschland: Leistungsfähigkeit, Innovationshemmnisse und Handlungsempfehlungen. In: Gesundheit und Gesellschaft Wissenschaft, Jg. 5, H. 3, S. 15-27.

Orsenigo, L.; Pammolli, F.; Riccaboni, M. (2001): Technological Change and Network Dynamics: Lessons from the Pharmaceutical Industry. In: Research Policy, Jg. 30, H. 3, S. 485-508.

Osterwalder, A.; Pigneur, Y.; Tucci, C.L. (2005): Clarifying Business Models: Origins, Present, and Future of the Concept. In: Communications of the Association for Information Systems, Jg. 16, H. 1, S. 1-25.

Osterwalder, A.; Pigneur, Y. (2010): Business Model Generation. Weinheim: Wiley-VCH.

Peng, M.W.; Sun, S.L.; Pinkham, B.; Chen, H. (2009): The Institution-Based View as a Third Leg for a Strategy Tripod. In: Academy of Management Perspectives, Jg. 23, H. 3, S. 63-81.

Peteraf, M.A. (1993): The cornerstones of competitive advantage: a resource-based view. In: Strategic Management Journal, Jg. 14, H. 3, S. 179–191.

Pettigrew, A.M. (1987): The Management of Strategic Change. Oxford: Blackwell.

Pettigrew, A.M. (1990): Longitudinal field research on change: theory and practice. In: Organization Science, Jg. 1, H.3, S. 267–292.

Pfeiffer, P. (2000): Sicherung von F&E-Kompetenz von multinationalen Pharmaunternehmen: Marktdruck und Technologiesprünge als Treiber neuer Organisationsformen. Dissertation, Universität St. Gallen.

Piachaud, B. (2004): Outsourcing R&D in the Pharmaceutical Industry: From Conceptualisation to Implementation of the Strategic Sourcing Process. New York: Palgrave Macmillan, New York, S.1-16.

Pisano, G. (1990): The R&D Boundaries of the Firm: An Empirical Analysis. In: Administrative Science Quarterly, Jg. 35, H. 1, S. 153–176.

Pleschak, F.; Sabisch, H. (1997): Innovationsmanagement. Stuttgart: Schäffer-Poeschel.

Porsche, R. (2008): Innovation in der pharmazeutischen Industrie. In: Pharmazeutische Industrie (PharmInd), Jg. 70, H. 11, S. 1311-1315.

Porter, M.E. (1996): Wettbewerbsvorteile. Spitzenleistungen erreichen und behaupten. Frankfurt et al.: Campus.

Porter, M.E. (1998): Competitive Strategy: Techniques for Analyzing Industries and Competitors. New York et al.: Free Press.

Powell, W.W. (1990): Neither Market nor Hierarchy: Network Forms of Organization. In: Research in Organizational Behavior. Jg. 12, S. 295-336.

Powell, W.W.; Koput, K.W.; Smith-Doerr, L. (1996): Interorganizational Networks and the Locus of Innovation: Networks of Learning in Biotechnology. In: Administrative Science Quarterly, Jg. 41, H. 1, S. 116-145.

Powell, W.W. (1998): Learning From Collaboration: Knowledge and Networks in the Biotech and Pharmaceutical Industries. In: California Management Review, Jg. 40, H. 3, S. 228-240.

Powell, W.W.; Grodal, S. (2005): Networks of Innovators. In: The Oxford Handbook of Innovation. Oxford: Oxford University Press.

Prahalad, C.K. (2004): The Blinders of Dominant Logic. In: Long Range Planning, Jg. 37, H. 2, S. 171-179.

Prahalad, C.K.; Bettis, R. (1986). The Dominant Logic: a New Linkage Between Diversity and Performance. In: Strategic Management Journal, Jg. 7, H. 6, S. 485-501.

Prahalad, C. K.; Hamel, Gary (1990): The core competences of the corporation. In: Harvard Business Review, Jg. 68, H. 3, S. 79-91.

PricewaterhouseCoopers (PwC); European Business School (EBS) (2010): Geschäftsmodellinnovationen – Neue Wege am Markt beschreiten. Frankfurt: PwC.

Rank, S.; Scheinpflug, R. (Hrsg. 2008): Change Management in der Praxis, Beispiele, Methoden, Instrumente. Berlin: Erich Schmidt Verlag GmbH & Co.

Rasche, Christoph (2002): Multifokales Management. Strategien und Unternehmenskonzepte für den pluralistischen Wettbewerb. Wiesbaden: Dt. Univ.-Verlag.

Reger, G.; Blind, K.; Cuhls, K.; Kolo, C. (1998): Technology Foresight in Enterprises. Main Results of an International Study by the Fraunhofer Institute of Systems and Innovation Research (ISI) and the Department of R&D Management. University of Stuttgart, Karlsruhe/Stuttgart.

Reger, G. (2009, unter Mitarbeit von Adelhelm, S.): Innovationsmanagement. In: Kurbel, K.; Becker, J.; Gronau, N.; Sinz, E.; Suhl, L. (Hrsg. 2008-2012): Enzyklopädie der Wirtschaftsinformatik. Onlineausgabe, http://www.enzyklopaedie-der-wirtschaftsinformatik.de/wi-enzyklopaedie/lexikon/daten-wissen/Wissensmanagement/Wissensmanagement--Konzepte-des/Innovationsmanagement (zuletzt abgerufen am 21.11.2011).

Reger, R.K.; Huff, A.S. (1993): Strategic Groups: A Cognitive Perspective. In: Strategic Management Journal, Jg. 14, H. 2, S. 103-123.

Roberts, E.B.; Liu, W.K. (2001): Ally or Acquire? In: MIT Sloan Management Review, Jg. 43, H. 1, S. 26-34.

Roca-Puig, V.; Beltrán-Martín, I.; Escrig-Tena, A.B.; Bou-Llusar, J.C. (2005): Strategic flexibility as a moderator of the relationship between commitment to employees and performance in service firms. In: International Journal of Human Resource Management, Jg. 16, H. 11, S. 2075–2093.

Roedenbeck, M.R.; Holtmann, J.P. (2008): Raus aus der Pfadabhängigkeit – rein in die Pfadgestaltung! In: Organisationsentwicklung, Jg. 27, H. 4, S. 76-84.

Rothaermel, F.T. (2001): Complementary assets, strategic alliances, and the incumbent's advantage: an empirical study of industry and firm effects in the biopharmaceutical industry. In: Research Policy, Jg. 30, H. 8, S. 1235-1251.

Rothwell, R.; Freeman, C.; Horlsey, A.; Jervis, V.T.P.; Robertson, A.B.; Townsend, J. (1974): Sappho updated - Project SAPPHO Phase II. In: Research Policy, Jg. 3, H. 3, S. 258-291.

Rüegg-Stürm, J. (2003): Das neue St. Galler Management-Modell: Grundkategorien einer integrierten Managementlehre; der HSG-Ansatz. Bern et al.: Haupt.

Sabatier, V.; Mangematin, V.; Rousselle, T. (2010): From Recipe to Dinner: Business Model Portfolios in the European Biopharmaceutical Industry. In: Long Range Planning, Jg. 43, H. 2-3, S. 431-447.

Sanchez, R. (1995): Strategic Flexibility in Product Competition. In: Strategic Management Journal, Jg. 16, H. S1, S. 135-159.

Sanchez, R. (1997): Preparing for an Uncertain Future: Managing Organizations for Strategic Flexibility. In: International Studies of Management & Organization, Jg. 27, H. 2, S. 71-94.

Sarasvathy, S. (2008): Effectuation. London: Edward Elgar.

Schöffski, O.; Fricke, F.U.; Guminski, W.; Hartmann, W. (2002): Pharmabetriebslehre. Berlin, Heidelberg: Springer.

Schoegel, K. (2001): Geschäftsmodelle. Konstrukt - Bezugsrahmen – Management München.

Schori, K.; Roch, A.; Faoro-Stampfli, M.: Innovationsmanagement für KMU. Bern: Haupt.

Schreiner, O.M.E. (2006): Aufbau und Management von Innovationskompetenz bei radikaler Innovationsprojekten. TU Darmstadt.

Schreyögg, G.; Sydow, J.; Koch, J. (2003): Organisatorische Pfade – Von der Pfadabhängigkeit zur Pfadkreation? In: Schreyögg, G.; Sydow, J. (Hrsg. 2003) Strategische Prozesse und Pfade: Managementforschung 13. Wiesbaden: Gabler, S. 257-294.

Schumacher, N.; Reiss T. (2005): Innovative Pharmaindustrie als Chance für den Wirtschaftsstandort Deutschland, elektronisch veröffentlicht unter der URL: http://www.isi.fraunhofer.de/t/projekte/Pharma_Wirtschaftsstandort_Deutschland.pdf, abgerufen am 20.11.2009.

Schüssler, E. (2009): Strategische Prozesse und Persistenzen - pfadabhängige Organisation der Wertschöpfung in der Bekleidungsindustrie. Stuttgart: Kohlhammer.

Schumpeter, J. (1934): The theory of economic development. Cambridge (Mass.): Harvard University Press.

Schweizer, L. (2005): Concept and evolution of business models. In: Journal of General Management, Jg. 31, H. 2, S. 37-56.

Scott, W.R. (1998): Institutions and organizations. Thousand Oaks (Calif.): Sage.

Seddon, P.B.; Lewis, G.P. (2003): Strategy and Business Models: What's the Difference. Adelaide South Australia 7th Pacific Asia Conference on Information Systems, 10-13 July 2003. Online verfügbar unter http://www.pacis-net.org/file/2003/papers/e-business/219.pdf, zuletzt geprüft am 13.05.2009.

Seddon, P.B.; Lewis, G.P.; Freeman, P.; Shanks, G. (2004): Business models and their relationship to strategy. In: Currie, W.L. (Hrsg. 2004): Value creation from e-business models. Amsterdam: Elsevier Butterworth-Heinemann, S. 11-34.

Servatius, H. (2007): Immaterielle Vermögenswerte, innovative Geschäftsmodelle und nachhaltige Wertsteigerung. In: Controlling, Jg. 3, H. 4, S. 155-157.

Shafer, S.M.; Smith, H.J.; Linder, J.C. (2005): The power of business models. In: Business Horizons, Jg. 48, H. 3, S. 199-207.

Siggelkow, N. (2001): Change in the Presence of Fit: the Rise, the Fall, and the Renaissance of Liz Claiborne. In: Academy of Management Journal, Jg. 44, H. 4, S. 838-857.

Siggelkow, N. (2007): Persuasion with case studies. In: Academy of Management Journal, Jg. 50, H. 1, S. 109-139.

Simon, H.A. (1956): Rational Choice and the Structure of the Environment. In: Psychological Review, Jg. 63, H. 2, S. 129-138.

Sliwka, D. (2007): Managerial Turnover and Strategic Change. In: Management Science, Jg. 53, H. 11, S. 1675-1687.

Smith, W.K.; Binns, A.; Tushman, M.L. (2010): Complex Business Models: Managing Strategic Paradoxes Simultaneously. In: Long Range Planning, Jg. 43, H. 2-3, S. 448-4061.

Sniukas, M. (2007): Reshaping Strategy. Masterarbeit, Universität Wien.

Sosna, M.; Trevinyo-Rodríguez, R.N.; Velamuri, S.R. (2010): Business Model Innovation through Trial-and-Error Learning: The Naturhouse Case. In: Long Range Planning, Jg. 43, H. 2-3, S. 383-407.

Sousa, M. (2008): Open Innovation Models and the Role of Knowledge Brokers. In: Inside Knowledge Magazine, Jg. 11, H. 6, S. 18-22.

Späth, W. (2009): Forschende Industrie und Generika im Wechselspiel. In: Neubauer, G.; Pfister, F. (Hrsg. 2009): Gut – günstig Generika: Marktdynamik zum Nutzen unserer Gesundheitsversorgung, S. 17-27.

Specht, G.; Beckmann, C.; Amelingmeyer, J. (2002): F&E-Management: Kompetenz im Innovationsmanagement. Stuttgart: Schäffer-Poeschel.

Stähler, P. (2001): Geschäftsmodelle in der digitalen Ökonomie. Merkmale, Strategien und Auswirkungen. Lohmar/Köln.

Steinle, C. (2005): Ganzheitliches Management, Eine mehrdimensionale Sichtweise integrierter Unternehmensführung. Wiesbaden: Gabler.

Stock-Homburg, R. (2007): Nichts ist so konstant wie die Veränderungen – Ein Überblick über 16 Jahre empirische Change Management-Forschung. In: Zeitschrift für Betriebswirtschaft (ZfB), Jg. 77, H. 7/8, S. 795-861.

Stock-Homburg, R.; Herrmann, L.; Bieling, G. (2009): Erfolgsrelevanz des Personalmanagements - Ein Überblick über 17 Jahre empirische Forschung. In: Die Unternehmung (DU), Jg. 63, H. 1, S. 8-74.

Stones, R. (2005): Structuration Theory. Basingstoke: Palgrave Macmillan.

Styles, C.; Goddard, J. (2004): Spinnging the Wheel of Strategic Innovation. In: Business Strategy Review, Jg, 15, Nr. 2, S. 63-72.

Sull. D. (1999): Why good companies go bad. In: Harvard Business Review, Jg. 77, H. 4, S. 42-52.

Sydow, J. (2009): Path Dependencies in Project-Based Organizing – Evidence from Television Production in Germany. In: Journal of Media Business Studies, Jg. 6, H. 4, S. 123-139.

Sydow, J.; Schreyögg, G.; Koch, J. (2005): Organizational paths: Path dependency and beyond. Paper presented at the 21th EGOS colloquium. Berlin, 30.06.-02.07.2005.

Sydow, J.; Schreyögg, G.; Koch, J. (2009): Organizational Path Dependence: Opening the Black Box. In: Academy of Management Review, Jg. 34, H. 4, S. 689–709.

Takeuchi, H.; Nonaka, I. (1986): The New New Product Development Game. In: Harvard Business Review, Jg. 64, H. 1, S. 137-146.

Teece, D.J. (1986): Profiting from technological innovation: Implications for integration, collaboration, licensing and public policy. Research Policy, Jg. 15, H. 6, S. 285-305.

Teece, D.J.; Pisano, G.; Shuen, A. (1997): Dynamic Capabilities and Strategic Management. In: Strategic Management Journal, Jg. 18, H. 7, S. 509-533.

Teece, D.J. (2010): Business Models, Business Strategy and Innovation. In: Long Range Planning, Jg. 43, H. 2-3, S. 172-194.

Thierolf, C. (2002): Kosten und Finanzierung pharmazeutischer Forschung und Entwicklung. In: Schöffski, O.; Fricke, F.U.; Guminski, W.; Hartmann, W. (Hrsg., 2002): Pharmabetriebslehre. Berlin, Heidelberg: Springer, S. 349-363.

Tiberius, V.; Rasche, C. (2011): Management in unsicheren Zukünften – Einordnung, Kritik und Ausblick. In: Tiberius, V. (Hrsg., 2011): Zukunftsorientierung in der Betriebswirtschaftslehre. Wiesbaden: Gabler, S. 303-316.

Tidd, J. (2001): Innovation management in context: environment, organization and performance. In: International Journal of Management Review, Jg. 3, H. 3, S. 169-183.

Tidd, J.; Bessant, J.R. (2009): Managing Innovation: Integrating Technological, Market and Organizational Change. Chichester et al.: Wiley.

Tobias, R. (2008): Krise durch die Pfadabhängigkeit? – Sanierung durch Pfadbruch! Die Beherrschung pfadförmiger Krisendynamiken, dargestellt an einem Praxisfall. In: Zeitschrift Krisen-, Sanierungs- und Insolvenzberatung, H. 3, S. 119-123.

Trilling, T. (2003): Pharmamarketing. Berlin et al.: Springer.
Trommsdorff, V.; Steinhoff, F. (2007): Innovationsmarketing. München: Vahlen.

Tucker, R.B. (2001) Strategy Innovation takes Imagination. In: Journal of Business Strategy, Jg. 22, H. 3, S. 23-27.

Tushman, M.L. (1977): Special Boundary Roles in the Innovation Process. In: Administrative Science Quarterly, Jg. 22, H. 4, S. 587-605.

Tushman, M.L.; O'Reilly, C.A. (1996): The ambidextrous organization: managing evolutionary and revolutionary change. In: California Management Review, Jg. 38, H. 4, S. 8-30

Vahs, D.; Burmester, R. (2005): Innovationsmanagement: von der Produktidee zur erfolgreichen Vermarktung. Stuttgart: Schäffer-Poeschel.

Vahs, D.; Leiser, W. (2003): Change Management in schwierigen Zeiten, Erfolgsfaktoren und Handlungsempfehlungen für die Gestaltung von Veränderungsprozessen. Wiesbaden: Deutscher Universitäts-Verlag.

Valtakoski, A. (2010): Towards an Integrative Framework of Business Model Innovation. Paper präsentiert bei der EURAM Konferenz, "Back to the Future". Rom, 19.-22.05.2010.

Van Arnum, P. (2003): Pharmaceutical Outsourcing Models: How virtual can big pharma be? In: Chemical Market Reporter, 14. April 2003.

Van der Meer, H. (2007): Open Innovation – The Dutch Treat: Challenges in Thinking in Business Models. In: Creativity and Innovation Management, Jg. 16, H. 2, S. 192 – 202.

Van de Ven, A. H.; Polley, D.E.; Garud, R.; Venkataraman, S. (1999): The innovation journey. New York, Oxford: Oxford Univ. Press.

Van De Vrande, V.; De Jong, J.P.J.; Vanhaverbeke, W.; De Rochemont, M. (2009): Open innovation in SMEs: Trends, motives and management challenges. In: Technovation, Jg. 29, H. 6-7, S. 423-437.

Van Someren, T.C.R. (2005): Strategische Innovation. So machen Sie Ihr Unternehmen einzigartig. Wiesbaden: Gabler.

Vanhaverbeke, W.; Peeters, N. (2005): Embracing Innovation as Strategy: Corporate Venturing, Competence Building and Corporate Strategy Making. In: Creativity and Innovation Management, Jg. 14, H. 3, S. 246-257.

Vanhaverbeke, W. (2006): The Interorganizational Context of Open Innovation, in: Chesbrough, H.; Vanhaverbeke, W.; West, J. (Hrsg. 2006): Open Innovation: Researching a New Paradigm. New York: Oxford University Press. S. 205-219.

Voelpel, S.C.; Leibold, M.; Tekie, E.B. (2004): The Wheel of Business Model Reinvention: How to Reshape Your Business Model to Leapfrog Competitors. In: Journal of Change Management, Jg. 4, H. 3, S. 259-276.

Waibel, F. (2008): Geschäftsmodelle privater Güterverkehrsbahnen – Auf der Suche nach Gestaltungsoptionen für Geschäftsmodelle privater Güterbahnen in Deutschland zur Erhaltung ihrer Wettbewerbsfähigkeit im Schienengüterverkehrsmarkt 2015. Nürnberg: DVV Media Group.

Wagner, D.; Debo, S.; Bültel, N. (2005): Individuelle und organisationale Kompetenzen: Schritte zu einem integrierten Modell. In: Arbeitsgemeinschaft Betriebliche Weiterbildungsforschung e.V. (Hrsg., 2005): Individuelle und organisationale Kompetenzen im Rahmen des strategischen Managements, QUEM-Report, H. 94, Berlin, S. 50-148.

Weill, P.; Malone, T.W.; D'Urso, V.T.; Herman, G.; Woerner, S. (2005): Do Some Business Models Perform Better than Others? A Study of the 1000 Largest US Firms. MIT Sloan School of Management Working Paper No., MIT Center for Coordination Science Working Paper No. 226, Boston (Mass.).

Welge, M.K. (1980): Management in deutschen multinationalen Unternehmungen. Stuttgart: Poeschel.

Welge, M.K.; Al-Laham, A. (2008): Strategisches Management: Grundlagen – Prozess – Implementierung. Wiesbaden: Gabler.

Wernerfelt, B. (1984): A resource-based view of the firm. In: Strategic Management Journal, Jg. 5, H. 171–180.

West, J.; Gallagher, S. (2006): Challenges of open innovation: the paradox of firm investment in open-source software. In: R&D Management, Jg. 36, H. 3, S. 319-331.

Willemstein, L; van der Valk, T.; Meeus, M.T.H. (2007): Dynamics in business models: An empirical analysis of medical biotechnology firms in the Netherlands. In: Technovation, Jg. 27, H. 4, S. 221-232.

Witte, E. (1973): Organisation für Innovationsentscheidungen - Das Promotorenmodell. Göttingen: Schwart.

Witzel, A. (2000): Das problemzentrierte Interview. Forum Qualitative Sozialforschung, Jg. 1, H. 1. Online verfügbar unter: http://www.qualitative-research.net/index.php/fqs/article/view/1132 (zuletzt abgerufen am 02.07.2010).

Wohland, P. (2008): E-commerce-Geschäftsmodelle im deutschen Tourismusmarkt. Wiesbaden: Gabler.

Worren, N.; Moore, K.; Cardona, P. (2002): Modularity, strategic flexibility, and firm performance: a study of the home appliance industry. In: Strategic Management Journal, Jg. 23, H. 12, S. 1123-1140.

Wrona, T. (2005): Die Fallstudienanalyse als wissenschaftliche Forschungsmethode. ESCP-EAP Working Paper, Nr. 10, März 2005.

Yin, R.K. (2003): Case study research. Design and methods. Thousand Oaks: Sage Publ.

Zahra, S.A.; Hayton, J.C.; Neubaum, D.O.; Dibrell, C.; Craig, J. (2008): Culture of Familiy Commitment and Strategic Flexibility: The Moderating Effect of Stewardship. In: Entrepreneurship: Theory & Practice, Jg. 32, H. 6, S. 1035-1054.

Zajac, E.J.; Kraatz, M.S.; Bresser, R.K.F. (2000): Modeling the Dynamics of Strategic Fit: A Normative Approach to Strategic Change. In: Strategic Management Journal, Jg. 21, H. 4, S. 429-453.

Zollenkop, M. (2006): Geschäftsmodellinnovation. Initiierung eines systematischen Innovationsmanagements für Geschäftsmodelle auf Basis lebenszyklusorientierter Frühaufklärung. Wiesbaden: Gabler.

Zollenkop, M. (2008): Changing Business Models and Their Impact on Product Development. In: Schmidt, A.; Schwientek, R. (2008): Operation Excellence: Smart Solutions for Business Success. New York: Palgrave Macmillan, S. 9-13.

Zott, C.; Amit, R. (2008): The Fit Between Product Market Strategy and Business Model: Implications for Firm Performance. In: Strategic Management Journal, Jg. 29, H. 1, S. 1–26.

Zott, C.; Amit, R. (2010): Business Model Design: An Activity System Perspective. In: Long Range Planning, Jg. 43, H. 2-3, S. 216-226.

Zott, C.; Amit, R.; Massa, L. (2011): The business model: Recent developments and future research. In: Journal of Management (forthcoming).